"十三五"职业教育国家规划教材

数控机床电气控制

新世纪高职高专教材编审委员会 组编

主　编　张永飞

副主编　何四平　高艳平

第四版

U0245116

大连理工大学出版社

图书在版编目(CIP)数据

数控机床电气控制 / 张永飞主编. -- 4 版. -- 大连:
大连理工大学出版社,2019.9(2023.2 重印)
新世纪高职高专数控技术应用类课程规划教材
ISBN 978-7-5685-2322-6

Ⅰ.①数… Ⅱ.①张… Ⅲ.①数控机床－电气控制－
高等职业教育－教材 Ⅳ.①TG659

中国版本图书馆 CIP 数据核字(2019)第 240156 号

大连理工大学出版社出版
地址:大连市软件园路 80 号 邮政编码:116023
发行:0411-84708842 邮购:0411-84708943 传真:0411-84701466
E-mail:dutp@dutp.cn URL:https://www.dutp.cn
大连永盛印业有限公司印刷 大连理工大学出版社发行

幅面尺寸:185mm×260mm 印张:17.75 字数:432 千字
2006 年 8 月第 1 版 2019 年 9 月第 4 版
2023 年 2 月第 4 次印刷

责任编辑:刘 芸 责任校对:吴媛媛
封面设计:张 莹

ISBN 978-7-5685-2322-6 定 价:55.00 元

本书如有印装质量问题,请与我社发行部联系更换。

前 言

《数控机床电气控制》(第四版)是"十三五"职业教育国家规划教材、"十二五"职业教育国家规划教材,也是新世纪高职高专教材编审委员会组编的数控技术应用类课程规划教材之一。

本教材符合高等职业教育数控技术应用专业的标准要求,遵循技能型人才培养的教育规律,重视对学生工程能力的培养,从数控技术(机电专业)职业岗位(群)的工作特点出发,坚持能力本位的设计原则,力图实现"学为能,练为用"的教学理念,突出工学结合特色,以维修电工国家职业资格标准作为参照,实现学生数控技术和电气控制应用能力的提高。

"数控机床电气控制"课程内容融合了机床低压电气控制、可编程控制器、数控系统原理与接口、伺服驱动技术、检测技术等方面的基本知识,是一门独具特色的实用课程。本教材的修订结合了编者多年的企业实践和教学经验以及数控系统发展的最新成果,以项目为导向,力求取材新颖,通过大量数控应用实例介绍,凸显理论浅显、通俗易懂、实用性强的特点。

由于课程涉及的知识面较广,因此本教材对有关问题的阐述从整体上加以考虑,强调数控机床控制系统各部分之间的联系,信号的输入、输出、性质及处理方式。同时,编写中本着理论知识"够用""必需"的原则,根据实际应用,突出重点,注意知识面和知识点的结合以及本教材与专业课程体系中其他课程的衔接。

编写团队由天津、江苏、北京、上海等地的职业院校一线教师和发那科、西门子等企业一线工程师跨地域组成。编写中我们多次进行业务和技术交流,既使专业教师了解机电专业前沿技术,通过校企间的技术研发与服务提升教师的理论水平和实践能力,又使企业人员了解高职教育实施现状和最新的数控技术专业标准,并将岗位需求和多年积累的工程经验反映在教材中。

本教材配合采用教、学、做一体化以及项目教学方法,在教学环境中用先进的教学手段和实训设备配合授课。教材安排了认识数控机床、数控系统连接及参数设定等 7 个项目,共计 26 个教学任务,每个任务均由"任务目标""预备知识""任务实施""计划总结""拓展练习"构成。任务中涉及的内容重点体现,无直接关系的内容安排在"拓展练习"中,学生可自学。通过任务的完成,学生既能学有所用、学以致用,又能保证数控技术与电控技术知识体系的完整性,真正实现了教学内容与岗位技术、职业资格标准对接。

本教材具有实用性,可作为高职高专院校数控技术应用、工业自动化、机电一体化、机械设备及自动化、电气技术及其他相关专业的教材,也可供广大工程技术人员参考。

本教材由天津职业大学张永飞任主编,天津职业大学何四平、天津机电职业技术学院高艳平任副主编,南通天生港发电有限公司曹永刚任参编。具体编写分工如下:张永飞编写项目 3、项目 6;何四平编写项目 1、项目 2;高艳平编写项目 4、项目 5;曹永刚编写项目 7。本教材由张永飞提出整体构思并统稿。在成稿过程中,北京发那科机电有限公司孙立、上海西门子工业自动化有限公司袁海嵘和天津市源峰科技发展有限责任公司方强提供了技术支持。

在编写本教材的过程中,我们参考、引用和改编了国内外出版物中的相关资料和网络资源,在此对这些资料的作者表示深深的谢意!相关著作权人看到本教材后,请与出版社联系,出版社将按照相关法律的规定支付稿酬。

限于编者水平,本教材中仍可能存在疏漏之处,恳请读者予以指正或提出修改意见。

编 者

2019 年 8 月

所有意见和建议请发往:dutpgz@163.com

欢迎访问职教数字化服务平台:https://www.dutp.cn/sve/

联系电话:0411-84708979 04707124

目 录

项目 1 认识数控机床

项目简介

了解各种数控机床设备在机械制造领域内的作用,对数控机床的发展历史、结构及工作原理有一个总体认识,能较为全面地感性认识数控机床,为学习数控机床电气控制相关知识做铺垫。

教学目标

1.能力目标

- 能根据数控机床的型号得知数控机床所具备的常用功能
- 会数控机床的基本操作方法
- 能了解数控机床的基本工作过程

2.知识目标

- 了解数控机床的发展历程
- 学习数控机床的类型
- 掌握数控机床的基本构成及各部分的工作原理
- 熟悉数控机床的特点

3.素质目标

- 认识安全文明生产对人身及设备的重要性
- 懂得设备安全操作规程
- 遵守职业道德,热爱劳动,有集体荣誉感
- 提高个人职业素养

任务进阶

任务 1.了解数控机床
任务 2.参观数控机床的加工过程

任务 1 了解数控机床

任务目标

- 了解数控机床的发展过程、基本构成及工作原理
- 熟悉数控机床常用功能的操作方法
- 对数控机床有基本的感性认识

预备知识

数控机床是在传统的普通机床上使用了计算机数字控制技术,也就是说,使用了数控技术的机械制造设备统称为数控机床。它是一个弱电控制强电,强电进行拖动,从而按要求实现刀具与工件的相对运动,完成切削加工运动的过程。本部分主要介绍数控机床的结构、工作原理及特点等常识,为了解、认识数控机床打下基础。

1.1.1 数控技术的发展

随着科技领域日新月异的发展,特别是在航天航空、尖端军事、精密仪器等方面,要求机械产品的制造精度和复杂程度越来越高,传统的加工技术已很难适应现代制造业的需求,例如普通车床加工圆弧、普通铣床加工空间曲面、加工精度对产品质量的影响、加工效率对制造成本的影响等,长期以来一直都是困扰人们的难题。还有,当机械产品转型时,机床和工艺装备需做大的调整,周期较长,成本高,也就是说传统的加工技术已很难满足市场对产品高精度、高效率的要求。因此,数控机床作为一种革新技术应运而生。

1948 年,美国飞机制造商帕森斯(PARSONS)公司为了解决加工飞机螺旋桨叶片轮廓样板曲线的难题,提出了采用计算机来控制加工过程的设想,立即得到了美国空军的支持及麻省理工学院的响应。经过几年的努力,1952 年,世界上第一台三坐标直线插补连续控制的立式数控铣床终于在麻省理工学院研制成功,该数控铣床的研制成功使得传统的机械制造技术发生了质的飞跃,是机械制造业的一次标志性技术革命。

所谓数控技术,是指用数字化信号构成的控制程序对某一具体对象(如速度、位移、温度、流量等)进行控制的一门技术,简称 NC(Numerical Control),它一般是指早期专用控制计算机的普通数控系统。随着计算机技术的飞速发展,20 世纪 70 年代初期出现了小型及微型计算机替代专用控制计算机的软接线数控系统,即计算机数控系统,简称为 CNC(Computerized NC)。

广义上说,凡是使用了数控技术的机械设备统称为数控设备,它包括数控机床、数控折弯机、数控电焊机、电脑绣花机、自动绘图机等。

狭义上的数控设备是指应用数控技术来控制其自动加工过程的切削机床,称为数控机床。它在工作时是一个弱电控制强电、强电进行拖动的过程,该设备是集微电子计算机技术、自动控制技术、精密测量技术和机械传动技术为一体的典型机电产品,技术含量高。数控机床是应用数控技术最早和最广泛的设备,它的功能水平代表了现代数控技术的先进程

度和发展方向,是一种高智能化的机床设备。

在数控机床 60 余年的历史进程中,随着数控系统的不断完善和发展,数控机床优良的性价比使得它的应用越来越广泛。

中国在数控机床方面的研制开始于 1958 年,初期进展缓慢。20 世纪 80 年代初期,中国改革开放的步伐加快,在引进国外数控技术的基础上,自主开发、研制了一批较为完善的数控系统,例如华中数控系统、航天数控系统等。20 世纪 80 年代中期至今,是中国数控技术发展迅猛的阶段,其自主开发研制的数控车床、数控铣床、线切割及加工中心等数控机床的性能越来越完善,市场应用也越来越广泛。

中国加入世界贸易组织使得数控机床作为一种机电产品能走出国门,且其生产加工的产品在世界市场也能谋有一席之地,应该说,这与中国近几年数控机床的快速发展是分不开的。

数控机床与普通机床、专用机床相比较,具有精度高、效率高和自动化程度高等优势,一般说来,它主要适合加工精度高、形状复杂的中、小批量零件。

自第一台数控铣床成功研制,至今已 60 余年,数控系统共经历了以下发展阶段(图 1-1-1):

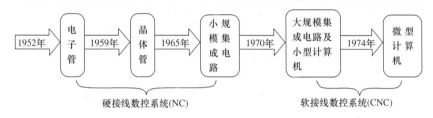

图 1-1-1　数控机床发展阶段

在这五个发展阶段中,它是紧随着计算机微电子技术的发展而发展的,其中电子管、晶体管和小规模集成电路属于硬接线的普通数控系统(简称 NC),它由固定连线的硬件电路组成的专用计算机来实现部分或全部的数控功能,具有以下特点:

(1)制作好后不易更改,柔性差。

(2)硬件结构复杂,占用空间大,成本高。

(3)连线、插接点及焊接点易出现故障,且不易查找。

(4)用户加工程序的输入依赖于光电阅读机的频繁工作,速度受限制,且稳定性较差。

(5)插补运算速度快。

大规模集成电路及微型计算机阶段属于软接线的计算机数控系统(简称 CNC),它由存储在 CNC 装置硬件(存储器)中的软件(系统程序)来实现部分或全部的数控功能,具有以下特点:

(1)通过修改控制程序(系统软件)很容易更改或扩展新开发的功能,柔性好。

(2)简化了硬件结构,成本低。

(3)比较容易实现多轴联动的插补及采用高精度的插补方法。

(4)用户可将加工程序一次输入存储器中,数控机床工作时,随时调用,方便快捷,可靠性高。

(5)故障率低,且易使用诊断程序进行故障自动查找。

(6)插补运算速度较 NC 慢,对于快速连续插补等功能,靠软件难以满足其要求。

在数控技术发展的历程中,CNC 装置的诸多优点决定了它取代 NC 装置的必然性,但随着现代数控机床在超大规模集成电路技术方面的应用,利用 NC 装置硬件电路插补运算速度快的特点,把使用频繁的快速插补等功能用硬件模块来实现,有效地提高了运算和处理速度,即把 NC 装置和 CNC 装置的优点集中起来,提高其性能和可靠性,使性价比优化,这是数控技术的发展趋势。

1.1.2　数控机床的基本构成及工作原理

1. 数控机床的基本构成

数控机床主要由输入/输出设备、数控装置、伺服系统和机床本体组成。

输入/输出设备包括人机对话编程操作键盘、穿孔机、光电阅读机、自动编程机、显示器、打印机等,它们主要负责把需要进行控制的加工信息传入数控装置和把相应的数据显示或打印出来。

数控装置包括专用计算机的硬(软)件、可编程控制器(PLC)、各种输入/输出接口等,它们主要负责数值计算、轨迹插补、逻辑判断及输入/输出控制等,其中插补运算和输入/输出控制等工作通过专用计算机的硬(软)件、各种输入/输出接口来完成;各种顺序开关的动作、主轴转速的改变、换刀动作的控制等工作一般由可编程控制器来完成。数控装置是数控机床的核心部分,相当于人的大脑和神经中枢。

伺服系统包括伺服控制装置及功率放大电路、伺服电动机、传动机构、执行机构等,它们主要负责把数控装置插补产生的脉冲信号转化为机床移动部件的位移,是弱电控制强电、强电实现机械位移的关键,伺服系统相当于人的四肢。

机床本体是指数控机床在工作过程中受控制的部分,例如工作台、主轴及各种开关,加工过程中需要通过对它们的直线位移、角位移及顺序动作进行控制,来保证其加工的质量。

2. 数控机床的工作原理

数控机床工作时,用户根据零件图纸编制加工程序,输入数控装置,然后由数控装置经过一系列处理后,控制伺服系统来驱动机床的运动部件按预定的轨迹和速度进给,以加工符合图纸要求的工件。

1.1.3　数控系统的基本概念

1. 数控系统的基本结构及作用

数控系统(CNC 系统)是在存储器内装有可以实现部分或全部数控功能软件的专用计算机,并配有接口电路和伺服驱动装置的系统。它由加工程序、输入/输出设备、计算机数控装置、可编程控制器(PLC)、主轴控制单元及进给驱动装置等组成。

(1)加工程序是指用户根据被加工工件的图纸要求而编制的、数控系统能进行处理的加工零件程序。

(2)输入/输出设备是指能完成程序编辑、程序和数据输入、显示及打印等功能的设备,包括键盘、纸带、光电阅读机、磁盘、磁带、CRT 显示器、编程机等。

(3)计算机数控装置是指能根据输入的信息进行数值计算、逻辑判断、轨迹插补和输入/

输出控制的装备,它是数控机床的核心部分。

(4)可编程控制器是实现换刀、主轴启(停)及变速、零件装卸、切削液开(关)等辅助功能(M、S、T)控制和处理的专用微机。

(5)主轴控制单元由变频器对交流电动机实现主轴的无级变速,并通过可编程控制器实现主轴定向停止的功能模块组成。

(6)进给驱动装置把数控装置处理的加工程序信息,经过数字信号向模拟信号转化后,使位置控制部分驱动进给轴按要求的坐标位置和进给速度进行控制,它分为位置控制和速度控制两个单元,数控机床对它的要求很高,因为它直接关系到加工质量的高低。

2.数控装置的结构

数控装置由硬件和软件共同组成,二者缺一不可。其硬件除具有通用计算机应有的CPU、存储器、输入/输出接口外,还有数控机床专用的总线、位置控制器、纸带阅读机接口、手动数据输入接口和CRT显示器接口等,图 1-1-2 为其硬件组成框图。

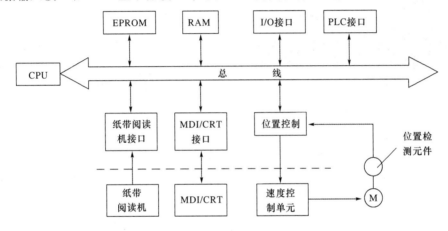

图 1-1-2　数控装置的硬件组成框图

数控装置的软件是实现部分或全部数控功能的专用系统软件,它是对用户输入的加工程序信息进行自动处理,并对机床发出各种控制命令,或执行显示、I/O 处理等功能的部分。系统软件包括控制软件和管理软件两部分,其中控制软件主要负责译码、刀具补偿、插补运算、速度处理和位置控制等;管理软件主要负责加工信息(数据)的输入/输出、人机对话显示及诊断等任务。

1.1.4　数控机床的分类

数控机床的分类方式很多,下面几种是比较常见的。

1.按工艺用途分类

(1)普通数控机床

普通数控机床是指工艺性能与传统的通用机床相似的数控机床,包括数控车床、数控铣床、数控刨床、数控镗床、数控钻床及数控磨床等,其中数控车床除了可以完成普通车床所能加工的表面外,还能加工圆弧面,如图 1-1-3 所示为普通数控车床;数控铣床除了可以加工普通铣床所能加工的表面外,还能加工空间曲面,这些数控机床在普通机床的基础上扩大了加工范围。

（2）数控加工中心

数控加工中心又称为多工序数控机床，它是带有刀库和刀具自动交换装置的数控机床。工件一次装夹后，能实现多种工艺、多道工序的集中加工，减少了装卸工件、调整刀具，缩短了测量的辅助时间，提高了机床的生产率；同时，减小了工件因多次安装所带来的定位误差。近年来，数控加工中心机床的发展速度非常迅速。

典型的数控加工中心有镗铣加工中心、钻铣加工中心和车铣加工中心等，其中钻铣加工中心使用最为广泛，图 1-1-4 所示为立式钻铣加工中心。

图 1-1-3   普通型数控车床

图 1-1-4   立式钻铣加工中心

（3）多坐标数控机床

数控机床的坐标数是指数控机床能进行数字控制的坐标轴数。如图 1-1-5(a)所示，若 X 轴和 Z 轴能实现数字控制，则称它为两坐标数控机床；如图 1-1-5(b)所示，若 X 轴、Y 轴和 Z 轴能实现数字控制，则称它为三坐标数控机床。

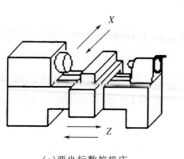
（a）两坐标数控机床

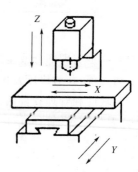
（b）三坐标数控机床

图 1-1-5   多坐标数控机床

值得注意的是，行业术语中的"两坐标加工"或"三坐标加工"则是指数控机床能实现联动的坐标轴数。如图 1-1-5(a)所示两坐标数控机床，若它能实现 X 轴和 Z 轴的联动，即能加工圆弧，就可以把它称为"两坐标加工"。如图 1-1-5(b)所示三坐标数控机床，若它只能控制任意两个坐标轴联动，实现图 1-1-6(a)所示平面轮廓加工，则只能称为"两坐标加工"。当其深度尺寸大，只能通过 Z 轴的周期性进给来控制时，可把它称为"两坐标半加工"。若它能控制三个坐标轴联动，即能实现图 1-1-6(b)所示空间曲面加工，那么它就是"三坐标加工"。

能实现三个或三个以上坐标轴联动的数控机床称为多坐标数控机床,它能加工形状复杂的零件,常见的多坐标数控机床一般为 4～6 个坐标轴。

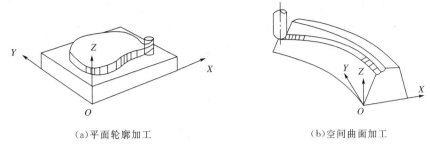

(a)平面轮廓加工   (b)空间曲面加工

图 1-1-6 三坐标数控铣床的加工方式

(4)特种加工数控机床

特种加工数控机床是指利用电脉冲、激光和高压水流等非传统切削手段进行加工的数控机床,例如数控电火花加工机床、数控线切割机床和数控激光切割机床等。

2. 按伺服系统分类

(1)开环控制系统

如图 1-1-7 所示,数控装置发出的指令信号经驱动电路放大后,驱使步进电动机旋转一定角度,再经传动部件,例如螺杆螺母机构(把旋转运动转化为直线位移的机构)带着工作台移动。它的指令信号发送出去后,控制移动部件到达的实际位置值没有反馈,也就是说,系统没有检测反馈装置。开环控制系统的数控机床结构简单,调试和维修方便,成本低,但加工精度低。

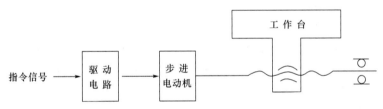

图 1-1-7 开环控制系统

(2)闭环控制系统

如图 1-1-8 所示,数控系统发出指令信号后,控制实际进给的速度量和位移量,经过速度检测元件 A(如测速发电机)及直线位移检测元件 C(如磁尺)的检测,反馈到速度控制电路和位置比较电路与指令信号进行比较,然后用差值控制进给,直到差值为零。这类系统装有检测反馈装置,且位置检测装置在控制终端(工作台),因此,闭环控制系统的数控机床加工精度高,但结构复杂,调试和维修困难,成本高。

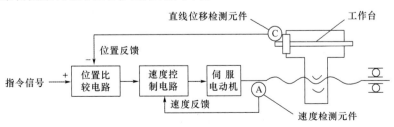

图 1-1-8 闭环控制系统

（3）半闭环控制系统

如图 1-1-9 所示，这类系统也装有检测反馈装置，它和闭环控制系统的区别是位置检测装置采用角位移检测元件 B（如光电编码盘），且安放在伺服电动机轴或传动丝杠的端部，丝杠到工作台之间的传动误差不在反馈控制范围之内，因此，半闭环控制系统的数控机床，其精度低于闭环控制系统，但比开环控制系统高，调试和维修等性能介于开环和闭环控制系统之间，市场需求量相对较大。

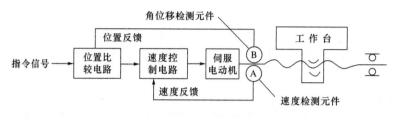

图 1-1-9　半闭环控制系统

（4）混合型控制系统

把开环、闭环和半闭环控制系统各自的优点有选择地组合起来，构成混合型控制系统，它特别适用于精度要求高、进给速度快的大型数控机床。

3. 按控制的运动方式分类

（1）点位控制数控机床

点位控制数控机床只控制移动目标点的精确位置，而对移动过程的速度和轨迹并没有要求。这类机床在移动过程中不进行切削加工，为提高效率，移动速度往往要求较快。常见的有数控钻床、数控测量机等。

（2）直线控制数控机床

直线控制数控机床不仅要控制移动目标点的精确位置，而且对移动过程中的速度和轨迹也要求进行控制，移动过程中进行切削加工，其轨迹平行于坐标轴的方向。这类控制方式常用于简易数控车床、数控镗铣床等。

（3）连续轮廓控制数控机床

连续轮廓控制数控机床同时对两个或两个以上坐标轴的位移和速度进行连续相关的控制，使其能够加工出圆弧面或曲面等复杂零件。常见的有数控车床、数控铣床、加工中心等。

4. 按功能水平分类

该分类方式在中国使用较广（适合国情），但不同时期的划分标准不同。

（1）经济型数控机床

经济型数控机床是指功能简单、价格低廉、自动化程度不高的数控机床，主要适用于生产规模较小的企业及旧机床的改造等。

（2）标准型数控机床

标准型数控机床是指功能较多、价格适中的数控机床，适合目前中国的国情，市场份额较大。

（3）多功能高档数控机床

多功能高档数控机床是指功能齐全、价格较高、档次较高的数控机床，它主要适用于经济实力雄厚、生产规模大的企业。

任务实施

1. 教师现场讲解,并进行功能操作示范。
2. 根据学生人数和设备台(套)数情况分组。
3. 对照设备认识数控机床的结构,练习数控机床的基本操作方法。
4. 教师现场指导,并对学生实训情况进行评价、记录。

计划总结

1. 工作计划表(表 1-1-1)

表 1-1-1   工作计划表(1)

序号	工作内容	计划完成时间	实际完成情况(自评)	教师评价

2. 材料领用清单(表 1-1-2)

表 1-1-2   材料领用清单(1)

序号	元器件名称	数量	设备故障记录	负责人签字

3. 项目实施记录与改善意见

_____

_____

_____

任务 2 参观数控机床的加工过程

任务目标

- 了解数控机床的作用
- 感性认识数控机床的加工过程
- 对数控机床有一个较为全面的了解

预备知识

数控机床都是利用刀具与工件的相对运动来完成切削加工的。机床的运动方式决定了机床能实现切削加工的内容,如图 1-2-1 所示,工件被主轴带动旋转,刀具使 X 轴和 Z 轴拖板带动移动的数控车床,只能加工旋转的轴、盘类零件;如图 1-2-2 所示,刀具被主轴带动旋转,工件使 X、Y、Z 轴拖板带动移动的数控铣床,只能加工键槽、曲面及箱体类零件。

图 1-2-1 数控车床加工轴

图 1-2-2 数控铣床加工曲面

通过这部分的学习,主要了解数控机床切削加工的基本常识,感知各种不同类型的数控机床的加工过程和运动特性,因为数控机床电气控制的所有内容都是为机床切削加工而准备的。

数控机床操作面板上的按钮及其含义见表 1-2-1。

表 1-2-1　　　　　　　　　数控机床操作面板上的按钮及其含义

序号	按钮符号	含　义	序号	按钮符号	含　义
1		AUTO 运行方式	13		M01 程序停
2		程序 EDIT 编辑方式	14		程序重启动
3		MDI 方式	15		空运行方式
4		DNC 运行方式	16		机床锁住
5		返回参考点方式	17		循环启动
6		JOG 进给方式	18		循环停止
7		步进进给方式	19	X1/10/100	手轮进给倍率
8		手轮进给方式	20	＋　－	手动移动轴方向选择
9		手轮示教方式	21		快速进给
10		单段运行程序方式	22		主轴正转
11		跳步方式	23		主轴反转
12		M00 程序停	24		主轴停

任务实施

1. 有序组织学生到机械实训中心或相关企业参观数控机床加工工件的过程。

2. 让设备操作或管理人员现场进行讲解。

3. 提问、讨论、思考并总结。

计划总结

1. 工作计划表（表 1-2-2）

表 1-2-2 　　　　　　　　　　　工作计划表（2）

序号	工作内容	计划完成时间	实际完成情况自评	教师评价

2. 材料领用清单（表 1-2-3）

表 1-2-3 　　　　　　　　　　　材料领用清单（2）

序号	元器件名称	数量	设备故障记录	负责人签字

3. 项目实施记录与改善意见

_____

_____

_____

项目 2 数控系统的连接及参数设定

项目简介

了解数控系统和 CNC 参数的作用和特点；熟悉并掌握典型数控系统各接口及 CNC 参数的定义；学会 CNC 参数的设定方法；能快速、准确地对 FANUC 0i A 数控系统进行连接。

教学目标

1. 能力目标
- 能熟练地对 FANUC 0i A 系统各模块进行准确连接
- 会设定 CNC 的基本参数
- 熟悉系统数据备份和恢复的方法

2. 知识目标
- 学习典型数控系统的接口技术
- 了解数控系统基本参数的含义和作用
- 熟悉数控系统的调试步骤和方法

3. 素质目标
- 认识安全文明生产对人身及设备的重要性
- 懂得设备安全操作规程
- 爱岗敬业，工作务实
- 专业扎实，虚心好学

任务进阶

任务 1. 数控系统的连接
任务 2. CNC 参数设定
任务 3. 数据备份和恢复

任务 1 数控系统的连接

任务目标

- 了解典型的 FANUC 0i A 系统模块的结构及作用

● 熟悉数控系统的接口技术
● 掌握系统各模块之间的连接方法

预备知识

数控系统是数控机床的核心部分。数控机床能否正常工作,不但要求各模块结构的功能完好,而且各模块的连接也必须准确无误;否则,各模块之间的信号传输不到位,机床也不可能正常工作。

2.1.1　数控系统硬件结构及其特点

计算机数控(CNC)系统由硬件和软件两部分组成,硬件在软件的支持下进行工作。它能完成管理系统的数据输入、数据处理、插补运算和信息输出,并能控制执行部件,使数控机床按照操作者的要求实现加工。

目前市场上成熟的数控系统种类繁多,典型的有如图 2-1-1 所示的日本 FANUC 系统、如图 2-1-2 所示的德国 SINUMERIK 系统、如图 2-1-3 所示的中国武汉华中系统等。

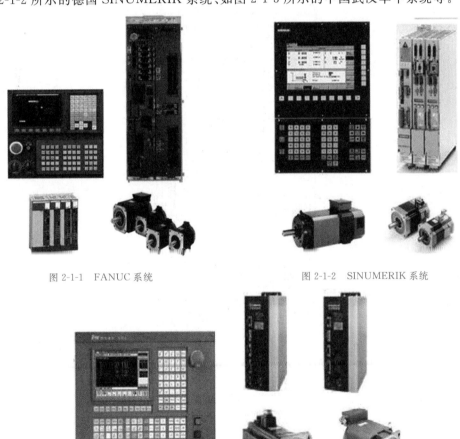

图 2-1-1　FANUC 系统　　　　　　　　图 2-1-2　SINUMERIK 系统

图 2-1-3　武汉华中系统

2.1.2　数控系统的连接方法

虽然数控系统的工作原理一样，但不同的数控系统，其构成模块的特征和接口差异还是很大的，因此，在对系统进行连接前，要对系统各模块之间的关系及相关接口技术进行全面了解，才能使系统准确无误地连接到位，这对系统安装调试和机床故障诊断与维修非常重要。

下面以 FANUC 0i A 系统为例，来说明数控系统的连接。

1. 系统构成

FANUC 0i A 系列控制单元的构成及各部位的名称如图 2-1-4 所示。

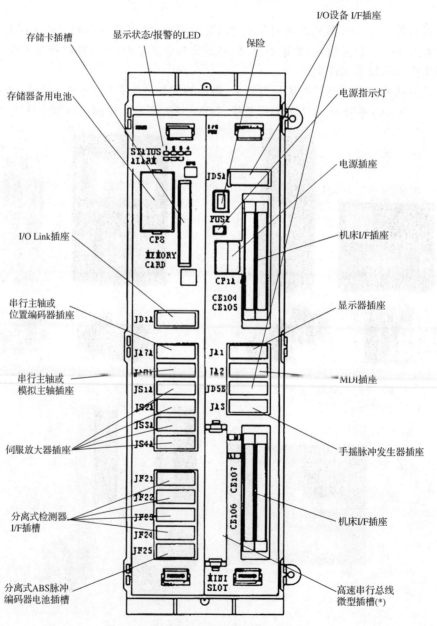

图 2-1-4　FANUC 0i A 系列控制单元的构成

2. 系统连接

系统主板综合连接如图 2-1-5 所示。

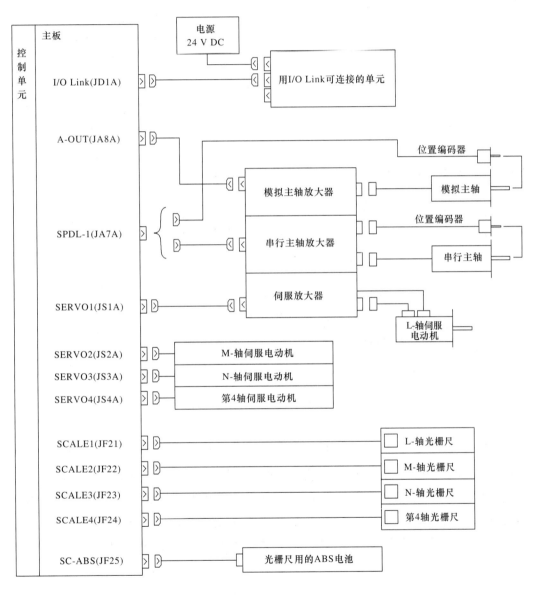

图 2-1-5　系统主板综合连接

系统 I/O 板综合连接如图 2-1-6 所示。

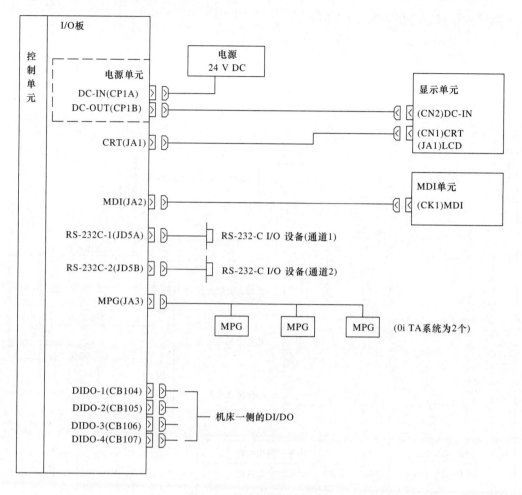

图 2-1-6 系统 I/O 板综合连接

3. 与 I/O Link 的连接

FANUC I/O Link 是一个串行接口,它可将 CNC、单元控制器、分布式 I/O、机床操作面板以及 Power Mate 连接起来,并在各设备间高速传送 I/O 信号(位数据)。当连接多个设备时,FANUC I/O Link 将一个设备认作主单元,其他设备作为子单元。子单元的输入信号每隔一定周期送到主单元,主单元的输出信号也每隔一定周期送至子单元。

对于 FANUC 0i 系列,主板上的 JD1A 接口用来连接 I/O Link。I/O Link 分为主单元和子单元。子单元分为若干组,一个 I/O Link 最多可连接 16 组子单元。

根据单元的类型以及 I/O 点的不同,I/O Link 有多种连接方式。PMC 程序可以对 I/O 信号的分配和地址进行编程,用来连接 I/O Link。

I/O Link 的两个插座分别称为 JD1A 和 JD1B。对所有单元(具有 I/O Link 功能)来说是通用的。电缆总是从一个单元的 JD1A 连接到下一单元的 JD1B,因此,最后一个单元的

JD1A 总是空的。

对于 I/O Link 中的所有单元来说,JD1A 和 JD1B 的管脚分配都是通用的,不管单元的类型如何,均可按照图 2-1-7 所示来连接 I/O Link。

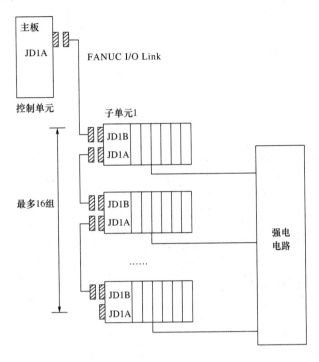

图 2-1-7　I/O Link 的连接

需要说明的是,该系统的每组 I/O 点数最多可达 256/256 点,整个 I/O Link 的 I/O 点数最多可达 1 024/1 024 点。

JD1A 和 JD1B 的管脚定义如图 2-1-8 所示。

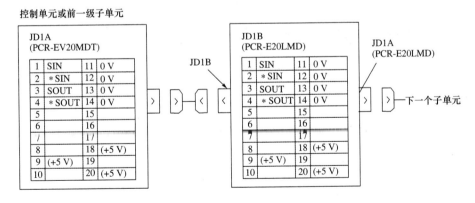

图 2-1-8　JD1A 和 JD1B 的管脚定义

电缆的连接如图 2-1-9 所示,+5 V 端子用于光缆 I/O Link 适配器,当用普通电缆连接时无须使用。若不用光缆 I/O Link 适配器,则无须连接+5 V。

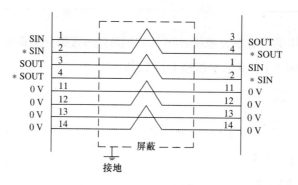

图 2-1-9　I/O Link 电缆的连接

4. 与机床操作面板的连接

机床操作面板是机床操作人员与机床控制系统交流的平台,机床操作面板一般由主面板和子面板两部分组成(图 2-1-10),它们通过 I/O Link 与 CNC 连接。

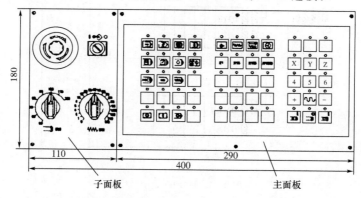

图 2-1-10　机床操作面板

机床操作面板与系统各部分之间的连接如图 2-1-11 所示。

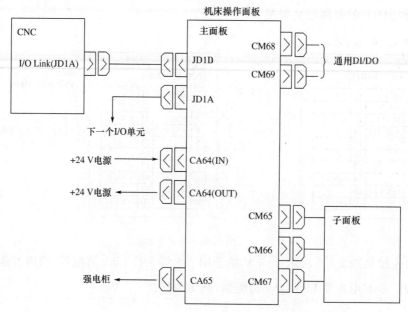

图 2-1-11　机床操作面板与系统各部分的连接

机床操作面板 I/O 模块的连接如图 2-1-12 所示。

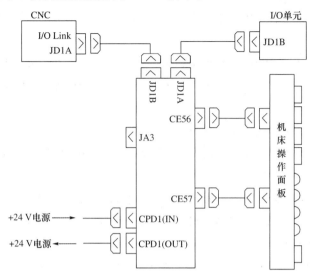

图 2-1-12　机床操作面板 I/O 模块的连接

5. 与手摇脉冲发生器的连接

手摇脉冲发生器是为用户准确、方便、快捷地控制进给位置而设定的,数控机床操作人员在手动情况下,需要调整刀具与工件位置关系时,一般都会选择使用手轮方式,因此,作为数控机床,手摇脉冲发生器的连接也很重要。

0i TA 系统最多可安装 2 个手摇脉冲发生器,0i MA 系统最多可安装 3 个手摇脉冲发生器。手摇脉冲发生器的连接如图 2-1-13 所示。

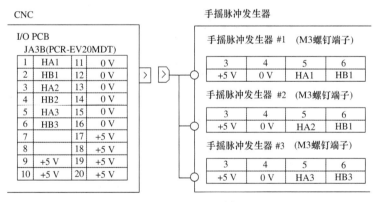

图 2-1-13　手摇脉冲发生器的连接

6. 与急停信号的连接

急停信号可使机床进入紧急停止状态。正确使用急停信号可保证机床的安全。该信号输入 CNC 控制器、伺服放大器以及主轴放大器。急停信号通常使用按钮开关的 B 触点。

当急停信号(*ESP)触点闭合时,CNC 控制器进入急停释放状态,伺服电动机和主轴电动机处于可控制及运行状态。

当急停信号(*ESP)触点打开时,CNC 控制器复位并进入急停状态,伺服电动机和主轴电动机减速直至停止。

关断伺服放大器电源后,伺服电动机有一个动态刹车过程。然而,即使有动态刹车过程,与垂直轴连接的伺服电动机由于重力的作用仍可以运动,选用带抱闸的伺服电动机可以解决这个问题。

当主轴电动机正在运转时,关断电动机动力电源,主轴电动机由于惯性会继续转动,这是十分危险的。当急停信号(*ESP)触点打开时,在关断主轴电动机电源之前,必须确认主轴电动机已减速至停止。

FANUC 控制放大器 α 系列产品是基于以上安全需求考虑而设计的。急停信号应输入电源模块(PSM)。PSM 输出动力电源 MCC 控制信号,用来控制电源模块的电源 ON/OFF。

CNC 控制器通过软件限位功能来检测超程。通常情况下,不需要有硬件限位开关来检测超程,然而,如果由于伺服反馈故障致使机床超出软件限位,则需要有一个行程限位开关与急停信号相连使机床停止。

图 2-1-14 所示为 CNC 控制器及 α 系列控制放大器与急停信号的连接。

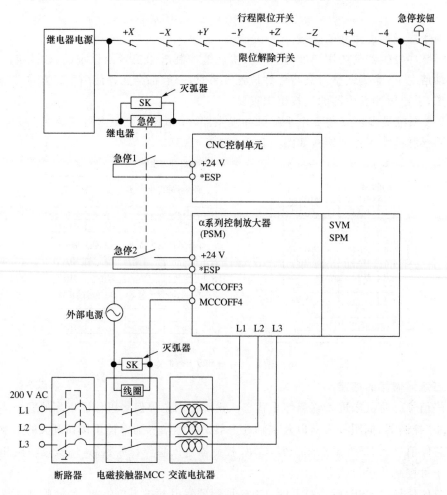

图 2-1-14　与急停信号的连接

7. 与电源的连接

(1)与系统电源的连接

由于电源连接器 CPD1(IN)的规格与 CPD1(OUT)的一样,且在印刷电路板上没有标记用来区分 IN 和 OUT 连接器,所以在操作时,不要断开到连接器的+24 V 电源,否则会导致 CNC 通信报警。

在接通电源的时候,必须在接通 CNC 电源的同时或在此之前接通 I/O 模块的+24 V 电源。当断开电源的时候,必须在断开 CNC 电源的同时或在此之后断开 I/O 模块的+24 V 电源。

如图 2-1-15 所示,提供的 CPD1 (IN)连接器供给印刷电路板工作和 DI 工作所需要的电源。为了方便电源分配,输出到 CPD1(OUT)的电源与从 CPD1(IN)输入的电源完全一样。当需要分配电源时,使用 CPD1(OUT)。

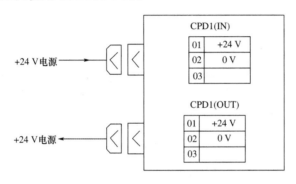

图 2-1-15　与系统电源的连接

(2)接地

数控系统是数控机床的核心部分,为了能有效地对它进行保护,并且考虑到控制信号的稳定性,需要对系统可靠接地。

①信号地系统(SG)　它提供了电信号系统的参考电压(0 V)。信号接地的方法是,将控制单元电路中的 0 V 通过信号地接线端子(在控制单元主板下面)与电气柜地相连。

②框架地系统(FG)　它主要用于安全方面,并且抑制内部和外部的噪声。在框架地系统中,将框架单元的外壳、面板和单元之间接口电缆的屏蔽连接在一起。

③系统地系统　它用来将设备和单元的框架地系统和大地连接起来。系统地的电阻应为 100 Ω 或更小(3 级接地);系统地的电缆必须有足够的横截面积以保证安全地将系统故障(例如短路)时的过载电流导入地下(通常它的横截面积至少与交流电源线的横截面积相同);使用带有接地线的交流电源线,以保证供电时地线接地。

接地时,按照图 2-1-16 所示进行连接。

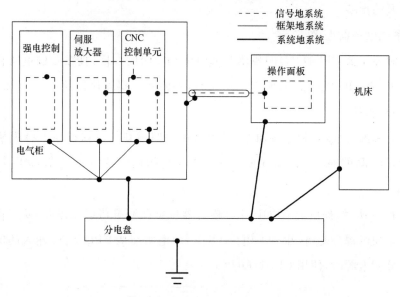

图 2-1-16　接地连接

（3）通电前检查

通电前,断开图 2-1-17 所示控制系统电源的所有断路器,用万用表测量各个电压（ 交流 200 V、直流 24 V）正常之后,再依次接通系统 24 V,伺服控制电源（PSM）200 V、24 V（βi）。最后接通伺服主电路电源（三相 200 V）。

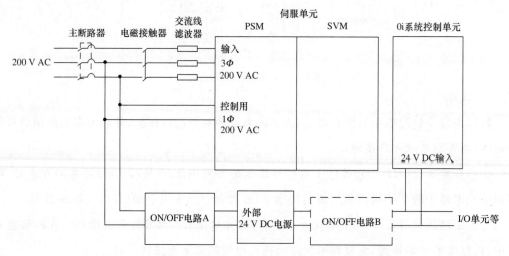

图 2-1-17　控制系统电源的电路

（4）更换存储器后备电池（3 V DC）

零件的加工程序、设置的数据和系统的参数,都依靠安装在控制单元前面板上的后备电池（锂电池）存储在控制单元的 CMOS 存储器中。上述数据甚至在主电源切断时也不会丢失。后备电池在出厂前就已经安装在控制单元中,这个电池可以使存储器中的内容保存一年左右。

当电池电压降低时,在 CRT 上就会出现"BAT"的系统报警字样,并且电池报警信号也输出给 PMC。当这一报警信息出现时,请尽快更换电池,通常来说,电池应该在报警后 2～

3 周内更换,否则会丢失数据。

如果电池电压下降,存储器中的内容就不能继续被保持。在这种情况下接通控制单元的电源,就会因为存储器内容的丢失而出现 910 报警(SRAM 奇偶性报警)。全清存储器内容,在更换电池后重新输入必要的数据。

更换控制单元的电池时,一定要保持控制单元的电源为接通状态。如果在电源断开的情况下断开存储器的电池,存储器的内容就会丢失。

(5)更换绝对脉冲编码器的电池(6 V DC)

一个电池单元可以使六个绝对脉冲编码器的当前位置保持一年左右,当然,这也与机床的使用频率有关,因为,机床在通电的情况下,是不使用绝对脉冲编码器电池的。

当电池电压降低时,在 CRT 上就会出现 APC 报警 $3n6 \sim 3n8$(n 为轴号),当出现 APC 报警 $3n7$ 时,请尽快在 $2 \sim 3$ 周内更换电池。

如果电池电压继续降低,脉冲编码器的当前位置就可能丢失,在这种情况下接通控制器的电源,会出现 APC 报警 $3n0$(请求返回参考位置的报警)。此时,更换电池后,应将机床重新建立参考位置。

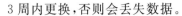
任务实施

1. 教师现场讲解,并进行系统连接示范。
2. 根据学生人数和设备台(套)数情况,分组进行系统连接练习。
3. 通电前,先由学生进行电路检查,经教师复核后即可通电。
4. 教师现场指导,并对学生实训情况进行评价、记录。

计划总结

1. 工作计划表(表 2-1-1)

表 2-1-1　　　　　　　　　　工作计划表(1)

序号	工作内容	计划完成时间	实际完成情况自评	教师评价

2. 材料领用清单(表 2-1-2)

表 2-1-2　　　　　　　　　　材料领用清单(1)

序号	元器件名称	数量	设备故障记录	负责人签字

3. 项目实施记录与改善意见

任务 2　CNC 参数设定

任务目标

- 了解 CNC 参数的类型
- 学会 CNC 参数的设定方法
- 掌握常用 CNC 参数的含义及作用

预备知识

CNC 参数是系统的 CNC 控制程序中可由机床生产厂家和用户根据现场情况进行调试的参变量。CNC 参数的调试直接关系到 CNC 系统控制程序能否正确地控制机床。这部分主要学习各类参数的含义以及作用,还有参数的设定方法。

2.2.1　CNC 参数的类型

1. 位型和位轴型

位型和位轴型的数据为"0"或"1",这种类型的参数形式如图 2-2-1 所示,这种参数由 8 位组成,每个位都有不同的含义。

图 2-2-1　位型和位轴型参数形式

其中的位轴型能对每个轴的参数分别设定。

2. 数值型

数值型参数的数据范围为"−99 999 999～+99 999 999"或其他,具体的要查阅参数说明书。这种参数的形式如图 2-2-2 所示。

图 2-2-2　数值型参数的形式

2.2.2 CNC 参数的显示

按 MDI 面板上的功能键"SYSTEM"多次,或者按功能键"SYSTEM"一次后,再按显示器下软键的扩展键,选择"PARAM"参数页面,出现图 2-2-3 所示参数显示页面。

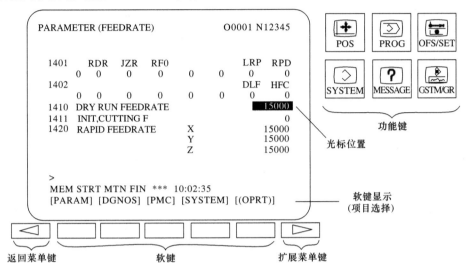

图 2-2-3 参数显示页面

2.2.3 参数设定步骤和方法

1. 将 NC 置于 MDI 方式或急停状态。

2. 按以下步骤使参数处于可写状态:

(1)按 MDI 面板上的功能键"OFS/SET"多次,或者按功能键"OFS/SET"一次后,再按显示器下软键的扩展键,选择"SETTING",出现参数 SETTING 页面。

(2)如图 2-2-4 所示,将光标移至"PARAMETER WRITE"(参数可写入)处。

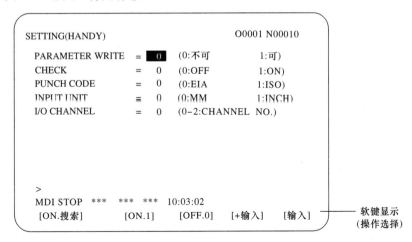

图 2-2-4 参数 SETTING 页面

（3）输入"1"，再按编辑键"INPUT"，使参数处于可写入状态。

此时，CNC 出现 P/S 报警 100（允许参数写入），它起提示作用，同时按下"RESET"（复位）和"CAN"（取消）两个键，可以暂时取消该报警，但重新上电后该报警又会出现。

3. 通过移动光标或翻页，找到显示包括想要设定的参数所在的页面，将光标移动到想设定的参数的位置；或者输入参数号，按软键"SRH"（搜索），找到需要设定的参数。

4. 输入正确的数据，然后按"INPUT"键，这样，输入的数据就被设定到光标指示的参数中。

5. 参数设定好后，按照第 2 步，使参数可写入置"0"。

6. 按"RESET"键解除 P/S 报警 100。

2.2.4 常用参数的含义

常用参数的说明见表 2-2-1。

表 2-2-1   常用参数的说明

参数含义	FS-0i MA/MB FS-0i Mate MB FS-16/18/21M FS-16I/18I/21IM	FS-0i TA/TB FS-0i Mate TB FS-16/18/21T FS-16I/18I/21IT PM-O	备注 （一般设定值）
程序输出格式为 ISO 代码	0000#1	0000#1	1
数据传输波特率	103、113	103、113	10
I/O 通道	20	20	0 为 232 接口，4 为存储卡
存储卡 DNC	138#7	138	1 可选 DNC 文件
未回零执行自动运行	1005#0	1005#0	调试时为 1
直线轴/旋转轴	1006#0	1006#0	旋转轴为 1
半径编程/直径编程		1006#3	车床的 X 轴
参考点返回方向	1006#5	1006#5	0：+，1：−
轴名称	1020	1020	88(X)、89(Y)、90(Z)、65(A)、66(B)、67(C)
轴属性	1022	1022	1、2、3
轴连接顺序	1023	1023	1、2、3
存储行程限位正极限	1320	1320	调试范围：99 999 999
存储行程限位负极限	1321	1321	调试范围：−99 999 999
未回零执行手动快速	1401#0	1401#0	调试为 1
空运行速度	1410	1410	1 000 左右
各轴快移速度	1420	1420	8 000 左右
最大切削进给速度	1422	1422	8 000 左右
各轴手动速度	1423	1423	4 000 左右
各轴手动快移速度	1424	1424	可为 0，同 1420
各轴返回参考点 FL 速度	1425	1425	300～400

参数含义	FS-0i MA/MB FS-0i Mate MB FS-16/18/21M FS-16I/18I/21IM	FS-0i TA/TB FS-0i Mate TB FS-16/18/21T FS-16I/18I/21IT PM-O	备注 (一般设定值)
快移时间常数	1620	1620	50～200
切削时间常数	1622	1622	50-200
JOG 时间常数	1624	1624	50～200
分离型位置检测器	1815♯1	1815♯1	全闭环 1
电动机绝对编码器	1815♯5	1815♯5	伺服带电池 1
各轴位置环增益	1825	1825	3000
各轴到位宽度	1826	1826	20～100
各轴移动位置偏差极限	1828	1828	调试 10 000
各轴停止位置偏差极限	1829	1829	200
各轴反向间隙	1851	1851	测量值
P-I 控制方式	2003♯3	2003♯3	1
单脉冲消除功能	2003♯4	2003♯4	停止时微小振动设 1
虚拟串行反馈功能	2009♯0	2009♯0	如果不带电动机为 1
电动机代码	2020	2020	查表
负载惯量比	2021	2021	200 左右
电动机旋转方向	2022	2022	111 或 -111
速度反馈脉冲数	2023	2023	8 192
位置反馈脉冲数	2024	2024	半为 12 500,全为 电动机 1 转时走的微米数
柔性进给传动比(分子) N	2084、2085	2084、2085	传动比,计算
互锁信号无效	3003♯0	3003♯0	*IT(G8.0)
各轴互锁信号无效	3003♯2	3003♯2	*ITX～*IT4(G130)
各轴方向互锁信号无效	3003♯3	3003♯2	*ITX～*IT4(G132,G134)
减速信号极性	3003♯5	3003♯5	行程(常闭)开关 0 接近(常开)开关 1
超程信号无效	3004♯5	3004♯5	出现 506、507 报警时设定 1
显示器类型	3100♯7	3100♯7	0 单色,1 彩色
中文显示	3102♯3	3102♯3190♯6	1
实际进给速度显示	3105♯0	3105♯0	1
主轴速度和 T 代码显示	3105♯2	3105♯2	1
主轴倍率显示	3106♯5	3106♯5	1
实际手动速度显示指令	3108♯7	3108♯7	1
伺服调整页面显示	3111♯0	3111♯0	1

参数含义	FS-0i MA/MB FS-0i Mate MB FS-16/18/21M FS-16I/18I/21IM	FS-0i TA/TB FS-0i Mate TB FS-16/18/21T FS-16I/18I/21IT PM-0	备注 (一般设定值)
主轴监控页面显示	3111#1	3111#1	1
操作监控页面显示	3111#5	3111#5	1
伺服波形页面显示	3112#0	3112#0	需要时1,最后要为0
指令数值单位	3401#0	3401#0	0:微米;1:毫米
各轴参考点螺补号	3620	3620	实测
各轴正极限螺补号	3621	3621	
各轴负极限螺补号	3622	3622	
螺补数据放大倍数	3623	3623	
螺补间隔	3624	3624	
是否使用串行主轴	3701#1	3701#1	0带,1不带
检测主轴速度到达信号	3708#0	3708#0	1检测
主轴电动机最高钳制速度	3736		限制值/最大值*4095
主轴各挡最高转速	3741/2/3	3741/2/3/4	电动机最大值/减速比
是否使用位置编码器	4002#1	4002#1	使用1
主轴电动机参数初始化位	4019#7	4019#7	
主轴电动机代码	4133	4133	
CNC控制轴数	8130(OI)	8130(OI)	
CNC控制轴数	1010	1010	8130-PMC轴数
手轮是否有效	8131#0(OI)	8131#0(OI)	设0为步进方式
串行主轴有效	3701#1	3701#1	
直径编程		1006#3	同时CMR=1

2.2.5 基本参数设定

1.上电全清

系统连接好以后第一次通电时,最好先做全清(在上电时,同时按住MDI面板上的"RESET"和"DEL"键)。

全清后一般会出现如下报警,根据报警信号逐一进行处理即可。

(1)"100"参数可写入,参数写保护打开——同时按住"RESET"(复位)和"CAN"(取消)两个键。

(2)506/507硬超程报警,梯形图中没有处理硬件限位信号——3004#5置"1"。

(3)417伺服参数设定不正确——重新设定伺服参数,先把3111#0 SVS设定为"1",进入如图2-2-5所示的伺服调整页面进行设定。

伺服调整			01234 N12345
X轴			
(参数)			(监视)
功能位	00000000	报警1	00000000
环增益	3000	报警2	00000000
调整开始位	0	报警3	10000000
设定周期	50	报警4	00000000
积分增益	113	报警5	00000000
比例增益	-1015	回路增益	2999
滤波器	0	位置偏差	556
速度增益	125	实际电流%	10
		实际速度RPM	100

[SV设定] [SV调整] [ ] [ ] [(操作)]

图 2-2-5 伺服调整页面

(4)5136 表示 FSSB 电动机号码太小，FSSB 设定没有完成或根本没有设定——把机床所用 FSSB 电动机号输入 2020 号参数中(如果需要系统不带电动机调试时，把 1023 设定为 −1，屏蔽伺服电动机，可消除 5136 报警)。

2. 伺服 FSSB 设定和伺服参数初始化

按 FSSB 连接的顺序来设定 1023 的值，或者把 1902＃0 置“0”，此时 1023、1905、1910～1919、1936、1937 号的参数被自动设定。重新上电后，如果没有出现 5138 报警，则说明设定完成。

需要注意的是：

(1)FSSB 自动设定时，伺服放大器必须通电，否则不能正确设定。

(2)在 3111＃0 SVS 设定为“1”，进入伺服调整页面中设定时，如果是全闭环，先按半闭环设定。

3. 其他基本参数的设定

(1)机床没有报警后，手动方式移动进给部件至适当位置，把 1815＃4 置“1”，参考点建立。

(2)在 1320 和 1321 中设定软限位点。

(3)在 2084 和 2085 中输入柔性齿轮比。

任务实施

1. 教师现场讲解，并进行 CNC 参数设定操作示范。
2. 根据学生人数和设备台(套)数情况分组。
3. 分组练习常见 CNC 参数的设定方法。
4. 教师现场指导，并对学生实训情况进行评价、记录。

计划总结

1. 工作计划表（表2-2-2）

表2-2-2　　　　　　　　　　　　　　工作计划表（2）

序号	工作内容	计划完成时间	实际完成情况自评	教师评价

2. 材料领用清单（表2-2-3）

表2-2-3　　　　　　　　　　　　　　材料领用清单（2）

序号	元器件名称	数量	设备故障记录	负责人签字

3. 项目实施记录与改善意见

_____

_____

_____

任务3　数据备份和恢复

任务目标

- 认识数据备份和恢复的重要性
- 熟练掌握CNC参数及加工程序的备份和恢复
- 熟练掌握PMC程序的备份和恢复

预备知识

数控机床是一种智能化程度非常高的自动控制设备,它的控制程序复杂,相关联的数据太多,在对数控机床进行安装调试和维修时,要想对每一个数据依次进行设定,不但工作量巨大,而且要求调试人员对每一个数据都心中有数,这很不容易,因此,当数控机床调试至能正常工作时,应及时进行数据备份。一旦机床数据出现问题,导致机床不能正常工作时,可以用备份好的数据进行恢复,用这种方法来批量调试数控机床,效率非常高。这部分主要学习数据备份和恢复的方法,并介绍FANUC LADDER-Ⅲ调试软件的使用。

2.3.1　系统数据

系统数据根据需求,由系统设计人员存储在不同的位置,FANUC 系统数据的分类及存储区见表 2-3-1。

表 2-3-1　　　　　　　　　　　FANUC 系统数据的分类及存储区

数据的种类	存储区	特别说明
CNC 参数	SRAM	
PMC 参数	SRAM	
顺序程序	F-ROM	
螺距误差补偿量	SRAM	任选(Power Mate i-H 上没有)
加工程序	SRAM	
刀具补偿量	SRAM	
用户宏变量	SRAM	FS16i 为任选
宏 P-CODE 程序	F-ROM	宏执行程序(任选)
宏 P-CODE 变量	SRAM	
C 语言执行程序、应用程序	F-ROM	C 语言执行程序(任选)
SRAM 变量	SRAM	

2.3.2　使用 M-CARD 备份和恢复 SRAM 中的数据

1.在 PCMCIA 插槽中插入 M-CARD。

2.在按住显示器下面最右端"NEXT"键和它左边的两个软键的同时,接通电源,进入 BOOT 的 SYSTEM MONITOR 页面。

3.按操作提示把光标移至"5.SRAM DATA BACKUP",如图 2-3-1 所示。

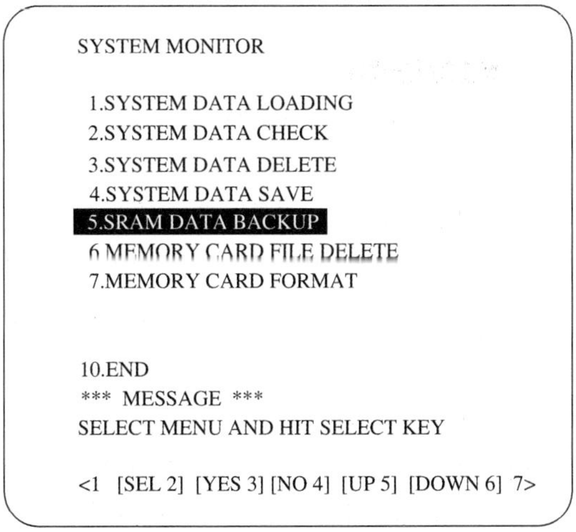

```
SYSTEM MONITOR

1.SYSTEM DATA LOADING
2.SYSTEM DATA CHECK
3.SYSTEM DATA DELETE
4.SYSTEM DATA SAVE
5.SRAM DATA BACKUP
6 MEMORY CARD FILE DELETE
7.MEMORY CARD FORMAT


10.END
*** MESSAGE ***
SELECT MENU AND HIT SELECT KEY

<1  [SEL 2] [YES 3] [NO 4] [UP 5] [DOWN 6] 7>
```

图 2-3-1　SYSTEM MONITOR 页面

4. 按软键"SELECT",进入如图 2-3-2 所示的 SRAM DATA BACKUP 页面。

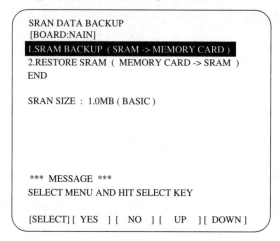

图 2-3-2   SRAM DATA BACKUP 页面

5. 按软键"UP"或"DOWN",选择功能。

(1)把数据存至存储卡时,选"1. SRAM BACKUP"。

(2)把卡中数据恢复到 SRAM 时,选"2. RESTORE SRAM"。

6. 按提示操作,从 BOOT 中退出即可。

用这种方法备份出来的 CNC 参数、螺补及加工程序等数据是打包的文件,在计算机上是不能打开的。

2.3.3   用 M-CARD 备份和恢复 F-ROM 中的梯形图

1. 首先将参数 20 设定为"4"。

2. 按 MDI 面板上"SYSTEM"键,依次按"PMC""NEXT""I/O",进入如图 2-3-3 所示页面。

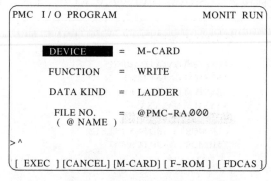

图 2-3-3   备份和恢复梯形图页面

3. 在"DEVIECE"一栏选择"M-CARD"。

4. 在"FUNCTION"处设置为"WRITE"(备份),或"READ"(恢复)。

5. 在"DATA KIND"处设置为"LADDER",或者备份梯形图参数。

6. 在"FILE NO."处输入梯形图的名称(默认为上述名称)。

7. 按软键"EXEC"即可。

2.3.4　使用 LADDER-Ⅲ软件编辑备份的梯形图

1. 运行 LADDER-Ⅲ软件,在该软件下新建一个类型与备份的 M-CARD 格式的 PMC
程序类型相同的空文件,如图 2-3-4 所示。

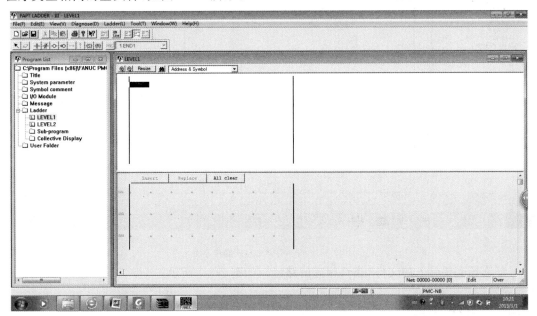

图 2-3-4　新建空文件界面

2. 选择"File"中的"Import"(导入 M-CARD 格式文件),如图 2-3-5 所示。

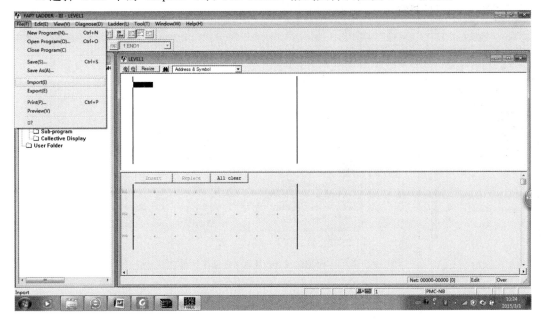

图 2-3-5　导入存储卡文件操作界面

3.按软件提示导入源文件格式,选择 M-CARD 格式,如图 2-3-6 所示。

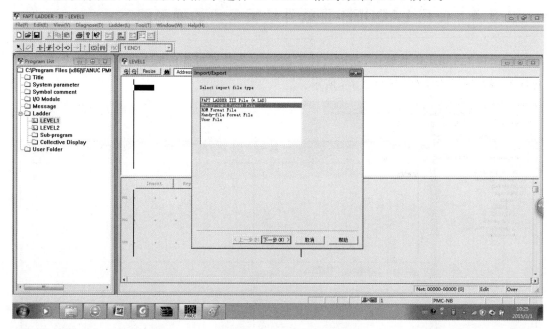

图 2-3-6 选择存储卡格式操作界面

4.选择需要导入的文件(找到相应的路径),如图 2-3-7 所示。

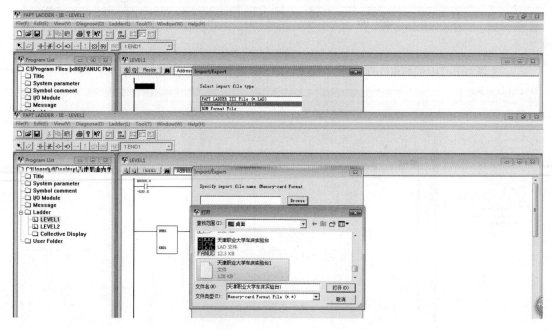

图 2-3-7 根据路径查找导入文件操作界面

5. 按提示打开该文件后,弹出导入完成对话框,如图 2-3-8 所示。

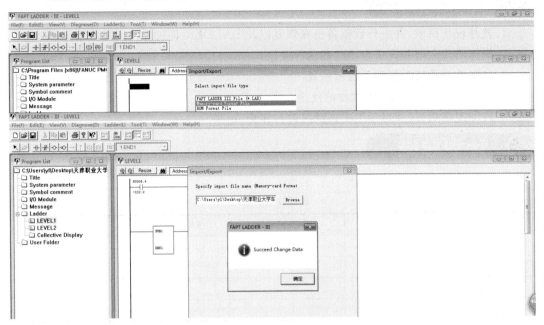

图 2-3-8　导入完成后的提示界面

6. 单击"确定"按钮,即可进入备份梯形图的编辑状态,如图 2-3-9 所示。

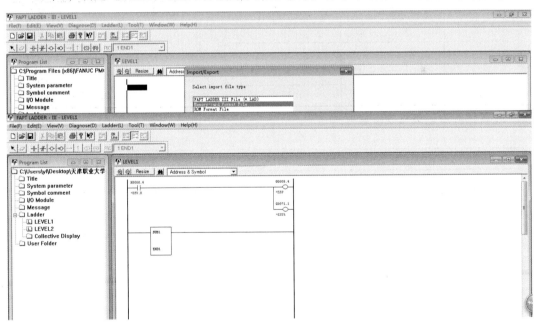

图 2-3-9　进入备份梯形图的编辑界面

任务实施

1.教师现场讲解,并进行数据备份和恢复以及LADDER-Ⅲ软件使用操作示范。

2.根据学生人数和设备台(套)数情况分组。

3.分组练习系统数据的备份和恢复。

4.分组练习LADDER-Ⅲ软件的使用。

5.教师现场指导,并对学生实训情况进行评价、记录。

计划总结

1.工作计划表(表2-3-2)

表 2-3-2 　　　　　　　　　　　　工作计划表(3)

序号	工作内容	计划完成时间	实际完成情况自评	教师评价

2.材料领用清单(表2-3-3)

表 2-3-3 　　　　　　　　　　　　材料领用清单(3)

序号	元器件名称	数量	设备故障记录	负责人签字

3.项目实施记录与改善意见

_____

_____

项目简介

　　本项目突出动手与动脑结合、理实结合，实用性强，针对数控机床对电气控制线路的要求，使学生掌握阅读、分析电气图样的技术知识及方法、常用电动机和各种低压电器的具体选用技术、典型控制线路的装调，进而达到对数控机床电气控制线路工作原理的熟练分析与掌握，为数控机床电气控制线路装调和检修做准备。

教学目标

1.能力目标
● 电气控制系统图的识图、设计能力
● 选择、识别、维修数控机床常用控制电器
● 安装、调试典型电气控制线路
● 数控机床电气控制线路综合分析

2.知识目标
● 数控机床常用控制电器的结构、工作原理、表示符号
● 典型电气控制线路的工作原理
● 电气图样标准
● 数控机床电气控制线路的工作原理

3.素质目标
● 严格执行相关标准、工作程序与规范、工艺文件和安全操作规程
● 学习新知识、新技能，培养勇于开拓和创新的科学态度。

任务进阶

　　任务1.机床常用控制电器的识别、维修
　　任务2.简单启动控制系统的安装、调试
　　任务3.星角启动控制系统的安装、调试
　　任务4.双重连锁正/反转控制系统的安装、调试
　　任务5.双速电动机控制系统的安装、调试

任务 1　机床常用控制电器的识别、维修

任务目标

- 能正确识别、检修低压熔断器、低压开关、主令电器、交流接触器、继电器等低压电器
- 掌握低压电器设备图形符号和文字符号画法
- 掌握电气设备图样画法规则

预备知识

数控机床的控制电路是由各种不同的控制元件组成的,要了解、分析和设计数控机床的控制电路,首先要熟悉各种不同的电气控制元件。和其他工厂中采用电力拖动的设备一样,继电接触控制系统仍然是控制基础。这种控制方法在一定范围内适应单机和自动生产线的需要。作为数控机床电气控制的基础,本部分主要介绍数控机床常用控制电器。

3.1.1　低压断路器

低压断路器又称为自动空气开关,一般分为塑料外壳式(塑壳式)和框架式(万能式)两大类。低压断路器可用来接通和分断负载电路:当电路发生严重过载、短路以及欠压、失压等故障时,能自动分断故障电路,起到保护接在其后的电气设备的作用。在正常情况下,也可用于不频繁地接通和分断电路以及控制和保护电动机。低压断路器是一种既有手动开关作用又有自动进行欠压、失压、过载和短路保护作用的电器。

1.低压断路器的结构及工作原理

低压断路器主要由触点、操作机构、灭弧系统和脱扣器等组成。图 3-1-1 所示为低压断路器的外形及结构。图 3-1-2 所示为低压断路器的工作原理及电气符号。

低压断路器的主触点由操作机构手动或电动合闸,图 3-1-2 所示的低压断路器处于闭合状态,主触点串联在被保护的三相主电路中。当电路正常运行时,电磁脱扣器的电磁线圈虽然串联在电路中,但所产生的电磁吸力不能使衔铁动作,当电路发生短路故障时,电路中的电流达到了动作电流,则衔铁被迅速吸合,撞击杠杆,使锁扣脱扣,主触点在弹簧的作用下迅速分断,从而将主电路断开,起到短路保护作用。当电源电压正常时,欠压脱扣器的电磁吸力大于弹簧的拉力,将衔铁吸合,主触点处于闭合状态;当电源电压下降到额定电压的 $40\%\sim50\%$ 或以下时,并联在主电路的欠电压脱扣器的电磁吸力小于弹簧的拉力,衔铁释放,撞击杠杆,将锁扣顶开,从而使主触点在弹簧的拉力作用下分断,断开主电路,起到失压和欠压保护作用。当线路发生过载时,过载电流使双金属片受热弯曲,撞击杠杆,使锁扣脱扣,主触点在弹簧的拉力作用下分断,从而断开主电路,起到过载保护作用。使用时应注意,当电路发生故障、自动开关跳闸时,必须先检查电路、排除故障后,将手柄往后拉,再使扣板与传动机构的挂钩挂上,然后再把手柄往上推到"闭合"位置,电路才能接通。常用的低压断路器的型号有 DZ15、DZ20、DZ5、DZ10、DZX10、DZX19 等系列。低压断路器的主要技术参数有额定电压、额定电流、极数、脱扣器类型、脱扣器额定电流、脱扣器整定电流、主触点与辅

助触点的分断能力和动作时间等。

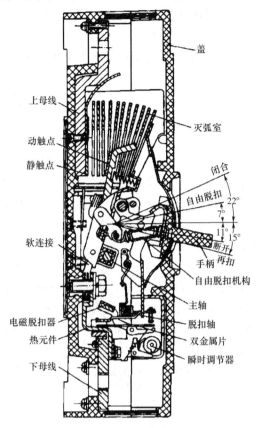

图 3-1-1 低压断路器的外形及结构

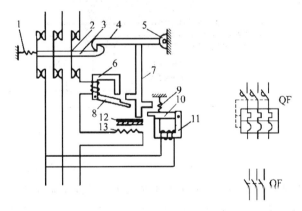

图 3-1-2 低压断路器的工作原理及电气符号

1、9—弹簧；2—主触点；3—锁扣；4—搭钩；5—轴；6—过电流脱扣器；
7—杠杆；8、10—衔铁；11—欠电压脱扣器；12—双金属片；13—电阻丝

2.低压断路器的选用原则

(1)低压断路器的额定电压和额定电流应不小于电路的额定电压和最大工作电流。

(2)过电流脱扣器的整定电流应与所控制负载的额定工作电流一致。

(3)欠电压脱扣器的额定电压应等于线路额定电压。

(4)电磁脱扣器的瞬时脱扣整定电流应大于负荷电流正常工作时的最大电流。

对于单台电动机,DZ 系列低压断路器电磁脱扣器的瞬时脱扣整定电流 I_z 为

$$I_z \geqslant (1.5 \sim 1.7) I_q$$

式中,I_q 为电动机的启动电流。对于多台电动机,DZ 系列低压断路器电磁脱扣器的瞬时脱扣整定电流 I_z 为

$$I_z \geqslant (1.5 \sim 1.7)(I_{qmax} + 其他电动机额定电流)$$

式中,I_{qmax} 为最大的一台电动机的启动电流。

3. 漏电保护低压断路器

漏电保护低压断路器又称为漏电保护自动开关或漏电断路器。它在低压交流电路中主要用于配电、电动机过载保护、短路保护、漏电保护等用途。漏电保护自动开关有单极、两极、三极和四极之分。单极和两极用于照明电路,三极用于三相对称负荷,四极用于动力照明线路。漏电保护自动开关主要由三部分组成:自动开关、零序电流互感器和漏电脱扣器。实际上,漏电保护自动开关就是在一般的自动空气开关的基础上,增加了零序电流互感器和漏电脱扣器来检测漏电情况。因此,当人身触电或设备漏电时能够迅速切断故障电路,避免人身和设备受到危害。常用的漏电保护自动开关有电磁式和电子式两大类。电磁式漏电保护自动开关又分为电压型和电流型,电流型的比电压型的性能较为优越,所以目前使用的大多数电磁式漏电保护自动开关为电流型的。下面主要介绍电磁式电流型的漏电保护自动开关。电磁式电流型的漏电保护自动开关的主要参数有额定电压、额定电流、极数、额定漏电动作电流、额定漏电不动作电流以及漏电脱扣器动作时间等。根据其保护的线路又可分为三相和单相漏电保护自动开关。

(1)三相漏电保护自动开关

图 3-1-3 所示为电磁式电流型的三相漏电保护自动开关的工作原理。

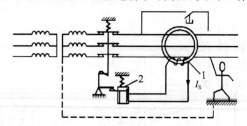

图 3-1-3 电磁式电流型的三相漏电保护自动开关的工作原理

1—零序电流互感器;2—漏电脱扣器

电路中的三相电源线穿过零序电流互感器 1 的环形铁芯,零序电流互感器的输出端与漏电脱扣器 2 相连接,漏电脱扣器的衔铁被永久磁铁吸住,拉紧了释放弹簧。当电路正常时,三相电流的向量和为零,零序电流互感器的输出端无输出,漏电保护自动开关处于闭合状态。当有人触电或设备漏电时,漏电电流或触电电流从大地流回变压器的中性点,此时,三相电流的向量和不为零,零序电流互感器的输出端有感应电流 I_s 输出,当 I_s 足够大时,该感应电流使得漏电脱扣器产生的电磁吸力抵消掉永久磁场所产生的对衔铁的电磁吸力,漏电脱扣器释放弹簧的反力就会将衔铁释放,漏电闭合自动开关触点动作切断电路,使触电的人或漏电的设备与电源脱离,起到漏电保护的作用。三相漏电保护自动开关主要用于动力线路或照明线路上。常用的漏电保护自动开关有 DZ15L、DZ10L 等系列。

（2）单相漏电保护自动开关

对于单相电路的漏电保护自动开关,其保护原理类似于三相漏电保护自动开关。不同的是,单相漏电保护自动开关穿过零序电流互感器的导线是相线和中线。单相漏电保护自动开关一般用于学校、办公室、家庭等单相用电线路上,其额定电压为交流 220 V,额定电流为 15～16 A,额定动作电流为 30 mA,漏电脱扣器动作时间短于 0.1 s。

（3）漏电保护自动开关的选用原则

选用漏电保护自动开关时应注意:

①漏电保护自动开关的额定电压应与电路的工作电压相适应。

②漏电保护开关的额定电流必须大于电路的最大工作电流。

③漏电动作电流和动作时间应按分级保护原则和线路泄漏电流的大小来选择。

4. 低压断路器的使用及维护

（1）低压断路器在安装前应将脱扣器电磁铁工作面的防锈油脂抹净,以免影响电磁机构的动作值。

（2）低压断路器与熔断器配合使用时,熔断器应尽可能装于断路器之前,以保证使用安全。

（3）电磁脱扣器的整定值一经调好后就不允许随意更改,使用日久后要检查其弹簧是否生锈卡住,以免影响其动作。

（4）低压断路器在分断短路电流后,应在切除上一级电源的情况下,及时检查触点。若发现有严重的电灼痕迹,可用干布擦拭;若发现触点烧毛,可用砂纸或细锉小心修整。

（5）应定期清除低压断路器上的积尘并检查各种脱扣器的动作值,操作机构在使用一段时间后（可考虑 1～2 年）,在传动机构部分应加润滑油（小容量塑壳式低压断路器不需要）。

（6）灭弧室在分断短路电流后,或较长时间使用之后,应清除灭弧室内壁和栅片上的金属颗粒和黑烟灰,如果灭弧室已破损,就不能再使用。长期不使用的灭弧室,在使用前应先烘一下,以保证有良好的绝缘。

3.1.2　接触器

1. 接触器的型号及电气符号

接触器是一种适用于远距离频繁地接通和断开交、直流主电路及大容量控制电路的电器。它具有低电压释放保护功能,其控制容量大,能远距离控制,在自动控制系统中应用非常广泛,但也存在噪声大、寿命短等缺点。其主要控制对象是电动机,也可用于控制电焊机、电容器组、电热装置、照明设备等其他负载。接触器能接通和断开负载电流,但不可以切断短路电流,因此常与熔断器、热继电器等配合使用。

接触器可分为交流接触器和直流接触器两类,两者都是利用电磁吸力和弹簧的反作用力使触点闭合或断开的一种电器,但在结构上有各自特殊的地方,不能混用。

（1）接触器的型号及含义

C12-3/4

其中:C——接触器;

　　1——接触器类别,J 表示交流,Z 表示直流;

　　2——设计序号;

　　3——主触点额定电流,A;

　　4——主触点数。

（2）接触器的电气符号

交流接触器的电气符号如图 3-1-4 所示。

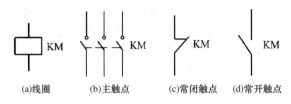

(a)线圈　　　(b)主触点　　　(c)常闭触点　　　(d)常开触点

图 3-1-4　交流接触器的电气符号

2. 交流接触器

交流接触器由电磁机构、触点系统、灭弧装置和其他部件组成。常用的型号有 CJ20、CJX、CJ12、CJ10 和 CJ0 系列。CJ0 系列属于老产品，已有 CJ0-A、CJ0-B 等改进型产品予以取代；CJ10、CJ12 系列是早期全国统一设计的系列产品，使用较为广泛；CJX 系列消弧接触器是近年发展起来的新产品，采用了与晶闸管相结合的形式，避免了接触器在分断时产生电弧的现象，适用于条件较差、频繁启动和反接制动电路中；CJ20 系列交流接触器是全国统一设计的新型接触器，主要适用于 50 Hz、电压 660 V 以下（其中部分可用于 1 100 V）、电流 630 A 以下的电力线路中，CJ20 为开启式结构，采用直动式、主体布置、双断点结构。CJ20-63 及以上的接触器采用压铸铝底座，并以增强耐弧塑料底板和高强度陶瓷灭弧罩组成三段式结构，触点系统的动触点为船形结构，具有较高的强度和较大的热容量，静触点选用型材并配以铁质引弧角，便于电弧向外运动，辅助触点安置在主触点两侧，采用无色透明聚碳酸酯做成封闭式结构，防止灰尘侵入。图 3-1-5 所示为 CJ20-63 交流接触器的结构。

3. 直流接触器

直流接触器的结构和工作原理与交流接触器基本相同，也是由触点系统、电磁机构、灭弧装置等部分组成的；但也有不同之处，其电磁机构的铁芯中磁通变化不大，故可用整块铸钢做成。由于直流电弧比交流电弧难以熄灭，所以在直流接触器中常采用磁吹灭弧装置。图 3-1-6 所示为直流接触器的结构。常用的直流接触器有 CZ0、CZ18 系列，是全国统一设计的产品，主要用于额定电压至 440 V、额定电流至 600 A 的直流电力线路中，作用为远距离接通和分断线路，控制直流电动机的启动、停车、反接制动等。

4. 接触器的选择

接触器应合理选择，一般根据以下原则来选择接触器：

（1）接触器类型

交流负载选择交流接触器，直流负载选择直流接触器，根据负载大小不同，选择不同型号的接触器。

（2）接触器额定电压

接触器额定电压应大于或等于负载回路电压。

（3）接触器额定电流

接触器额定电流应大于或等于负载回路的额定电流。对于电动机负载，其经验计算公式为

$$I_j = 1.3 I_N$$

式中　I_j——接触器主触点的额定电流；

　　　I_N——电动机的额定电流。

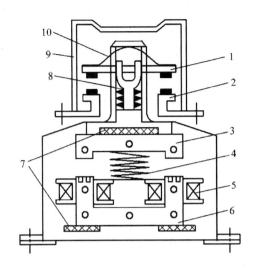

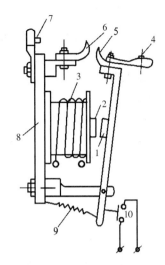

图 3-1-5 CJ20-63 交流接触器的结构
1—动触点；2—静触点；3—衔铁；4—缓冲弹簧；
5—电磁线圈；6—铁芯；7—毡垫；8—触点弹簧；
9—灭弧罩；10—触点压力簧片

图 3-1-6 直流接触器的结构
1—衔铁；2—铁芯；3—线圈；4、7—接线柱；
5—动触点；6—静触点；8—底板；
9—反作用弹簧；10—辅助触点

（4）吸引线圈的额定电压

吸引线圈的额定电压应与被控回路电压一致。

（5）触点数量

接触器的主触点、常开辅助触点、常闭辅助触点数量应与主电路和控制电路的要求一致。

注意：直流接触器的线圈加直流电压，交流接触器的线圈一般加交流电压。有时为了提高接触器的最大操作频率，交流接触器也有采用直流电压的。如果把直流电压的线圈加上交流电压，因电阻太大、电流太小，故接触器往往不吸合。如果将交流电压的线圈加上直流电压，则因电阻太小，电流太大，故会烧坏线圈。

5.接触器常见故障及维修

接触器是一种频繁动作的控制电器，要定期检查，要求可动部分灵活，紧固件无松动，触点表面清洁，不允许在使用中去掉灭弧罩。接触器可能发生的故障很多，如无法修理应及时用同型号规格的接触器更换。常见的故障有：

（1）触点过热甚至熔焊

①原因 接触器的触点接触压力不够、触点被电弧灼伤导致表面接触不良、接触电阻增大、工作电流过大、回路电压过低、负载侧短路等。

②处理方法 调整触点压力、处理因电弧而产生蚀坑或熔粒的触点、调换合适的接触器、提高操作电压等。

（2）衔铁振动和噪声

①原因 衔铁歪斜、铁芯端面有锈蚀或尘垢、反作用弹簧弹力太小、衔铁运动受阻、短路环损坏或脱落、电压过低等。

②处理方法 清洁衔铁端面、调整衔铁到合适的位置、更换弹簧、消除衔铁受阻因素、更换短路环、提高操作电压、检查电压过低原因。

（3）线圈过热或烧毁

①原因　线圈电流过大、线圈技术参数不符合要求、衔铁运动被卡等。

②处理方法　找出引起线圈电流过大的原因，更换符合要求的线圈，使衔铁运动顺畅。

（4）触点磨损

①原因　触点在电弧温度过高时触点材料汽化或蒸发、三相接触不同步、触点闭合时的撞击或触点表面相对摩擦运动。

②处理方法　调换合适的接触器、调整三相触点使其同步、排除短路原因，如触点磨损严重，则要更换接触器。

3.1.3　继电器

继电器是一种自动电器，广泛用于电动机或线路的保护以及生产过程的自动化控制。它是一种根据外界输入的信号（电量，如电压、电流；非电量，如时间、速度、热量、压力等）来控制电路通、断的自动切换电器，其触点常接在控制电路中。

继电器的种类很多。按输入信号的不同可分为电压继电器、电流继电器、时间继电器、热继电器、速度继电器、温度继电器与压力继电器等。本节主要介绍常用的热继电器、电磁式（电流、电压、中间）继电器、时间继电器和速度继电器。

1. 热继电器

（1）热继电器的结构及原理

热继电器是利用测量元件被加热到一定程度而动作的一种继电器。在电路中用于电动机或其他负载的过载和断相保护。它主要由加热元件、双金属片、触点和传动系统构成。图 3-1-7 所示为双金属片热继电器的结构。双金属片由两种不同膨胀系数的金属压焊而成，与加热元件串联在主电路上，当电动机过载时，双金属片受热弯曲从而推动导板移动，将常闭触点（该触点串联在接触器线圈回路中）分开，以切断电路，达到保护电动机的目的。热继电器的电气符号如图 3-1-8 所示。

热继电器

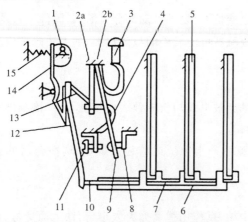

图 3-1-7　双金属片热继电器的结构

1—电流调节凸轮；2a、2b—簧片；3—手动复位按钮；
4—弓簧；5—主双金属片；6—外导板；7—内导板；
8—常闭静触点；9—动触点；10—杠杆；11—复位调节螺钉；
12—补偿双金属片；13—推杆；14—连杆；15—压簧

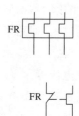

图 3-1-8　热继电器的电气符号

(2)热继电器的主要参数及常用型号

热继电器的主要参数有热继电器额定电流、相数,热元件额定电流,整定电流及调节范围等。

热继电器额定电流是指热继电器中可以安装的热元件的最大整定电流。

热元件额定电流是指热元件的最大整定电流。

整定电流是指热元件能够长期通过而不致引起热继电器动作的最大电流。通常热继电器的整定电流是按电动机的额定电流整定的。对于某一热元件的热继电器,可手动调节整定电流旋钮,通过偏心轮机构,调整双金属片与导板的距离,从而在一定范围内调节其整定电流,使热继电器更好地保护电动机。

常用的热继电器的型号有 JR0、JR10、JR16、JR20、JRS1 等系列。

(3)热继电器的选择

①类型选择　一般情况下,可选用两相结构的热继电器,但对三相电压的均衡性较差、工作环境恶劣或无人看管的电动机,宜选用三相结构的热继电器。对于三角形接线的电动机,应选用带断相保护装置的热继电器。

②热继电器额定电流选择　热继电器额定电流应大于电动机额定电流,然后根据该额定电流来选择热继电器的型号。

③热元件额定电流的选择和整定　热元件额定电流应略大于电动机额定电流。当电动机启动电流为其额定电流的 6 倍且启动时间不超过 5 s 时,热元件整定电流应调节到等于电动机额定电流;当电动机启动时间较长、拖动冲击性负载或不允许停车时,热元件整定电流应调节到额定电流的 1.1~1.15 倍。

(4)热继电器的使用及维护

热继电器安装接线时,应清除触点表面污垢,以避免电路不通或因接触电阻太大而影响热继电器的动作性能。

如电动机启动时间过长或操作过于频繁,将会使热继电器误动作或烧坏热继电器,故一般不用热继电器做过载保护;如仍用热继电器,则应在热元件两端并联一副接触器或继电器的常闭触点,待电动机启动完毕,使常闭触点断开,热继电器投入工作。

热继电器周围介质的温度原则上应和电动机周围介质的温度相同;否则,势必要破坏已调整好的配合情况。

运行中热继电器的检查:

①检查负载电流是否和热元件的额定值相配合。

②检查热继电器与外部的连接点处有无过热现象。

③检查与热继电器连接的导线截面是否满足载流要求,有无因发热而影响热元件正常工作的现象。

④检查热继电器的运行环境有无变化,温度是否超出允许范围(−30~40 ℃)。

⑤若热继电器动作,则应检查动作情况是否正确。

检查热继电器环境温度与被保护设备环境温度,当前者较后者高 15~25 ℃时,应调换大一等级热元件;当低 15~25 ℃时,应调换小一等级热元件。

2.电磁式继电器

电磁式继电器是使用最多的一种继电器,其基本结构和动作原理与接触器大致相同。

但继电器是用于切换小电流的控制和保护电器,其触点种类和数量较多,体积较小,动作灵敏,无须灭弧装置。

(1)电流继电器

电流继电器是根据线圈中电流的大小而控制电路通、断的控制电器。它的线圈是与负载串联的,线圈的匝数少、导线粗、阻抗小。电磁式电流继电器的结构如图 3-1-9(a)所示。

电流继电器又有过电流继电器和欠电流继电器之分。当线圈电流超过整定值时衔铁吸合、触点动作的继电器,称为过电流继电器,它在正常工作电流时不动作。过电流继电器的图形符号、文字符号如图 3-1-9(b)所示。

当线圈电流降到某一整定值时衔铁释放的继电器,称为欠电流继电器,通常它的吸引电流为额定电流的 30%～50%,而释放电流为额定电流的 10%～20%,正常工作时衔铁是吸合的。欠电流继电器的图形符号、文字符号如图 3-1-9(c)所示。

常用的电流继电器型号有 JT9、JT17、JT18、JL14、JL15、JL18 等系列。

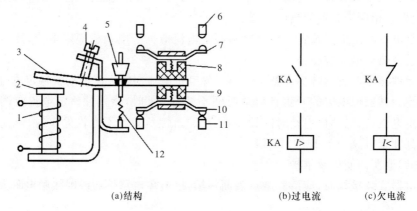

(a)结构　　　　(b)过电流　　　(c)欠电流

图 3-1-9　电流继电器的结构及符号

1—电流线圈;2—铁芯;3—衔铁;4—止动螺钉;

5—反作用调节螺钉;6、11—静触点;7、10—常开触点;

8—触点弹簧;9—绝缘支架;12—反作用弹簧

(2)电压继电器

电压继电器是根据线圈两端电压大小来控制电路通、断的控制电器。它的线圈是与负载并联的,线圈的匝数多、导线细、阻抗大。

电压继电器可分为过电压继电器和欠电压继电器。过电压继电器在电压为 110%～115%额定电压上动作,而欠电压继电器在电压为 40%～70%额定电压上动作。它们的图形符号、文字符号如图 3-1-10 所示。常用的电压继电器有 JT4 等系列。

(3)中间继电器

中间继电器实际上也是一种电压继电器,但它的触点数量较多,容量较大,起到中间放大(触点数量和容量)作用。它在电路中常用来扩展触点数量和增大触点容量。中间继电器的图形符号、文字符号如图 3-1-11(a)所示。常用的中间继电器有 JZ12、JZ7、JZ8 等系列。图 3-1-11(b)所示为 JZ7 中间继电器的结构及外形。

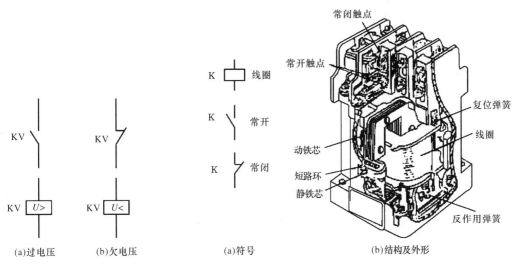

图 3-1-10　电压继电器的符号　　　　图 3-1-11　中间继电器的符号、结构及外形

3. 时间继电器

时间继电器是一种能使感受部分在感受信号(线圈通电或断电)后,自动延时输出信号(触点闭合或分断)的继电器。时间继电器的种类很多,主要有电磁式、空气阻尼式、晶体管式等。机床控制电路中较多采用空气阻尼式时间继电器,晶体管式也获得了广泛应用。数控机床中一般由计算机软件实现时间控制,而不采用继电器方式。时间继电器的符号如图 3-1-12 所示。

图 3-1-12　时间继电器的符号

4. 速度继电器

速度继电器是根据电磁感应原理制成的,主要由转子、定子和触点三部分组成,其结构如图 3-1-13 所示。其工作原理是:套有永久磁铁的轴与被控电动机的轴相连,用以接收转速信号,当速度继电器的轴由电动机带动旋转时,永久磁铁磁通切割圆环内的笼型绕组(导条),绕组感应出电流,该电流与磁场作用产生电磁转矩,在此转矩的推动下,圆环带动摆杆克服弹簧力顺电动机方向偏转一定角度,并拨动触点改变其通、断状态。调节弹簧松紧可调节速度继电器的触点在电动机不同转速时切换。

速度继电器主要用于笼型异步电动机的反接制动。当反接制动的电动机转速下降到接近零时,能自动切断电源。速度继电器的符号如图 3-1-14 所示。速度继电器的常用型号有 JY1 和 JF20 系列。它们的触点额定电压为 380 V,触点额定电流为 2 A,额定工作转速为 200～3 600 r/min,一般转速在 100 r/min 以下时触点复原。

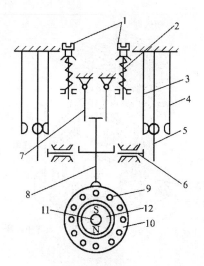

图 3-1-13　速度继电器的结构

1—调节螺钉；2—反力弹簧；3—常闭触点；4—常开触点；

5—动触点；6—推杆；7—返回杠杆；8—摆杆；

9—笼型导条；10—圆环；11—轴；12—永磁转子

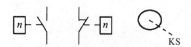

图 3-1-14　速度继电器的符号

熔断器

3.1.4　熔断器

　　熔断器是低压线路及电动机控制电路中起短路保护作用的电器。它是由熔体(俗称保险丝)和安装熔体的绝缘底座或绝缘管等组成的。熔断器的电气符号如图 3-1-15(a)所示。熔体呈片状或丝状，用易熔金属材料如锡、铅、铜、银及其合金等制成，熔丝的熔点一般在200~300 ℃。熔断器使用时串联在要保护的电路上，当正常工作时，熔体相当于一根导体，允许通过一定的电流，熔体的发热温度低于熔化温度，因此长期不熔断；而当电路发生短路或严重过载故障时，流过熔体的电流大于允许的正常发热的电流，使得熔体的温度不断上升，最终超过熔体的熔化温度而熔断，从而切断电路，保护了电路及设备。熔体熔断后要更换熔体，电路才能重新接通工作。熔断器的主要技术参数有额定电压、熔体额定电流、支持件额定电流、极限分断能力等。

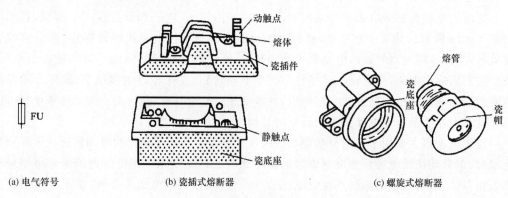

(a) 电气符号　　　　　　(b) 瓷插式熔断器　　　　　　(c) 螺旋式熔断器

图 3-1-15　熔断器

1.常用的熔断器

常用的熔断器主要有瓷插式熔断器、螺旋式熔断器、螺旋式快速熔断器及有填料封闭管式熔断器等类型。

(1)瓷插式熔断器

瓷插式熔断器是一种常见的结构简单的熔断器,它由瓷底座、瓷插件、动触点、静触点和熔体组成。其外形如图 3-1-15(b)所示,具有价廉、尺寸小、更换方便等优点,但其分断能力较差,电弧声光效应较大,一般用于低压分支电路的短路保护。常用的瓷插式熔断器的型号有 RC1A 等。

(2)螺旋式熔断器

螺旋式熔断器由瓷底座、瓷帽、熔管等组成,其外形如图 3-1-15(c)所示。熔管内装有熔体、石英砂填料等,将熔管安装在底座内,旋紧瓷帽,就接通了电路。当熔体熔断时,熔管端部的红色指示器跳出。旋开瓷帽,更换整个熔管。熔管内的石英砂热容量大、散热性能好,当产生电弧时,电弧在石英砂中迅速冷却而熄灭,因而有较强的分断能力。螺旋式熔断器常用于电气设备的电路和严重过载保护,常用的型号有 RL1、RL6、RL7 等系列。

(3)螺旋式快速熔断器

螺旋式快速熔断器的结构与螺旋式熔断器完全相同,主要用于半导体元件如硅整流元件和晶闸管的保护,常用的型号有 RLS1、RLS2 等系列。

(4)有填料封闭管式熔断器

有填料封闭管式熔断器是一种具有大分断能力的熔断器,广泛用于供电线路和要求分断能力高的场合(例如变电所主回路、成套配电装置)。将其用于限流作用时,能在短路电流的第一个半波峰值到来之前分断电路;当分断供电的电路电流时,无声光现象,使用安全,分断能力强;当熔体熔断后,有红色熔断指示;它还附有活动绝缘手柄,可以在带电的情况下更换熔体,使用方便。常见的型号有 RT0、RT12、RT14、RT15、RT17 等系列。

(5)新型熔断器

上述几种熔断器的熔体一旦熔断,需要更换以后才能重新接通电路。现在有一种新型熔断器——自复式熔断器——它用金属钠制成熔丝,在常温下具有高电导率,即钠的电阻很小;当电路发生短路时,短路电流产生高温,使钠汽化,而气态钠的电阻很大,从而限制了短路电流。当短路电流消失后,温度下降,气态钠又变成固态钠,恢复原有的良好的导电性。自复式熔断器的优点是不必更换熔断器,可重复使用。但它只能限制故障电流,不能分断故障电路,因而常与断路器串联使用,以提高分断能力。常用的型号有 RZ1 系列。

2.熔断器的型号含义

熔断器的型号含义如下:

R12-3

其中 R——熔断器;

1——组别、结构代号,C 为插入式,L 为螺旋式,M 为无填料封闭式,T 为有填料封闭式,S 为快速式,Z 为自复式;

2——设计序号;

3——熔断器额定电流,A。

3.熔断器的选择

（1）熔体额定电流的选择

①对于变压器、电炉和照明等负载，熔体额定电流应略大于或等于负载电流，对于装在电能表出线上的熔断器，其熔丝额定电流应按 90％～100％电能表额定电流来选择。变压器低压侧的熔断器熔体额定电流可按 1～1.2 倍变压器低压侧额定电流来选择。

②对于输配电线路，熔体的额定电流应略小于或等于线路的安全电流。

③对于电动机负载，因为启动电流较大，一般可按下列公式计算：

对于一台电动机负载的短路保护

$$I_{熔体额} \geq (1.5 \sim 2.5) I_{电动机额}$$

式中，系数（1.5～2.5）视负载性质和启动方式不同而选取：当轻载启动、启动次数少、时间短或降压启动时，取小值；当重载启动、启动频繁、启动时间长或全压启动时，取大值。

对于多台电动机负载的短路保护

$$I_{熔体额} \geq (1.5 \sim 2.5) I_{最大电动机额} + 其余电动机的计算负荷电流$$

（2）熔断器的选择原则

①熔断器的额定电压应大于或等于线路工作电压。

②熔断器的额定电流应大于或等于所装熔体的额定电流。

4.使用及维护

（1）应正确选用熔体和熔断器。有分支电路时，分支电路的熔体额定电流应比前一级小 2～3 级。对不同性质的负载，例如照明电路、电动机电路的主电路和控制电路等，应尽量分别保护，装设单独的熔断器。

（2）安装螺旋式熔断器时，必须将电源线接到瓷底座的下接线端，以保证安全。

（3）瓷插式熔断器安装熔体时，熔体应顺着螺钉旋紧方向绕过去，同时应注意不要划伤熔体，也不要把熔体绷紧，以免减小熔体截面尺寸或插断熔体。

（4）更换熔体时应切断电源，并应换上相同额定电流的熔体，不要随意加大熔体，更不允许用金属导线代替熔断器接入电路。

（5）工业用熔断器的更换应由专职人员更换，更换时应切断电源。

（6）使用时应经常清除熔断器表面积有的灰尘。对于有动作指示器的熔断器，还应经常检查，若发现熔断器有损坏，应及时更换。

3.1.5　主令电器

主令电器是自动控制系统中用来发送控制命令的电器。常见的主令电器有控制按钮、行程开关等。

1.控制按钮

控制按钮是一种手动且能自动复位的主令电器，一般做成复合型。控制按钮的结构如图 3-1-16 所示，它一般由按钮、恢复弹簧、桥式动触点、静触点和外壳等组成。控制按钮的电气符号如图 3-1-17 所示。当常态（未受外力）时，在恢复

主令电器

弹簧作用下,静触点 1、2 与桥式动触点 5 闭合,该触点习惯上称为常闭(动断)触点;静触点 3、4 与桥式动触点分断,该触点习惯上称为常开(动合)触点。当按下按钮时,桥式动触点先和静触点 1、2 分断,然后和静触点 3、4 闭合。常用的型号有 LA2、LA10、LA18、LA19、LA20、LA25 等系列。其中 LA25 是全国统一设计的新型号,而且 LA25 和 LA18 系列是组合式结构,其触点数目可按需要拼装。LA19、LA20 系列有带指示灯和不带指示灯两种。

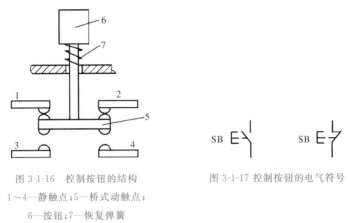

图 3-1-16　控制按钮的结构
1～4—静触点;5—桥式动触点;
6—按钮;7—恢复弹簧

图 3-1-17 控制按钮的电气符号

控制按钮的主要技术要求如下:规格、结构类型、触点对数和按钮颜色。常用的规格为交流额定电压 500 V、额定电流 5 A。不同的场合可以选用不同的结构类型,一般有以下几种:紧急式,装有突出的蘑菇形钮帽,以便紧急操作;旋钮式,用手旋转进行操作;指示灯式,在透明的按钮内装有信号灯,以便信号显示;钥匙式,为使用安全起见,用钥匙插入方可旋转操作。工作中为便于识别不同作用的按钮,避免误操作,对其颜色规定如下:

(1)"停止"和"急停":红色,按红色按钮时,必须使设备断电、停车。

(2)"启动":绿色。

(3)"点动":黑色。

(4)"启动"与"停止"交替动作必须是黑色、白色或灰色,不得使用红色和绿色。

(5)"复位":必须是蓝色;当其兼有停止作用时,必须是红色。

2. 行程开关

行程开关又称为限位开关,是一种利用生产机械的某些运动部件的碰撞来发出控制指令的电器,用于对生产机械的运动方向、行程的控制和位置保护。

常用的行程开关型号有 LX19、LX31、LX32、LX33 以及 JLXK1 等系列。行程开关的电气符号如图 3-1-18 所示。行程开关的种类很多,有直动式、单轮滚动式、双轮滚动式、微动式等。图 3-1-19(a)、图 3-1-19(b)所示分别为微动式和直动式行程开关的结构。行程开关的动作原理与按钮类似,不同之处是行程开关用运动部件上的撞块来碰撞其推杆,使行程开关的触点动作。

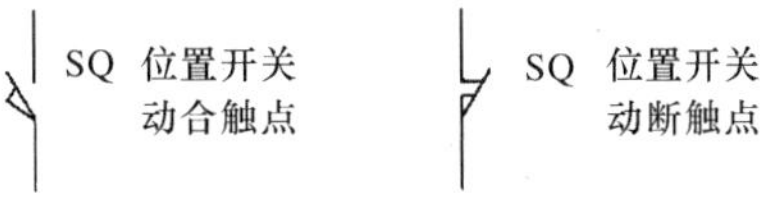

SQ　位置开关　动合触点　　　　SQ　位置开关　动断触点

图 3-1-18　行程开关的电气符号

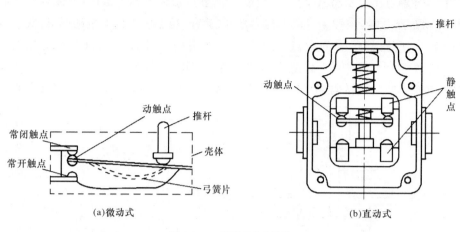

图 3-1-19　行程开关的结构

3.1.6　电气控制线路图的识读

任何复杂的控制系统或电路,都是由一些比较简单的基本控制环节、保护环节根据不同控制要求连接而成的,因此掌握和识读这些线路图非常必要。

1.电路图

(1)主电路和辅助电路

按电路的功能来划分,控制线路可分为主电路和辅助电路。一般把交流电源和起拖动作用的电动机之间的电路称为主电路,它由电源开关、熔断器、热继电器的热元件、接触器的主触点、电动机以及其他按要求配置的启动电器等电气元件连接而成。主电路一般通过的电流较大,但结构形式和所使用的电气元件大同小异。除了主电路以外的电路称为辅助电路,即常说的控制电路,其主要作用是通过主电路对电动机实施一系列预定的控制。辅助电路的结构和组成元件随控制要求的不同而变化,辅助电路中通过的电流一般较小(在 5 A 以下)。

(2)对图形符号、文字符号的规定

电气控制线路图涉及大量的元器件,为了表达电气控制系统的设计意图,便于分析系统工作原理,安装、调试和检修控制系统,电气控制线路图必须采用符合国家标准规定的图形符号和文字符号。为了便于先进技术引进和国际交流,国家标准局参照 IEC(国际电工委员会)颁布的标准,制定了我国电气设备有关标准。1990 年 1 月 1 日起,电气控制线路中的图形、文字符号必须与现行国家标准相符。

2.电气控制线路图

常用机械设备的电气控制线路图一般有电气原理图、电气安装图和电气接线图。

(1)电气原理图

电气原理图是用图形符号和项目代号表示电器元件连接关系及电气工作原理的图形,它是在设计部门和生产现场广泛应用的电路图。图 3-1-20 所示为某机床电气控制系统的电气原理图。

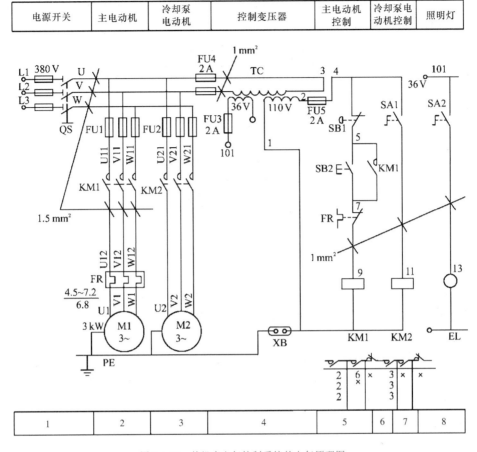

电源开关	主电动机	冷却泵 电动机	控制变压器	主电动机 控制	冷却泵电 动机控制	照明灯

1	2	3	4	5	6	7	8

图 3-1-20　某机床电气控制系统的电气原理图

在识读电气原理图时应注意以下绘制规则：

①在电气原理图中电路可水平或垂直布置。水平布置时，电源线垂直画，其他电路水平画，控制电路中的耗能元件（如线圈、电磁铁、信号灯等）画在电路的最右端。垂直布置时，电源线水平画，其他电路垂直画，控制电路中的耗能元件画在电路的最下端。

②一般将主电路和辅助电路分开绘制。

③电气原理图中的所有电器元件不画出实际外形图，而采用国家标准规定的图形符号和文字符号表示，同一电器的各个部件可据实际需要画在不同的地方，但用相同的文字符号标注。

④在电气原理图上可将图分成若干图区，以便阅读查找。在原理图的下方沿横坐标方向划分图区并用数字标明，同时在图的上方沿横坐标方向划区，分别标明该区电路的功能和作用。

（2）电气安装图

电气安装图用来表示电气设备和电器元件的实际安装位置，它是生产机械电气控制设备制造、安装和维修必不可少的技术文件。电气安装图可集中画在一张图上或将控制柜、操作台的电器元件布置图分别画出，但图中各电器元件代号应与有关原理图和元器件清单上的代号相同。在电气安装图中，机械设备轮廓是用双点画线画出的，所有可见的和需要表达清楚的电器元件及设备是用粗实线绘出其简单的外形轮廓的。其中电器元件不需要标注尺寸。某机床电气安装图如图 3-1-21 所示。

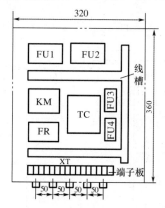

图 3-1-21　某机床电气安装图

(3)电气接线图

电气接线图用来表明电气设备各单元之间的接线关系。它主要用于安装接线、线路检查、线路维修和故障处理,在生产现场得到了广泛应用。在识读电气接线图时应熟悉绘制电气接线图的四项基本原则:

①各电器元件的图形符号、文字符号等均与电气原理图一致。

②外部单元同一电器的各部件画在一起,其布置基本符合电器实际情况。

③不在同一控制箱和同一配电屏上的各电器元件的连接是经接线端子板实现的,电气互联关系以线束表示,连接导线应标明导线参数(数量、截面积、颜色等),一般不标注实际走线途径。

④控制装置的外部连接线应在图上或用接线来表示清楚,并标明电源引入点。

图 3-1-22 所示为某设备的电气接线图。

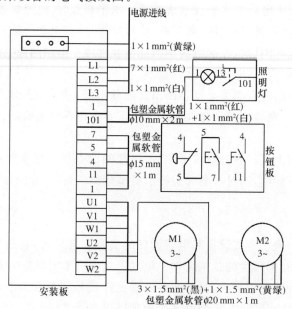

图 3-1-22　某设备的电气接线图

（4）电气原理图的电气常态位置

在识读电气原理图时，一定要注意图中所有电器元件的可动部分通常表示的是在电器非激励或不工作时的状态和位置，即常态位置。其中常见的器件状态有：

①继电器和接触器的线圈处在非激励状态。

②断路器和隔离开关处在断开位置。

③零位操作的手动控制开关处在零位状态，不带零位的手动控制开关处在图中规定的位置。

④机械操作开关和按钮处在非工作状态或不受力状态。

⑤保护用电器处在设备正常工作状态。

（5）电气原理图中连接端上的标志和编号

在电气原理图中，三相交流电源的引入线采用 L1、L2、L3 来标记，中性线以 N 表示。电源开关之后的三相交流电源主电路分别按 U、V、W 顺序标记，分级三相交流电源主电路采用文字代号 U、V、W 的前面加阿拉伯数字 1、2、3 等标记，如 1U、1V、1W 及 2U、2V、2W 等。电动机定子三相绕组首端分别用 U、V、W 标记，尾端分别用 U′、V′、W′标记。双绕组的中点则用 U″、V″、W″标记。

（6）有关电气控制线路图的其他规定

在设计和施工图中，主电路部分以粗实线绘出，辅助电路则以细实线绘制。完整的电气原理图还应标明主要电器有关技术参数和用途。例如电动机应标明用途、型号、额定功率、额定电压、额定电流、额定转速等。

根据电气原理图的简易或复杂程度，既可完整地画在一起，也可按功能分块绘制，但整个线路的连接端是统一用字母、数字加以标志的，这样可方便地查找和分析其相互关系。

3.1.7　数控机床电气原理图

数控机床电气原理图与前一小节我们介绍的电气控制线路图的画法规则一致，从电气原理图中可以看出各种导线的标号和规格、电动机的功率、接触器的触点和线圈以及断路器等，后续章节我们将对部分数控机床电气原理图进行详细分析。

1. 数控机床电气控制的逻辑表示

逻辑变量通常用"0"和"1"来表示两种相反的逻辑状态。在电气控制中，常用逻辑变量描述开关、触点的开关状态、线圈的得失电。通常用"1"表示线圈通电，开关闭合状态；"0"则相反。

2. 逻辑运算法则

（1）逻辑与电路

如图 3-1-23 所示，触点串联实现逻辑与运算，相当于算术中的"乘"，用符号"·"表示，图示电路逻辑表达式为 KM＝KA1·KA2。

（2）逻辑或电路

如图 3-1-24 所示，触点并联实现逻辑或运算，相当于算术中的"加"，用符号"＋"表示，图示电路逻辑表达式为 KM＝KA1＋KA2。

（3）逻辑非电路

如图 3-1-25 所示，触点实现逻辑非运算，用符号"—"表示，图示电路逻辑表达式为 $\overline{KM} = KA$。

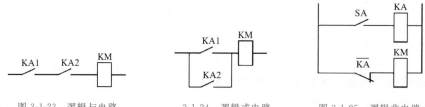

图 3-1-23　逻辑与电路　　　　3-1-24　逻辑或电路　　　　图 3-1-25　逻辑非电路

逻辑运算中涉及的其他逻辑代数基本公式，这里不再一一赘述，可参考相关资料。

任务实施

1. 熔断器的识别

（1）在教师指导下，仔细观察各种类型、规格的熔断器的外形和结构特点。

（2）由指导教师从所给的熔断器中任选 5 只，用胶布盖住其型号并编号，由学生根据实物写出其名称、型号、规格及主要组成部分，填入表 3-1-1 中。

表 3-1-1　　　　　　　　　　　　熔断器识别表

序　号	1	2	3	4	5
名　称					
型号、规格					
结　构					

2. 更换 RC1A 系列或 RL1 系列熔断器的熔体

（1）检查所给熔断器的熔体是否完好。对 RC1A 型，可拔下瓷盖进行检查；对 RL1 型，应首先检查熔断器的熔断指示器。

（2）若熔体已断，按原规格选配熔体。

（3）更换熔体。对 RC1A 系列的熔断器，安装熔丝时熔丝缠绕方向要正确，安装过程中不得损坏熔丝。对 RL1 系列的熔断器不能倒装。

（4）用万用表检查更换熔体后的熔断器各部分接触是否良好。

3. 交流接触器的拆卸、装配与检修

（1）拆卸步骤

①卸下灭弧罩紧固螺钉，取下灭弧罩。

②拉紧主触头定位弹簧夹，取下主触头及主触头压力弹簧片。拆卸主触头时，必须将主触头侧转 45°后取下。

③松开辅助常开静触头的线装螺钉，取下常开静触头。

④松开接触底部的盖板螺钉，取下盖板。在松盖板螺钉时，要用手按住螺钉并慢慢放松。

⑤取下静铁芯缓冲绝缘纸片及静铁芯。

⑥取下静铁芯支架及缓冲弹簧。

⑦拔出线圈接线端的弹簧夹片,取下线圈。

⑧取下反作用弹簧。

⑨取下衔铁和支架。

⑩从支架上取下动铁芯定位销。

⑪取下动铁芯及缓冲绝缘纸片。

（2）检修

①检查灭弧灯罩有无破裂或烧损,清除灭弧灯罩内的金属飞溅物和颗粒。

②检查触头磨损程度,磨损严重时应更换触头。若不需要更换,则清除触头表面上电弧喷溅的颗粒。

③清除铁芯端面的油垢,检查铁芯有无变形及是否平整。

④检查触头压力弹簧及反作用弹簧是否变形或弹力不足。如有需要则更换弹簧。检查电磁线圈是否有短路、断路及发热现象。

（3）装配

按拆卸的逆顺序进行装备。

（4）自检

①用万用表欧姆挡检查线圈及各触头是否良好;用兆欧表测量各触头对地电阻是否符合要求;用手按住触头,检查运动部分是否灵活,以防接触不良、振动和噪声。

②交流接触器的校验及触头压力的调整。

（5）注意事项

①在拆卸过程中,应备有盛放零件的容器,以免丢失零件。

②安全文明生产。拆卸过程中不允许硬撬,以免损坏电器。安装辅助静触头时,要防止卡住动触头。

③通电校验时,接触器应固定在控制板上,并有教师监护,以确保用电安全。

④通电校验过程中,要均匀、缓慢地改变调压变压器的输出电压,以使测量结果尽量准确。

⑤调整触头压力时,注意不得损坏接触头的主触头。

拓展练习

根据教学需要和实训条件,选择时间继电器、断路器等常用低压电器进行拆装,熟悉其工作原理和文字、图形符号,总结拆装步骤和注意事项。

任务 2　简单启动控制系统的安装、调试

任务目标

● 能按照接触器直接启动控制线路原理图进行器件选择及线路安装、调试

预备知识 ---------------------------------→

3.2.1 导线和电缆

数控机床上主要使用三种类型的导线:动力线、控制线、信号线,相对应有三种类型的电缆。导线的选择应适用于工作条件和环境影响,它的截面积、材质、绝缘材料等都是设计时要考虑的,可以参考相关技术手册。

3.2.2 电气配线工艺

配线工艺是指利用绝缘导线、连接器和接线附件等,使相关电路实现电气连接,以使电路相通的工艺过程。其工艺过程如下:

备图→备料→核对元器件名称、型号及规格→填写元器件符号牌→烫印异形套管→下线→套异形套管→贴元器件符号牌、色标→接线→包扎整理→按图检查、核对。

1. 绝缘导线的种类和颜色

(1)绝缘导线的种类

绝缘导线可分为绝缘硬线(俗称单股线)、绝缘软线(俗称多股线)和绝缘屏蔽电线。按照绝缘层可分为橡胶绝缘导线和塑料绝缘导线。除少数导线外,橡胶、塑料绝缘导线均用于交流 500 V 或直流 1 000 V 及以下线路中。相关内容可参考技术手册。

(2)绝缘导线的颜色

绝缘导线的颜色作为一种标志,表示不同相序或某种使用功能,属于安全标志之一。

2. 绝缘导线的加工与连接

配线前,应按设计图样和工艺文件要求,对绝缘导线进行加工,其加工顺序如下:

导线拉直→定尺剪线→剥头(去绝缘层)捻头→热搪锡→清洗冷压接端头。

绝缘导线的连接方法通常有螺钉连接、锡焊、绕接、插接及压接等。

(1)螺钉连接

螺钉连接目前仍是配线工艺中比较常用的电气连接方法,为了增大接触面积,往往通过铜质平垫圈压紧导线,或在导线剥头处压接端头。

(2)锡焊

锡焊属于钎焊的一种,在配线工艺中用于弱电回路和导线截面积较小、电流密度不大的强电回路。

(3)绕接

绕接是将金属导线通过足够的压力缠绕在接线柱上,使两种金属的接触点产生一定的压强,在这种压强的作用下引起塑性变形,导致两种金属的强力结合,达到实现电气连接的目的,如图 3-2-1 所示。

(4)插接

插接是指用一连接片(插片)插入一插套中,两导电体产生一定的接触压力并有大面积接触,从而实现电气连接的一种快速连接方法,如图 3-2-2 所示。

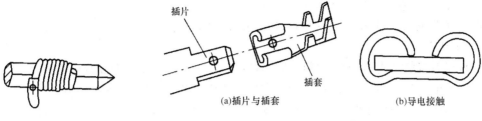

图 3-2-1　绕接

(a)插片与插套

(b)导电接触

图 3-2-2　插接

（5）压接

压接又称为冷压连接,使用冷压接工具或设备对导线和接线端头施加一定的压力,使导线和接线端头达到可靠连接的目的。

①压接工具和设备　压接工具和设备按其动力分类,有手动式压接钳、气动式压接钳、油压式压接机、半自动压接机和自动压接机等。如图 3-2-3 所示为手动式双口压接钳。

②冷压接线片（端头）　冷压接线片有管材和板材两种。板材制造的冷压接线片,其合缝处必须用银钎焊封缝,如图 3-2-4 所示。冷压时不能使用开口未封缝的接线片,否则冷压效果不好。

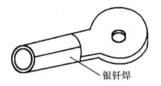

银钎焊

图 3-2-3　手动式双口压接钳

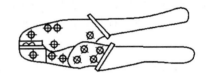

图 3-2-4　冷压接线片

③压接工艺

● 压接时钳口、导线和端头的规格必须相配。

● 压接钳的使用必须严格按照其使用说明正确操作。

● 每个冷压端头只允许压接同等规格的一根导线。

● 压接时必须使端头的焊缝对准钳口凸模。

● 压接时必须在压接钳全部闭合后,才能打开钳口。

● 压接接头要求如图 3-2-5 所示。

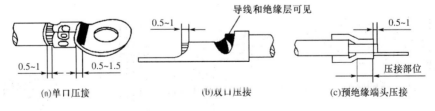

(a)单口压接

(b)双口压接

(c)预绝缘端头压接

图 3-2-5　压接接头要求

3. 布线的基本要求及方法

（1）导线应接线正确,符合配线图的要求。

（2）导线排列

①横平竖直（各线束与箱体保持水平或垂直）。

②整齐划一（各柜、屏的线束布线方式一致、走向一致、捆扎与固定方式及间距一致、线

束各层高度一致、垂直位置一致)。

③牢固美观(各线束中的线均拉直、捆扎并固定牢固)。

(3)下线

①根据装置的结构形式及元器件的位置确定线束的长短、走向及安装固定方法。

②装有电子器件的控制装置,一次线和二次线应分开走,尽可能各走一边。

③过门线一律采用多股软线,下线长度保证门开到极限位置时不受拉力影响。

(4)接线和行线

行线方式有以下两种:

①捆扎法 布线以后,在各电路之间不致产生相互干扰或耦合的情况下,对相同走向的导线可以采用捆扎法形成线束。捆扎法适用于单股硬线线束和多股软线线束。为了配线的美观,硬线线束有时捆扎成方形。而一般情况下,硬线线束或软线线束都捆扎成圆形。

②行线槽法 行线槽法布线是将导线按走向分为水平和垂直两个方向布放在行线槽内,而不必对导线施行捆扎。

以 1.5 mm² 的导线为例,每束线以不超过 30 根为宜,如超过应分两侧走线。导线束要以适当距离安装支持件固定,一般情况下,横向 300 mm、纵向 400 mm 应有一固定点,被夹部分要用绝缘布缠绕;当线束要用缠绕管包裹时,缠绕管圈与圈之间要保持 3~5 mm 间隙,线束每隔 200 mm 左右要用捆扎丝捆扎,线束转弯应有适当弧度,弯角半径不得小于绝缘线束直径的 2 倍,不允许打死弯和出现硬角。

相同型号、规格的装置内接线方式与走线方向应完全一致,同一柜体内多排并行的导线在转角位置应保持整齐划一、间隔均匀。导线线束不允许紧贴金属板或金属构件敷设,更不允许将导线束直接捆扎在金属骨架上。导线束与金属板之间的距离一般不应小于 10 mm,可通过绝缘垫板或采取绝缘措施的支架来保证。线束通过活动部位时,应采用多股软线,过门线束两端必须用支持件夹紧,中间段长度适当,应以能保证门的自由开启和不损坏为原则。一般不用绑扎。当门关闭时线束不得叠死并和附近元件保持安全距离。根据走线方向,线束可以布置成"U"形或者"S"形,如图 3-2-6 所示。过门线等通过活动部位应有保护(如缠绕管等),以防止线的表皮磨损。当导线穿越金属板孔时,必须在金属板孔内套上大小适宜的橡皮圈或塑料齿形带,以保证导线的绝缘不会损坏。

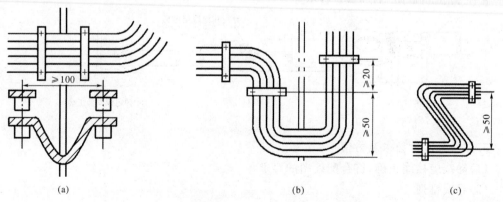

图 3-2-6 线束的布置形状

导线在除去绝缘层时,必须采用剥线钳,且剥线钳刀口应与线径一致,剥线时不得损伤导线。两点间的连线中间不允许有焊接和铰接接头,即始、末端为同一根线。截面为 1 mm² 及以下的单股导线,应采用焊接的方式与接点连接,如元器件的接点为螺钉紧固,应以端头压接过渡;截面为 1.5～6 mm² 的单股导线,应通过冷压端头用螺钉紧固;当多股导线与元器件连接时,可以参照单股导线的连接方法,注意去除绝缘层后应绞紧且不能有断股现象。在强电回路中,当导线与发热元件(电阻等)连接时,导线应至少剥去 40 mm 以上的绝缘层,套耐热瓷套后再进行连接。同一接点最多只允许接入两根导线。

导线线端的标号方向以阅读方便为原则,一般为水平方向从左至右、垂直方向从下往上,如图 3-2-7 所示。

当一次母线和二次线路相连接时,需要在母线上靠边缘约 10 mm 处钻孔并用螺钉固定,导线的绝缘层应适当剥长。当遇到铝母线时,在接触面上涂固体薄膜保护剂以防腐蚀,如图 3-2-8 所示。

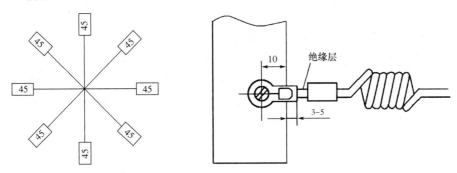

图 3-2-7　标号方向　　　　　　　　图 3-2-8　二次线路与母线的连接

当元器件本身有引出线接入电路时,若原来的引出线长度不够,则应以端头进行过渡,不允许悬空连接。导线在接入元器件接点前,应留有适当余量,一般在 φ8 mm 的圆棒上缠绕 3～6 圈,然后接到元器件接点上;在接入接线端子、指示灯、按钮前以绕 3 圈为宜,也可用圆弧过渡,但应保持一致。元器件符号牌应粘贴于对应元器件的相邻柜体或安装支架(安装板)上的明显位置,为避免引起误会,应粘贴于元器件的左上方。符号牌粘贴方向,内装式元器件为下视方向,镶入式元器件为反视方向(板后)。书写标注代号要求字迹清晰端正,字体统一匀称。

接地回路应保证电气连接的连续性。

4. 配线附件

(1)导线标记附件

①标志牌　标志牌只适用于对线束的标记,用尼龙扎带固定于线束的端部或指定的位置。

②自粘标志带　将涂有压敏胶并印有符号、字母、数字的标志带,按需要粘贴于导线或线束的端部。

③套管　将专用圆形、椭圆形或异形套管按需要的标志符号或数字打字后,套在导线端部。

④标志管　将按特定字母、数字压制的标志管按标志需要组合排列于导线的端部,如图 3-2-9 所示。

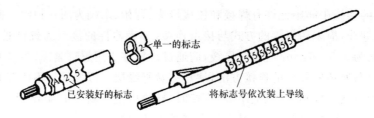

图 3-2-9　标志管的使用

（2）冷压接端头

①OT 型和 UT 型冷压接端头　用于多股软线压接后再与接线端子用螺母连接的导线连接，其外形如图 3-2-10 所示。

②GT 型管状冷压接端头　用于多股软线剥头后的压接，以防在实现电气连接时可能因多股线芯散离而造成接触不良，其外形如图 3-2-11 所示。

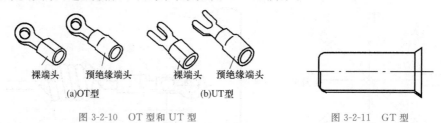

裸端头　　预绝缘端头　　裸端头　　预绝缘端头

(a)OT 型　　　　　　　(b)UT 型

图 3-2-10　OT 型和 UT 型　　　　　图 3-2-11　GT 型

（3）接线座

接线座是指用于实现柜内部装置之间、元器件和装置与外部电路（电缆）实现电气连接的接线附件。

（4）行线槽

行线槽用于配线过程中布放导线，其外形如图 3-2-12 所示。

（5）捆扎带

捆扎带用于捆扎法布线时捆扎导线，目前多用的是尼龙捆扎带，如图 3-2-13 所示。

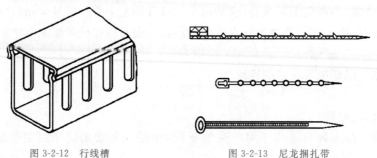

图 3-2-12　行线槽　　　　　　图 3-2-13　尼龙捆扎带

（6）其他附件

在配线过程中，除上面所介绍的各种接线附件外，常见的其他附件还有：

①塑料夹　适用于直径为 12 mm、16 mm、20 mm、25 mm 的线束固定。

②缠绕带　适用于直径为 5 mm、10 mm、15 mm、22 mm、25 mm 的线束保护。

③固定座　适用于直径为 10 mm、15 mm、20 mm 的线束固定。

④波纹管　适用于直径为 10 mm、13 mm、16 mm、23 mm、29 mm、36 mm 对相应的导线或线束保护。

⑤自粘吸盘　规格为 15 mm×20 mm、20 mm×20 mm、30 mm×30 mm、38 mm×38 mm,有强力胶可贴于设备内,与捆扎带配合使用固定导线线束。

⑥单螺栓固定夹　适用于直径为 5 mm、8 mm、10 mm、16 mm、20 mm、24 mm、30 mm 的线束固定。

⑦护线齿条　适用于板厚为 1 mm、2 mm、3 mm 的平板开孔的导线线束保护。

⑧热缩管　内径为 1.2 mm、1.6 mm、2.2 mm、3.2 mm、4.8 mm、9.6 mm、12 mm、35 mm、40 mm、50 mm、60 mm、70 mm。套入导线后加热而收缩,起保护与标志作用,收缩率为 50% 左右。

⑨齿形垫圈　M3～M12,用于刺破喷涂层,以达到接地连续性要求。

任务实施

1.三相异步电动机全压启动电路控制原理如图 3-2-14 所示。

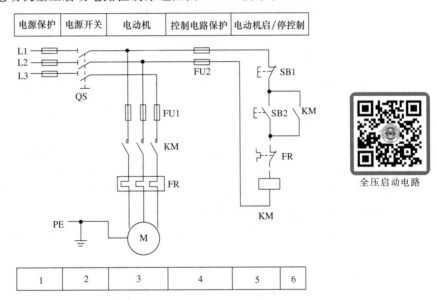

图 3-2-14　三相异步电动机全压启动电路电气原理图

先合上电源开关 QS,启动:按下启动按钮 SB2,接触器 KM 得电,KM 辅助常开点闭合形成自锁,KM 主触点闭合,电动机启动并连续运转。停止:按下停止按钮 SB1,接触器 KM 失电,KM 辅助常开点断开,KM 主触点断开,电动机停止运转。

2.根据电气原理图设计电气接线图,如图 3-2-15 所示。

3.安装电器元件。

4.按照工艺要求布线。

5.检查布线。

(1)按电气原理图或电气接线图从电源端开始,逐段核对连线是否正确,连接点是否符合要求。注意不要有导线的线头露在外面。

(2)用万用表进行检查时,应选用电阻挡的适当倍率,并进行校零,以防错漏及短路故障。检查控制电路时,可将表笔分别搭在 U1、V1 线端(图 3-2-14 中未画出)上,读数应为"∞",按下 SB2 时读数应为接触器线圈的直流电阻阻值。

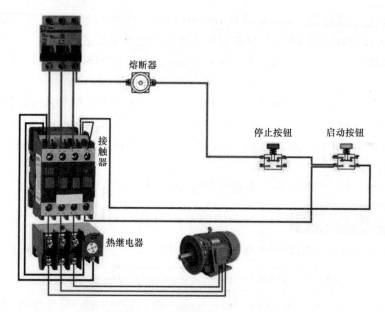

图 3-2-15　三相异步电动机全压启动电气接线图

（3）检查主电路时，可以用手动检查来代替接触器受电线圈励磁吸合时的情况。

6.通电试车应注意以下事项：

（1）接线的正确性。

（2）核查时要按照控制电路、主电路分别核查，同时注意控制电路和主电路的连接是否正确。接触器 KM 的自锁触点应并联在启动按钮 SB2 两端，停止按钮 SB1 应串联在控制电路中；热继电器 KH 的热元件应串联在主电路中，它的常闭触点应串联在控制电路中。

（3）热继电器整定电流应按电动机额定电流自行调整，绝不允许弯折双金属片。

（4）热继电器因电动机过载动作后，若需再次启动电动机，则必须待热元件冷却并且热继电器复位后才可进行。

（5）启动电动机时，在按下启动按钮 SB2 的同时，手还必须按在停止按钮 SB1 上，以保证万一出现故障时，可立即按下停止按钮 SB1 停车，防止事故扩大。

（6）按按钮时要注意力度，切忌因用力过人而损坏按钮。

拓展练习

试设计 4 kW 电动机多地点启动、停止电路并装调。

任务3　星角启动控制系统的安装、调试

任务目标

● 安装并调试三相异步电动机的 Y-△自动降压启动电路

预备知识

3.3.1　晶体管时间继电器

晶体管时间继电器也称为半导体时间继电器或电子式时间继电器。它是自动控制系统中的重要元件,具有机械结构简单、延时范围广、精度高、返回时间短、消耗功率小、耐冲击、调节方便和寿命长等优点,因此发展很快,正日益得到推广和应用。

晶体管时间继电器种类很多。按构成原理分为阻容式和数字式两类;按延时方式分为通电延时型、断电延时型及带瞬动触点的通电延时型;按电压鉴别线路分为采用单结晶体管的延时电路、采用不对称双稳态电路的延时电路及采用 MOS 型场效应管的延时电路三类。这里仅以具有代表性的 JS20 系列和 JSJ 为例,介绍它们的结构和采用的电路。

1. JS20 系列单结晶体管时间继电器

JS20 系列单结晶体管时间继电器的电路原理如图 3-3-1 所示,全部电路由延时环节、鉴幅器、输出电路、电源和指示灯电路组成。如图 3-3-2 所示为其原理框图。

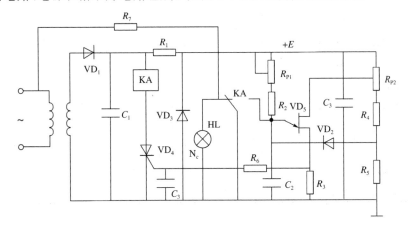

图 3-3-1　JS20 单结晶体管时间继电器电路原理

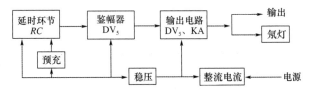

图 3-3-2　JS20 单结晶体管时间继电器的原理框图

电源的稳压部分由电阻 R_1 和稳压管 VD_3 构成,可供电给延时环节和鉴幅器,输出电路中的 VD_4 和 KA 则由电源直接供电。电容器 C_2 的充电回路有两条:一条是通过充电电阻 R_{p1}、R_2,另一条是通过由低电阻值电阻 R_{p2}、R_4、R_5 组成的分压器经二极管 VD_2 向电容器 C_2 提供的预充电电路。

电路的工作原理如下:当接通电源后,经二极管 VD_1 整流、电容器 C_1 滤波以及稳压管 VD_3 稳压的直流电压,即通过 R_{p2}、R_4、VD_2 向电容器 C_2 以极小的时间常数快速充电。电容器 C_2 上的电压在相当于在 U_{RS} 预充电电压的基础上按指数规律逐步升高。当此电压大于

单结晶体管的峰点电压 U_P 时，单结晶体管导通，输出电压脉冲触发小型晶闸管 VD_4。VD_4 导通后使继电器 KA 吸合。其触点除用来接通或分断电路外，还利用其另一对常开触点将 C_2 短路，使之迅速放电。同时氖指示灯泡 HL 起辉。当切断电源时，继电器 KA 释放，电路恢复原始状态，等待下次动作。只要调节 R_{p1} 和 R_{p2} 便可调整延时时间。

JS20 系列单结晶体管时间继电器的主要参数见表 3-3-1。

表 3-3-1　　　　　　　　　JS20 系列单结晶体管时间继电器的主要参数

型号	结构形式	延时整定元件位置	延时范围/s	延时触点对数 通电延时 常开	延时触点对数 通电延时 常闭	延时触点对数 断电延时 常开	延时触点对数 断电延时 常闭	不延时触点对数 常开	不延时触点对数 常闭	误差/% 重复	误差/% 综合	环境温度/℃	工作电压/V 交流	工作电压/V 直流	功率消耗/W	机械寿命/万次
JS20-□/00	装置式	内接		2	2											
JS20-□/01	面板式	内接		2	2	—	—	—	—							
JS20-□/02	装置式	外接	0.1~300	2	2											
JS20-□/03	装置式	内接		1	1			1	1							
JS20-□/04	面板式	内接		1	1			1	1							
JS20-□/05	装置式	外接		1	1			1	1				36 110 127 220 380	24 48 110		
JS20-□/10	装置式	内接		2	2					±3	±10	−10~40			≤5	1 000
JS20-□/11	面板式	内接		2	2	—	—	—	—							
JS20-□/12	装置式	外接	0.1~3 600	2	2											
JS20-□/13	装置式	内接		1	1			1	1							
JS20-□/14	面板式	内接		1	1	—	—	1	1							
JS20-□/15	装置式	外接		1	1			1	1							
JS20-□D/00	装置式	内接				2	2									
JS20-□D/01	面板式	内接	0.1~180	—	—	2	2									
JS20-□D/02	装置式	外接				2	2									

2. JSJ 晶体管时间继电器

JSJ 晶体管时间继电器的电路原理如图 3-3-3 所示，整个线路可分为主电源、辅助电源、双稳态触发器及附属电路等部分。

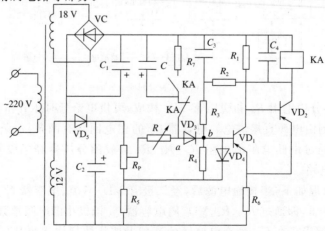

图 3-3-3　JSJ 晶体管时间继电器的电路原理

其主电源由桥式整流经电容器 C_1 滤波后而得,它是触发器和输出继电器的工作电源。辅助电源是带电容滤波的半波整流电路,它与主电源叠加起来作为 RC 环节的充电电源。

另外,在延时过程结束、二极管 VD_3 导通后,辅助电源的正电压又通过 R 和 VD_3 加到晶体管 VD_1 的基极上,使之截止,从而使触发器翻转。

其工作原理如下:当电源接通时,VD_1 由 R_3、R_2、继电器线圈 KA 获得偏流,处于导通状态,VD_2 处于截止状态。此时继电器线圈 KA 虽有电流通过,但电流太小,故不动作。主电源与辅助电源叠加后,通过电位器 R_p、可变电阻 R 及 KA 常闭触点对电容器 C 充电,在充电过程中 a 点电位逐渐升高,直至高于 b 点电位,二极管 VD_3 导通,使辅助电源的正电压加到晶体管 VD_1 的基极上,VD_1 由导通变为截止,VD_2 由 R_1 获得偏流而导通,又通过 R_2、R_3 产生正反馈,使 VD_1 加速截止,VD_2 迅速导通,于是继电器 KA 动作,通过触点发出相应的接通或分断控制信号。同时,电容器 C 通过 R_7 放电,为下次工作做准备。电位器 R_p 是用来整定延时时间的。

3.3.2　星形-三角形降压启动

星形-三角形(Y-△)降压启动是指电动机启动时,把定子绕组接成星形,以降低启动电压,限制启动电流。待电动机启动后,把定子绕组接成三角形,使电动机全压运行。凡是在正常运行时定子绕组采用三角形连接的异步电动机,均可采用这种降压启动方法。

电动机启动时接成星形,加在每相定子绕组上的启动电压只有三角形接法的 1/3,启动电流为三角形接法的 1/3,启动转矩也只有三角形接法的 1/3,因此这种降压启动方法只适用于轻载或空载下启动。

星形-三角形降压启动控制电路常采用两种形式:一是按钮控制的星形-三角形降压启动控制电路;二是时间继电器控制的星形-三角形降压启动控制电路。

任务实施

1. Y-△降压启动控制电路的工作原理

电动机用时间继电器控制的星形-三角形降压启动控制电路如图 3-3-4 所示(通电延时继电器)。

(1)降压原理

启动时,电动机定子绕组 Y 连接,运行时△连接,如图 3-3-5 所示。

(2)主电路分析

KM1、KM3——Y 启动;KM1、KM2——△运行。

Y-△降压
启动控制电路 1

(3)Y-△降压启动过程分析

按下启动按钮 SB2→KM1 线圈通电自锁→KM3 线圈通电→MY 连接启动→KT 线圈通电延时→KM3 线圈断电→KM2 线圈通电自锁—M△运行→KT 线圈断电复位。

Y-△降压启动简便经济,容易控制,使用比较普遍,只要是正常运行,定子绕组三角形连接的电动机就都可以进行星形-三角形降压启动。

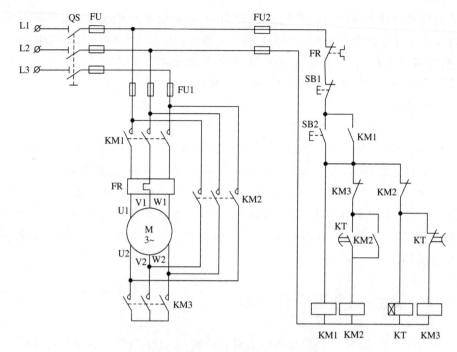

图 3-3-4　时间继电器控制的星形-三角形降压启动控制电路

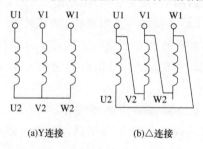

(a)Y连接　　　　　　(b)△连接

图 3-3-5　定子绕组的 Y-△ 连接

2. 根据电气原理图设计电气接线图(图 3-3-6)

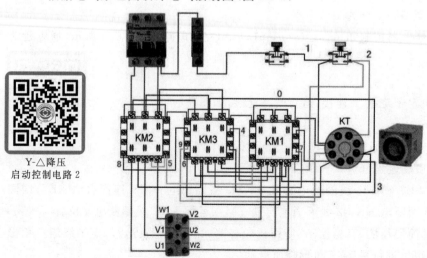

Y-△降压
启动控制电路 2

图 3-3-6　Y-△ 降压启动电气接线图

3. 安装电器元件

4. 按照工艺要求布线

5. 检查布线

6. 通电试车

拓展练习

1. 其他降压启动方法

(1)QX3-13 星形-三角形自动启动器

时间继电器控制的星形-三角形降压启动线路的定型产品有 QX3、QX4 两个系列,称之为星形-三角形自动启动器。以 QX3-13 星形-三角形自动启动器为例,这种启动器主要由 3 个接触器 KM、KMY、KM△,1 个热继电器 FR,1 个通电延时型时间继电器 KT 和 2 个按钮组成,如图 3-3-7 所示。

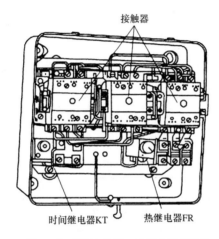

图 3-3-7　QX-13 星形-三角形自动启动器

(2)延边三角形降压启动

为解决 Y-△降压启动时启动转矩较低的问题,采用了把 Y 形接法启动电流小、△形接法启动转矩大的优点结合在一起的启动方法,可采用三角形-三角形换接降压启动:启动时将电动机定子绕组的一部分接成 Y 形[图 3-3-8(a)中 1—7、2—8、3—9],而另一部分接成△形[图 3-3-8(b)中 6(7)、4(8)、5(9)],这种接法看上去好像是将一个三角形的三边延长了一样,故称为"延边三角形",如图 3-3-8(b)所示。在启动结束后,将定子绕组接成如图 3-3-8(c)所示形式,使电动机投入额定电压正常运行。这就是延边三角形降压启动方式。

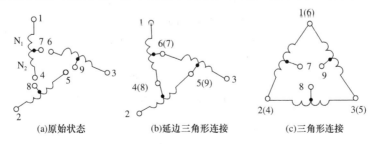

图 3-3-8　延边三角形电动机绕组连接

2. 分析 Y-△降压启动线路并装调

(1)Y-△降压启动线路(图 3-3-9)

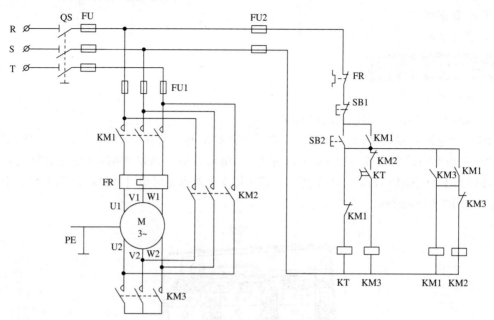

图 3-3-9 三相异步电动机的 Y-△自动降压启动控制电路

(2)项目评分标准(表 3-3-2)

表 3-3-2 项目评分标准

项目内容	配分	评分标准	扣分
选用工具、仪表及器材	15分	(1)工具、仪表少选或错选,每个扣2分 (2)电器元件选错型号和规格,每个扣4分 (3)选错元件数量或型号、规格没有写全,每个扣2分	
装前检查	5分	电器元件漏检或错检,每处扣1分	
安装布线	30分	(1)电器布置不合理,扣5分 (2)元件安装不牢固,每只扣4分 (3)元件安装不整齐、不匀称、不合理,每只扣3分 (4)损坏元件,扣15分 (5)不按电路图接线,扣15分 (6)布线不符合要求,每根扣3分 (7)接点松动、露铜过长、反圈等,每个扣1分 (8)损伤导线绝缘层或线芯,每根扣5分 (9)编码套管漏装或套装不正确,每处扣1分 (10)漏接接地线,扣10分 (11)走线槽安装不符合要求,每处扣2分	
故障分析	10分	(1)故障分析、排除故障思路不正确,每个扣5~10分 (2)标错电路故障,每个扣5分	

项目内容	配分	评分标准	扣分
排除故障	20 分	(1)停电不验电,扣 5 分 (2)工具及仪表使用不当,每次扣 5 分 (3)排除故障的顺序不对,扣 5 分 (4)不能查出故障点,每个扣 10 分 (5)查出故障点,但不能排除故障,每个扣 5 分 (6)产生新的故障:不能排除,每个扣 10 分;已经排除,每个扣 5 分 (7)损坏电动机,扣 20 分 (8)损害电器元件,或排除故障方法不正确,每只(次)扣 5~20 分	
通电试车	20 分	(1)热继电器未整定或整定错误,扣 10 分 (2)熔体规格选用不当,扣 5 分 (3)第一次试车不成功,扣 10 分;第二次试车不成功,扣 15 分;第三次试车不成功,扣 20 分	
安全文明生产		违反安全文明生产规程,扣 10~70 分	
额定时间		4 h,训练不允许超时,在修复故障过程中才允许超时,每超时 1 min,扣 5 分	
备注		除额定时间外,各项目的最高扣分不应超过配分数	成绩
开始时间		结束时间	实际时间

任务 4　双重连锁正/反转控制系统的安装、调试

任务目标

● 安装并调试三相异步电动机双重连锁正/反转控制电路

预备知识

　　电动机的旋转方向取决于定子旋转磁场的旋转方向,并且两者的转向相同。因此只要改变旋转磁场的旋转方向,就能使三相异步电动机反转。如图 3-4-1 所示是利用倒顺开关 S 来实现电动机正/反转的原理电路。当 S 向上闭合时,电源 L1 接 U 相、L2 接 V 相、L3 接 W 相,假设电动机正转。则当 S 向下闭合时,L1 接 V 相、L2 接 U 相、而 L3 仍然接 W 相,即将电动机网相绕组与交流电源的接线互相对调,此时旋转磁场反向,电动机也跟着反转。

　　由倒顺开关组成的电动机正/反转控制电路的优点是所用控制电器较少,其缺点是操作烦琐,特别是在频繁转向控制时,操作人员劳动强度较大,不方便,且被控制的电动机的容量较小。因此,生产过程中经常采用由两台接触器组成的电动机正/反转控制线路。

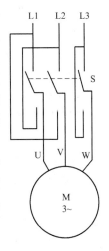

图 3-4-1　倒顺开关控制电动机正/反转

任务实施

1. 工作原理分析

如图 3-4-2 所示为接触器联锁(在同一时间里两个接触器只允许一个工作的控制作用称为联锁,又称为互锁)的正/反转控制电路。其中 KM1 是正转接触器,KM2 是反转接触器,它们分别由正转按钮 SB1 和反转按钮 SB2 控制。KM1 使电动机按 L1－L2－L3 的相序接线,KM2 则使其按 L3－L2－L1 的相序接线。其中 KM1 和 KM2 的动断触点分别串联在反转和正转的控制电路中,以避免两个接触器 KM1 和 KM2 同时得电动作,避免了电源短路故障的出现。

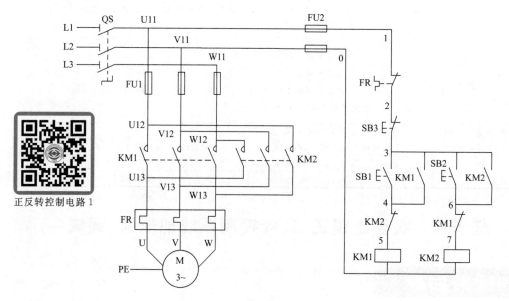

图 3-4-2　接触器联锁的正/反转控制电路

电路的动作原理如下:合上电源开关 QS。

(1)正转时,先按下 SB1,接触器 KM1 线圈得电,根据接触器触点的动作顺序可知,其常闭辅助触点先断开,切断 KM2 线圈回路,起到联锁作用,然后 KM1 自锁触点闭合,KM1 主触点闭合,电动机 M 启动正转运行。

(2)反转时,必须先按下停止按钮 SB3,使 KM1 线圈失电,KM1 的常开主触点断开,电动机 M 失电停转,KM1 的常开辅助触点断开,解除自锁;KM1 的常闭辅助触点恢复闭合,解除对 KM2 的联锁。然后再按下启动按钮 SB2,KM2 线圈得电,KM2 的常闭辅助触点断开,对 KM1 联锁,KM2 的常开主触点闭合,电动机 M 启动反转运行,KM2 的常开辅助触点闭合自锁。需要停止时,按下停止按钮 SB3,控制电路失电,KM1(或 KM2)主触点断开,电动机 M 失电停转。

电路图 3-4-2 实现了电动机的正转—停止—反转—停止。那么如何实现电动机的正转—反转—停止呢?我们看电路图 3-4-3。

图 3-4-3 所示电路的工作原理如下:按下启动按钮 SB1 时,正向控制接触器 KM1 线圈得电并自锁,电动机正转,若此时按下启动按钮 SB2,则 KM1 先失电,然后反向控制接触器 KM2 线圈得电,电动机由正转直接进入反转;若按下停止按钮 SB3,则电动机停车。此电路

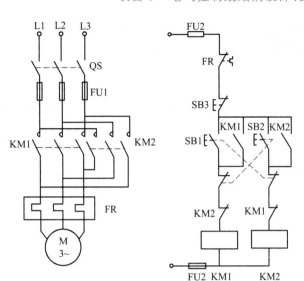

图 3-4-3　双重连锁正/反转控制电路

具有电气、机械双重互锁,它既可以实现电动机的正转—停止—反转—停止控制又可实现电动机正转—反转—停止的控制。

2. 电器元件安装图及接线(图 3-4-4、图 3-4-5)

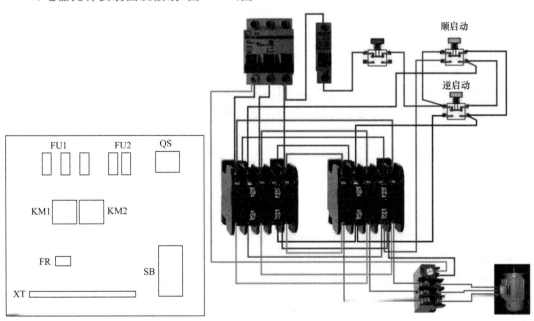

图 3-4-4　电器元件安装图　　　　　　　　　图 3-4-5　电气接线图

3. 安装电器元件

4. 按照工艺要求布线

5. 检查布线

6. 通电试车

正反转控制电路 2

 拓展练习

考虑设计同等难度控制电路并安装调试。

任务 5　双速电动机控制系统的安装、调试

 任务目标

● 安装并调试双速交流异步电动机自动变速控制电路

预备知识

3.5.1　异步电动机的调速原理

三相异步电动机转子的转速 n 与电源频率 f、定子的磁极对数 p 及转差率 s 的关系为

$$n=(1-s)n_0=(1-s)\frac{60f}{p}$$

可见,改变三相异步电动机转速的方法(调速方法)有三种:改变磁极对数 p;改变转差率 s;改变电源频率 f。

目前广泛使用的调速方法主要是变更定子绕组的磁极对数,因为磁极对数的改变必须在定子和转子上同时进行,因此对于绕线式转子异步电动机不太适用。由于笼型转子异步电动机的转子极数是随定子极数的改变而自动改变的,变极时只需要考虑定子绕组的极数即可,因此,这种调速方法适用于笼型转子异步电动机。

3.5.2　变极对数调速

异步电动机往往采用下列两种方法来改变绕组的磁极对数:改变定子绕组的连接,即变更定子绕组每相的电流方向;在定子上设置具有不同磁极对数的两套独立的绕组。有时为使一台电动机获得更多的速度等级,例如需要获得 4 个以上的速度等级,上述的两种方法往往同时采用。

如图 3-5-1 所示为 2 极/4 极双速电动机三相定子绕组的接线。此电动机定子绕组有 6 个出线端。若将电动机定子绕组三个出线端 U1、V1、W1 分别接三相电源 L1、L2、L3,而将 U2、V2、W2 三个出线端悬空,如图 3-5-1(a)所示,则电动机的三相定子绕组构成了三角形,此时每相绕组的①、②线圈相互串联,电流方向如图中的虚线箭头所示,磁极为 4 极,同步转速为 1 500 r/min。

若将电动机定子绕组的 U2、V2、W2 三个出线端分别接三相电源 L1、L3、L2,而将 U1、V1、W1 三个出线端连接在一起,如图 3-5-1(b)所示,则电动机的三相定子绕组接成双星形连接,此时每相绕组中的①、②线圈相互并联,电流如图中实线箭头所示,磁极数为 2 极,同步转速为 3 000 r/min。可见,双速电动机高速运转时的转速是低速时的 2 倍。

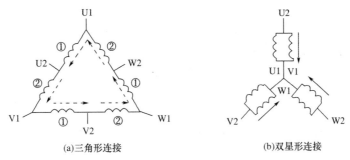

(a)三角形连接   (b)双星形连接

图 3-5-1　双速电动机三相定子绕组的接线

值得注意的是,双速电动机定子绕组从一种连接变为另一种连接时,必须把电源相序反接,以保证电动机旋转方向不变。

变极调速方法的特点是:电动机的定子绕组必须特制;这种调速方法只能使电动机获得两个及以上的转速,且不可能获得连续可调。

任务实施

1. 接触器控制双速电动机的控制电路原理分析

如图 3-5-2 所示为接触器控制的双速电动机的控制电路。主电路中有 3 组主触点:KM1、KM2、KM3。当 KM1 主触点闭合时,电动机定子绕组接成三角形,低速转动;当 KM1 主触点断开而 KM2 和 KM3 两组主触点闭合时,电动机定子绕组接成双星形,高速运转。

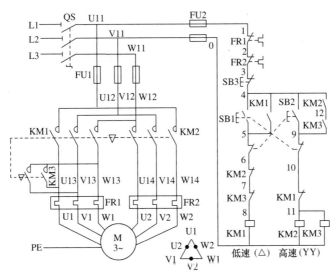

图 3-5-2　接触器控制的双速电动机的控制电路

低速运行时:

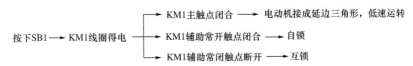

高速运行时：

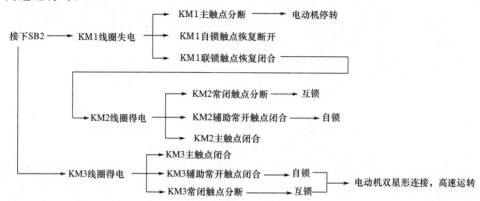

2. 根据电气原理图设计安装位置和电气接线图

3. 配齐所用电器元件，并检验元件质量，将元件固定在控制板上

4. 安装控制电路

5. 自检

（1）主电路接线检查。按电气原理图或电气接线图从电源端开始，逐段核对接线有无漏接、错接之处，检查导线接点是否符合要求，压接是否牢固，以免带负载运行时产生闪弧现象。

（2）控制电路接线检查。用万用表电阻挡检查控制电路接线情况。

6. 检查无误后通电试车

为保证人身安全，在通电试车时，要认真执行安全操作规程的有关规定，经教师检查并现场监护。

拓展练习

分析时间继电器控制双速电动机的控制电路工作原理并装调。

1. 原理分析

如图 3-5-3 所示为时间继电器控制双速电动机的控制电路。时间继电器 KT 控制电动机△启动时间和△-YY 的自动换接运转。

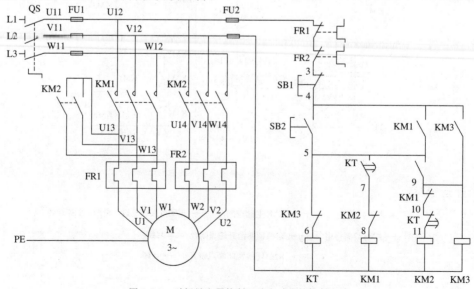

图 3-5-3　时间继电器控制双速电动机的控制电路

该控制电路的工作原理如下：合上电源开关 QS。

三角形低速启动运转：

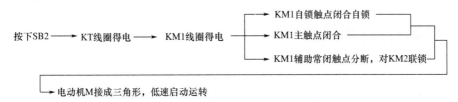

双星形高速运转：

按下 SB2→KT 线圈得电，KT 常开触点瞬时闭合自锁，KM1、KM3 线圈得电，经延时整定计时 KT 先分断，KM1 线圈失电，KM1 常开触点均分断，KM1 常闭触点复位闭合，同时 KM2 线圈得电，KM2 主触点、辅助触点均闭合，电动机 M 接成双星形高速运转，同时 KM2 联锁触点分断对 KM1 联锁。

停止：按下 SB1 即可。

2. 根据电气原理图设计安装位置和电气接线图

3. 配齐所用电器元件，并检验元件质量，将元件固定在控制板上

4. 安装控制电路

5. 检查并通电试车

项目 4 进给系统的驱动控制及安装与调试

项目简介

进给(驱动)系统是 CNC 装置和机床的联系环节。CNC 发出的控制信息通过进给系统转换成坐标轴的运动,完成程序所规定的操作。进给系统的性能在一定程度上决定了数控系统的性能,直接影响加工工件的精度。本项目通过介绍数控机床进给系统的驱动单元和驱动元件,学习进给系统的驱动控制及安装与调试。

教学目标

1. 能力目标

(1)能够正确连接数控系统与步进驱动单元

(2)能够正确连接数控系统与伺服驱动单元

(3)具有按照需要选择伺服系统控制方式的能力

(4)具有伺服系统基本参数的调整能力

2. 知识目标

(1)了解数控机床进给伺服系统

(2)熟悉步进电动机,了解其工作原理

(3)熟悉伺服电动机,了解其工作原理

(4)掌握伺服驱动系统的控制方式

(5)熟悉数控机床常用检测装置的使用

(6)掌握伺服系统参数的设置方法

3. 素质目标

(1)具有团队协作能力

(2)具有分析问题和解决问题的能力

(3)具有初步的总结与归纳能力

(4)具有优良的职业素养

任务进阶

任务 1.认识数控机床进给伺服系统

任务 2.步进电动机及其驱动控制

任务 3.伺服电动机及其驱动控制

任务 4.数控机床检测装置的应用

任务 5.数控机床进给系统的参数设置及线路连接

任务 1　认识数控机床进给伺服系统

任务目标

- 能够绘制伺服驱动系统的连接图
- 掌握数控机床进给伺服系统的组成,能够正确对各组成部分进行连接
- 掌握数控机床对进给伺服系统的要求

预备知识

4.1.1　伺服系统的定义、组成及作用

在数控机床中,伺服系统又称为随动系统或伺服机构。CNC 控制器将经过插补运算生成的进给脉冲或进给位移量指令输入伺服系统,由伺服系统驱动机械执行部件,带动机床工作台的位移和主轴的运动。伺服系统作为数控机床的重要组成部分,其本身的性能直接影响到整个数控机床的精度和速度等技术指标。

数控机床的伺服系统主要有两种:进给伺服系统和主轴伺服系统。进给伺服系统是一种高精度的位置跟踪与定位系统,它的性能决定了数控机床的最大进给速度、定位精度等。主轴伺服系统控制机床主轴的旋转运动,随着高速加工技术的发展,对主轴伺服系统的要求也越来越高。

1.(进给)伺服系统的定义

伺服系统是指以机床移动部件(如工作台、主轴或刀架)的位置和速度作为控制量的自动控制系统,又称为拖动系统或位置随动系统。

2.伺服系统的组成

进给伺服系统通常由伺服驱动装置、伺服电动机、机械传动机构及执行部件组成,如图 4-1-1 所示。

3.伺服系统的作用

如果说 CNC 装置是数控系统的"大脑",即发布"命令"的"指挥所",那么进给伺服系统可以看成数控系统的"四肢",一种忠实地执行由 CNC 装置发来的运动命令的"执行机构",驱动刀具或工作台完成进给运动,最终实现精确的速度与位移量。

伺服系统的主要作用有:

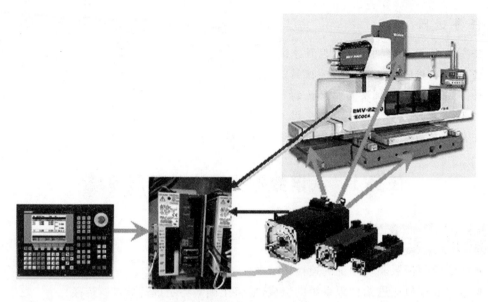

图 4-1-1 数控机床进给伺服系统

(1)接收数控装置发出的进给脉冲或进给位移量信息。

(2)经信号转换和电压、功率放大。

(3)变为伺服电动机的转动(或移动)。

(4)由伺服电动机带动机械传动机构。

(5)实现机床工作台相对于刀具的直线位移或回转位移。

4.1.2 数控机床对进给伺服系统的基本要求

随着数控技术的不断发展,数控机床对伺服系统提出了很高的要求。一般对伺服系统有如下要求:

1. 高精度

伺服系统要具有较好的定位精度和轮廓加工精度,定位精度一般为 0.001～0.01 mm,甚至在 0.1 μm 以上。轮廓加工精度与速度控制和联动坐标的协调一致控制有关。在速度控制中,要求高的调速精度与较强的抗干扰能力,以保证动、静态精度较高。

2. 快速响应

为了提高生产率和保证加工精度,要求伺服系统跟踪指令信号的响应要快。这一方面要求过渡过程时间短,一般在 200 ms 以内,甚至小于几十毫秒;另一方面要求超调小,否则将形成过切,影响加工质量。同时,要求系统的相对稳定性好,当系统受到干扰时,振荡小,恢复时间短。

3. 良好的稳定性

伺服系统在给定输入和外界干扰下,能在短暂的调节过程后,恢复到原有的平衡状态或达到新的平衡状态,即有较强的抗干扰能力。稳定性是保证数控机床正常工作的条件,直接影响数控加工的精度和表面粗糙度。

4. 调速范围宽

在数控机床中,要求进给伺服系统的速度达到 1～24 000 mm/min,即在 1∶24 000 的调速范围内,要求速度均匀、稳定、无爬行、速降小。在零速时,要求电动机有电磁转矩,以维持定位精度。对主轴伺服系统一般要求 1∶(100～1 000)范围内的恒转矩调速和 1∶10 以上的恒功率调速,且有足够大的输出功率。随着高速加工技术的发展,要求主轴具有更高的转速,如当前国内外生产的电主轴,最高转速可达 10 000～150 000 r/min,功率为 0.5～80 kW。

5. 低速大扭矩

数控加工的特点是在低速时切削深度和进给量较大,因此要求低速时能输出较大的转矩。

6. 系统的可靠性高,维护使用方便,成本低

4.1.3　伺服控制系统的分类

1. 按控制方式分类

按控制方式分类,位置控制系统可分为开环、半闭环和闭环三种。

(1)开环控制系统

开环控制系统没有检测反馈装置,通常使用步进电动机作为执行元件,数控装置根据所要求的进给速度和进给位移,输出一定频率和数量的进给指令脉冲,经过驱动电路放大后,每一个进给脉冲驱动步进电动机旋转一个步距角,再经过机械传动机构转换成工作台的一个当量位移。开环控制系统的精度主要靠步进电动机的精度和机械传动机构的精度来保证,因此系统精度较低。另外,受步进电动机矩频特性的影响,步进电动机的转速不能太高,功率也不能太大。但开环控制系统结构简单,运行平稳,成本低,使用维护方便,所以被广泛应用于经济型数控机床上。图 4-1-2 所示为开环控制系统。

图 4-1-2　开环控制系统

(2)闭环控制系统

闭环控制系统装有检测反馈装置,在加工中随时检测移动部件的实际位置。将插补计算得出的指令位置值与反馈的实际位置值相比较,根据其差值控制伺服系统工作。采用闭环控制系统可以消除由于机械传动部件的精度误差给加工精度带来的影响,所以可以得到很高的精度。

(3)半闭环控制系统

半闭环控制系统的检测元件安装在伺服电动机或丝杠的端部,它的反馈信号取自旋转轴,而不是机床的工作台位置。半闭环系统的优点是闭环环路短(不包括传动机构),因而系统容易达到较高的位置增益,不发生振荡,快速性也好;但不能检测传动机构的精度影响产生的误差,所以精度不如全闭环系统。图 4-1-3 所示为闭环和半闭环控制系统。

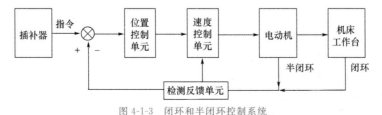

图 4-1-3　闭环和半闭环控制系统

2. 按伺服执行元件分类

按伺服执行元件分类,可分为步进电动机伺服系统、直流伺服系统、交流伺服系统等,对于伺服执行元件,将在下面分类讨论。

3. 按照被驱动的机构分类

按照被驱动的机构分类,可分为进给伺服系统、主轴伺服系统、刀库伺服系统等。

4.1.4　常用伺服执行元件

为了满足数控机床对伺服系统的要求,对电气伺服系统的执行元件——伺服电动机——也必须有较高的要求:

(1)电动机从最低转速到最高转速范围内都能平滑地运转,转矩波动要小,尤其在最低转速时,仍要有平稳的转速而无爬行现象。

(2)电动机应具有大的、较长时间的过载能力,以满足低速、大转矩的要求。

(3)要求电动机的可控性好、转动惯量小、响应速度快。

(4)电动机应能承受频繁的启动、制动和反转。

常用的进给伺服执行元件主要有直流伺服电动机、交流伺服电动机、步进电动机等,近来直线电动机也被应用在数控机床和加工中心上。常用的主轴伺服元件有直流主轴电动机、交流主轴电动机等。随着高速加工技术的发展,电主轴在数控机床和加工中心上也得到了越来越多的应用。

任务实施

1. 区分开环、半闭环和闭环进给驱动装置,并画出结构示意图。
(1)总结开环控制系统的特点,分析实物并画出结构示意图。
(2)总结半闭环控制系统的特点,分析实物并画出结构示意图。
(3)总结闭环控制系统的特点,分析实物并画出结构示意图。
2. 根据控制系统的结构分析各组成部分的作用。
3. 经教师检查后接通电源,观察机床进给伺服系统的工作状态。

拓展练习

针对西门子、华中等数控系统分析伺服系统各组成部分的作用。

任务 2　步进电动机及其驱动控制

任务目标

● 能够正确画出开环伺服系统示意图
● 通过拆装掌握步进电动机的结构
● 能够正确连接和调试开环伺服系统

预备知识

4.2.1　步进电动机

步进电动机又称为电脉冲马达,是通过脉冲数量决定转角位移的一种伺服电动机。由于步进电动机成本较低,易于采用计算机控制,因而被广泛应用于开环控制的伺服系统中。步进电动机比直流电动机或交流电动机组成的开环控制系统精度高,适用于精度要求不太高的机电一体化伺服传动系统。目前,一般数控机械和普通机床的微机改造中大多采用开环步进电动机控制系统。

步进电动机的工作原理

1. 步进电动机的工作原理

步进电动机按其工作原理分类,主要有磁电式和反应式两大类。现以图 4-2-1 所示的反应式三相步进电动机为例,说明步进电动机的工作原理。定子上有 6 个磁极,分成 U、V、W 三相,每个磁极上绕有励磁绕组,按串联(或并联)方式连接,使电流产生的磁场方向一致。转子无绕组,它是由带齿的铁芯做成的,当定子绕组按顺序轮流通电时,U、V、W 这 3 对磁极就依次产生磁场,并每次对转子的某一对齿产生电磁转矩,吸引过来使它一步步转动。每当转子某一对齿的中心线与定子磁极中心线对齐时,磁阻最小,转矩为零,每次就在此时按一定方向切换定子绕组各相电流,使转子按一定方向一步步转动。

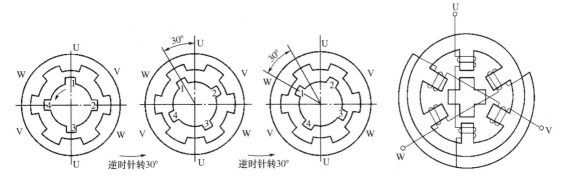

图 4-2-1　步进电动机的工作原理

在图 4-2-1 中,设 U 相通电,转子 1、3 齿被磁极 U 产生的电磁转矩吸引过去,当 1、3 齿与磁极 U 对齐时,转动停止;此时,V 相通电,U 相断电,磁极 V 又把距它最近的一对齿 2、4 吸引过来,使转子按逆时针方向转动 30°。接着 W 相通电,V 相断电,转子又逆时针旋转 30°,依此类推,定子按 U→V→W→U……顺序通电,转子就一步步地按逆时针方向转动,每步转 30°。若改变通电顺序,按 U→W→V→U……使定子绕组通电,步进电动机就按顺时针方向转动,同样每步转 30°。这种控制方式称为单三拍方式。由于每次只有一相绕组通电,因此在切换瞬间失去自锁转矩,容易失步,此外,只有一相绕组通电吸引转子,易在平衡位置附近产生振荡,故实际不采用单三拍工作方式,而采用双三拍控制方式,即通电顺序按 UV→VW→WU→UV……(逆时针方向)或按 UW→WV→VU→UW……(顺时针方向)进行。由于双三拍控制每次有两相绕组通电,而且切换时总保持一相绕组通电,所以工作较稳定。如果按 U→UV→V→VW→W→WU→U……顺序通电,就是三相六拍工作方式。按这种工作方式每切换一次,步进电动机按逆时针方向转过的角度比三相三拍方式减小一半(为 15°)。同样,若按 U→UW→W→WV→V→VU→U……顺序通电,则步进电动机每步按顺时针方向转过 15°。

步进电动机的转动是由绕组的脉冲电流控制的,即由指令脉冲决定的。指令脉冲数决定它的转动步数,即角位移的大小;指令脉冲频率决定它的转动速度。只要改变指令脉冲频率,就可以使步进电动机的旋转速度在很宽的范围内连续调节。改变绕组的通电顺序,可以改变它的旋转方向。

2. 步进电动机的结构及主要特性

(1)结构

步进电动机的结构形式,其分类方式很多。按力矩产生的原理可分为反应式和励磁式。反应式的转子无绕组,由被励磁的定子绕组产生反应力矩实现步进运行。励磁式的定子、转子均有励磁绕组(或转子用永久磁铁),由电磁力矩实现步进运行。带永磁转子的步进电动机称为混合式步进电动机(或感应式同步电动机)。之所以称其为"混合式",是因为它是在永磁和励磁原理共同作用下运转的,这种电动机因效率高以及其他优点与反应式步进电动机一起在数控系统中得到广泛的应用。

按输出力矩大小可分为伺服式和功率式。伺服式只能驱动较小负载,一般与液压扭矩放大器配用,才能驱动机床工作台等较大负载。功率式可以直接驱动较大负载,它按各相绕组分布分为径向式和轴向式。径向式步进电动机的各相按圆周依次排列,轴向式步进电动机的各相按轴向依次排列。

图 4-2-2 所示为径向三相反应式步进电动机的结构原理。定子上有 6 个均布的磁极,在直径相对的两个极上的线圈串联,构成了一相控制绕组。极与极之间的夹角为 60°,每个定子极上均布 5 个齿,齿槽距相等,齿间夹角为 9°。转子上无绕组,只有均布的 40 个齿,齿槽等宽,齿间夹角也是 9°。三相(U、V、W)定子磁极和转子上相应的齿依次错开 1/3 齿距。这样,若按三相六拍方式给定子通电,即可控制步进电动机以 1.5°的步距角正向或反向旋转。

反应式步进电动机另有一种结构是多定子轴向排列的,定子和转子铁芯都分成 5 段,每段一相,依次错开排列,每相是独立的,即五相反应式步进电动机。

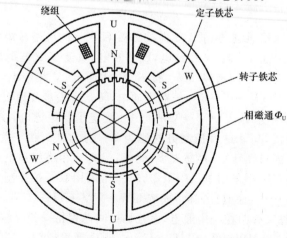

图 4-2-2 径向三相反应式步进电动机的结构原理

（2）主要特性

①步距角和静态步距误差

步进电动机的步距角是指反应式步进电动机定子绕组的通电状态每改变一次,转子转过的角度。它取决于电动机结构和控制方式。步距角 α 的计算公式为

$$\alpha = \frac{360^\circ}{mzk}$$

式中　m——定子相数;

z——转子齿数;

k——控制方式确定的拍数与相数的比例系数,例如三相三拍时,$k=1$,三相六拍时,$k=2$。

步进电动机的步距角 α 应是圆周 360° 的等分值。但是,实际的步距角与理论值有误差,在一转内该误差的最大值,称为步距误差。步进电动机的静态步距误差通常在 $10'$ 以内。

②静态矩角特性

当步进电动机不改变通电状态时,转子处在不动状态。如果在电动机轴上外加一个负载转矩,使转子按一定方向转过一个角度 θ,此时转子所受的电磁转矩 T 称为静态转矩,角度 θ 称为失调角。描述静态时 T 与 θ 的关系称为静态矩角特性(图 4-2-3(a)),该特性上的电磁转矩最大值称为最大静转矩。在静态稳定区内,当外加转矩除去时,转子在电磁转矩作用下,仍能回到稳定平衡点位置($\theta=0$)。

各相矩角特性差异不应过大,否则会影响步距精度及引起低频振荡。最大静转矩与通电状态和各相绕组电流有关,但电流增大到一定值时会使磁路饱和,就对最大静转矩影响不大了。

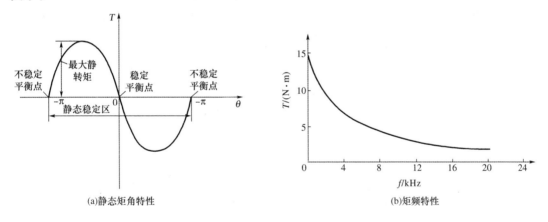

(a)静态矩角特性　　　　　　　　(b)矩频特性

图 4-2-3　步进电动机的工作特性

③启动频率

空载时,步进电动机由静止状态突然启动,并进入不丢步的正常运行的最高频率,称为启动频率或突跳频率。加给步进电动机的指令脉冲频率如大于启动频率,就不能正常工作。步进电动机在负载(尤其是惯性负载)下的启动频率比空载要低,而且,随着负载加大(在允许范围内),启动频率会进一步降低。

④连续运行频率

步进电动机启动以后,其运行速度能跟踪指令脉冲频率连续上升而不丢步的最高工作

频率,称为连续运行频率,其值远大于启动频率。它也随电动机所带负载的性质和大小而异,与驱动电源也有很大关系。

⑤矩频特性与动态转矩

矩频特性 $T=F(f)$ 是描述步进电动机连续稳定运行时输出转矩与连续运行频率之间的关系的,如图 4-2-3(b)所示。该特性上每一个频率对应的转矩称为动态转矩。使用时,一定要考虑动态转矩随连续运行频率的上升而下降的特点。

上述步进电动机的主要特性除第一项外,其余四项均与驱动电源有很大关系。如驱动电源性能好,步进电动机的特性可得到明显改善。

3.步进电动机伺服系统驱动控制电路

步进电动机驱动控制电路由环形分配器和功率放大器组成。目前在多数 CNC 系统中,环形分配器功能由软件实现,在这种情况下,环形分配器不包括在驱动控制电路中。

(1)环形分配器

环形分配器的作用是把来自 CNC 插补装置输出的指令进给脉冲按一定规律分成若干路电平信号,去控制步进电动机的多个定子绕组,使其正向运转或反向运转。

环形分配器是根据步进电动机的相数和控制方式设计的。图 4-2-4 所示为三相六拍环形分配器的电路原理。该电路图由与非门和 JK 触发器组成。指令脉冲加到 3 个 JK 触发器的时钟输入端 C,旋转方向由正、反控制端的状态决定。当正向控制端状态为"1"时,反向控制端状态为"0",此时正向旋转。初始时,由置"0"信号将 3 个触发器都变为"0",由于 W 相接到 $\overline{Q}_3$ 端,故此时 W 相通电,随着指令脉冲的不断到来,各相通电状态不断变化,按照 W→WU→U→UV→V→VW→W……次序通电。步进电动机反向旋转时,由反走控制信号"1"状态控制(此时,正向控制端为"0"),通电次序为 W→WV→V→VU→U→UW→W……

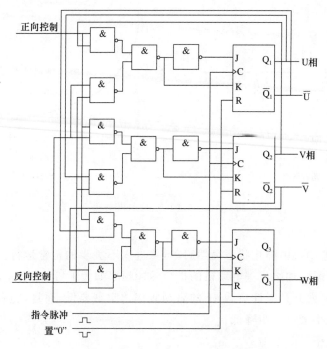

图 4-2-4 三相六拍环形分配器的电路原理

在图 4-2-4 中,加到环形分配器输入端的指令脉冲来自 CNC 插补器,通常还要经过加/减速控制,使脉冲频率平滑上升与下降,以适应步进电动机的驱动特性。而上述电路较为复杂,若应用微机软件控制取代环形分配器的功能,则控制电路大为简化,控制性能更加灵活,并可适应各种控制的要求。

（2）功率放大器

功率放大器的作用是将通电状态的弱电信号经过功率放大,控制步进电动机各相绕组电流按一定顺序切换,使步进电动机运转。根据其功率的不同,绕组电流从几安到几十安不等。每相绕组分别有一组功率放大器控制电路。

图 4-2-5 所示为基本的单电源功率放大电路,图中 L_a 表示步进电动机的三相绕组中的一相,每相绕组由一路放大电路驱动,三组放大电路完全相同。当 CNC 无输出指令信号（输出为高电平）时,光电耦合电路中二极管导通发光并触发三极管导通,输出为低电平,晶体管 VT_1 和 VT_2 均截止,绕组中无电流通过,步进电动机不转动。

当 CNC 有输出指令信号（输出为低电平）时,光电耦合电路中二极管、三极管截止,输出为高电平,晶体管 VT_1 和 VT_2 均饱和导通,L_a 上有电流通过,电动机转动一步。当三相放大器轮流工作时,三相绕组分别有电流通过,使步进电动机一步一步地转动。

由于步进电动机绕组电感的作用,当步进电动机加速时,使电路中电流不能迅速地上升到额定值,步进电动机无法得到较高的转速。同样,在绕组断电时,电流也不能立即衰减到零,而这个衰减的电流还对步进电动机有制动作用。

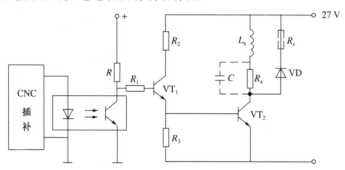

图 4-2-5　单电源功率放大电路

在图 4-2-5 中,给绕组串联外加电阻 R_a,由于电路的时间常数减小,使电流上升的时间缩短（但电流值被限制,保护了电动机绕组）,步进电动机能得到较高的转换速度。串联电阻后增大了电路总的功率损耗,为此在反应式步进电动机放大器中可并联一个电容 C（图 4-2-5 中虚线）,使电路在过渡过程期间提供了一条低阻抗的通路,增加了输出,降低了损耗。在图 4-2-5 中给绕组并联一个二极管 VD,绕组通电时 VD 相当于一个对绕组分路的极高阻抗。当绕组断电时,由于绕组电感的作用会产生远远高于电路外加电压的峰值电感电势烧毁功率管,此时,二极管 VD 提供了低阻抗续流回路,即起到"释能"的作用,同时把功率管的电压"钳位"在电源电压值上,抑制峰值电势,保护功率管。为增加释能的效果,可与二极管 VD 串联一电阻 R_s（图 4-2-5 中虚线）使绕组的能量大部分消耗在电阻 R_s 上。上述电路由于串联电阻 R_a 增大了功率损耗,降低放大器效率。同时,由于绕组电感较大,使电路对脉冲电流的响应较差,输出脉冲波形差,出力小。

4. 改善步进电动机工作性能的措施

由于步进电动机伺服系统是一个开环系统,所以步进电动机的质量、机械传动部分的结构和质量以及控制电路的完善与否,均影响到系统的工作精度和性能。要改善整个系统的工作精度,应从上述方面给予考虑。下面重点从控制电路上采取的措施加以论述。

(1)高、低压供电定时切换电路

图 4-2-6 所示为高、低压驱动放大电路。图中由脉冲变压器 T 组成了高压控制电路。当输入脉冲信号为低电平时 VT_1、VT_2、VT_g、VT_d 均截止,电动机绕组中无电流通过,步进电动机不转动。当输入脉冲信号为高电平时 VT_1、VT_2、VT_d 饱和导通,在 VT_2 由截止过渡到饱和导通期间,与 T 一次侧串联在一起的 VT_2 集电极回路的电流急剧增大,在 T 的二次侧产生一感生电压,加到高压功率管 VT_g 的基极上,使 VT_g 导通,80 V 的高压经高压功率管 VT_g 加到步进电动机绕组 L_a 上,使电流按 $L_a/(R_d+r)$ 时间常数向电流稳定值 $U_g/(R_d+r)$ 上升。经过一段时间,当 VT_2 进入到稳定状态(饱和导通)后,T 一次电流暂时恒定,无磁通变化,T 二次侧的感生电压为零,VT_g 截止。这时 12 V 低压电源经二极管 VD_d 到绕组 L_a 上,维持 L_a 中的额定电流。当输入的脉冲结束后,VT_1、VT_2、VT_g、VT_d 又都截止,储存在 L_a 中的能量通过 R_g、VD_g 及 U_g、U_d 构成回路放电,R_g 使放电时回路时间常数减小,改善电流波形的后沿。放电电流的稳态值为 $(U_g-U_d)/(R_g+R_d+r)$。

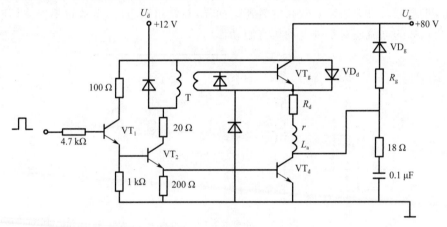

图 4-2-6　高、低压驱动放大电路

该电路由于采用高压驱动,电流增长加快,绕组上脉冲电流的前沿变陡,使电动机的转矩和启动及运行频率都得到提高。又由于额定电流是低压维持的,故只需较小的限流电阻,功耗较小。

该电路只供步进电动机的一相绕组工作,若为三相步进电动机,则需三组电路供电,不再叙述。

(2)PWM 恒流驱动电路

PWM 恒流驱动电路即晶体管脉冲宽度调制型伺服驱动电路。采用上述驱动电路,一方面提高了驱动的可靠性,同时,利用它的恒流作用,使流过步进电动机绕组的电流经常保持在较高的电流值上,提高了电动机输出转矩,最大限度地改善了步进电动机的矩频特性。

(3)细分驱动电路

所谓细分驱动电路,是指把步进电动机的一步再分得细一些,如采用 n 细分电路,则需

输入 n 个脉冲信号,电动机才转过 α,从而获得较小的脉冲当量,并使电动机在最低转速下运转得更加平稳,有利于提高加工表面的质量。

通常,绕组电流是由零跃升到额定值的,相应的角位移如图 4-2-7(a)所示,若采用 10 细分,则绕组电流要经过 10 小步变化,才能达到额定值,其相应的角位移如图 4-2-7(b)所示。

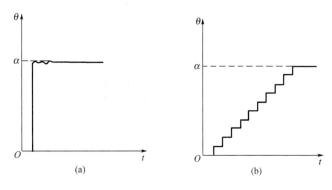

图 4-2-7 细分前、后的角位移波形

4.2.2 开环控制系统

开环控制系统是最简单的进给伺服系统,其结构如图 4-2-8 所示。该系统的伺服驱动装置主要是步进电动机驱动电路、步进电动机等。加到步进电动机的定子绕组上的电脉冲信号是由步进电动机的驱动控制器给出的,驱动控制器由环形分配器和功率放大器两部分组成。在许多 CNC 系统中,环形分配器的功能由软件产生,在这种情况下,驱动控制器就不包括环形分配器。

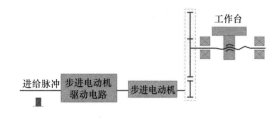

图 4-2-8 开环控制系统的结构

1. 工作台位移量的控制

数控装置发出 N 个脉冲,经驱动电路放大后,使步进电动机定子绕组通电状态变化 N 次,如果一个脉冲使步进电动机转过的角度为 α,则步进电动机转过的角位移量 $\Phi = N\alpha$,再经减速齿轮、丝杠、螺母之后转变为工作台的位移量 L,即进给脉冲数决定了工作台的直线位移量 L。

2. 工作台进给速度的控制

数控装置发出的进给脉冲频率为 f,经驱动控制电路表现为控制步进电动机定子绕组的通电、断电状态的电平信号变化频率,定子绕组通电状态变化频率决定步进电动机的转速,该转速经过减速齿轮及丝杠、螺母之后,体现为工作台的进给速度 v,即进给脉冲的频率决定了工作台的进给速度。

开环控制系统无位置反馈(测量)装置,如图 4-2-9 所示,信号流是单向的(数控装置→进给系统),故系统稳定性好。但精度相对于闭环系统来讲不高,其精度主要取决于伺服驱动系统和机械传动机构的性能和精度。

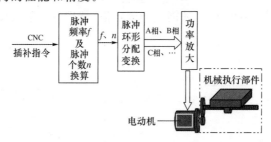

图 4-2-9　开环控制系统的工作原理

开环控制系统通常使用步进电动机作为执行元件。在开环控制系统中,插补脉冲经功率放大后直接控制步进电动机,由输出脉冲的频率来控制步进电动机的速度,由输出脉冲的数量来控制工作台的位置。其定位精度一般为 0.01～0.005 mm。

这类系统具有结构简单、工作稳定、调试方便、维修简单、价格低廉等优点,在精度和速度要求不高、驱动力矩不大的场合得到广泛应用。一般用于经济型数控机床。

任务实施

1. 步进电动机驱动控制电路的连接

步进电动机与数控装置通过步进驱动器连接起来。步进电动机驱动装置与华中 HNC-21 世纪星数控装置是通过 XS30～XS33 脉冲接口控制步进电动机驱动器的,最多控制 4 个步进电动机驱动装置。华中 HNC-21 连接步进电动机驱动装置的总体框图如图 4-2-10 所示。

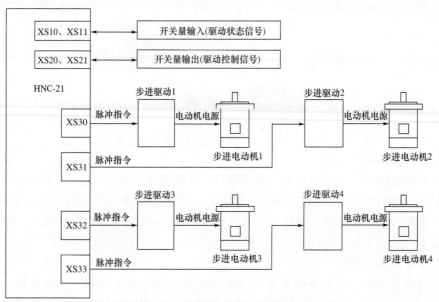

图 4-2-10　步进电动机驱动装置的总体框图

2. 参数的设置

完成步进电动机、驱动器、数控系统的连接后,就要设置参数,见表 4-2-1。

表 4-2-1		参数的设置		
参数名	参数值	参数名	参数值
伺服驱动器型号	46	伺服内部参数[2]	0
伺服驱动器部件号	0	伺服内部参数[3][4][5]	0
最大跟踪误差	0	快移加/减速时间常数	0
电动机每转脉冲数	400	快移加速度时间常数	0
伺服内部参数[0]	8	加工加/减速时间常数	0
伺服内部参数[1]	0	加工加速度时间常数	0

3. 系统的调试

在电路和电源检查无误后,进行通电试运行,以手动或手摇方式发送脉冲,控制电动机慢速转动和正/反转,在没有堵转等异常情况下,逐渐提高电动机转速。

 拓展练习 - ▶

以经济型普通车床数控改造为例,详细总结步进电动机及其驱动控制的特点和实现。

任务 3   伺服电动机及其驱动控制

任务目标 - ▶

- 了解交、直流伺服电动机的分类与特点
- 熟悉交、直流电动机的动态特性及其基本参数
- 掌握交、直流伺服电动机的控制方式
- 掌握交流伺服驱动系统在数控机床上的应用

预备知识 - ▶

4.3.1   伺服电动机在数控机床上的应用

随着数控技术的发展,对驱动执行元件的要求越来越高,一般的电动机已不能满足数控机床对伺服控制的要求。

1. 直流伺服驱动系统

直流伺服驱动系统从 20 世纪 70 年代到 20 世纪 80 年代中期,在数控机床领域占据丰导地位。大惯量直流电动机具有良好的宽调速特性,其输出转矩大,过载能力强。由于电动机自身惯量较大,与机床传动部件的惯量相当,因此,所构成的闭环系统安装到机床上,几乎不需要再做调整(只要安装前调整好即可),使用十分方便。此类电动机大多配有晶闸管全控或半控桥 SCR-D 调速装置。为适应部分数控机床(如钻床、冲床等)频繁启动、制动及快速定位要求,又开发了直流中、小惯量伺服电动机以及大功率晶体管脉宽调制(PWM)驱动装置。

2. 交流伺服驱动系统

由于直流伺服电动机使用机械(电刷、换向器)换向,因此存在许多缺点。而直流伺服电

动机优良的调速特性正是通过机械换向得到的,因而这些缺点无法克服。多年来,人们一直试图用交流电动机代替直流电动机,其困难在于交流电动机很难达到直流电动机的调速性能。进入 20 世纪 80 年代以后,由于交流伺服电动机的材料、结构、控制理论与方法的突破性进展以及微电子技术和功率半导体器件的发展,使交流驱动装置发展很快,目前已逐渐取代了直流伺服电动机。交流伺服电动机与直流伺服电动机相比,最大的优点在于它不需要维护,制造简单,适于在恶劣的环境下工作。目前,交流伺服系统已实现了全数字化,即在伺服系统中,除了驱动级外,全部功能均由微处理器完成,能高速度、实时地实现前馈控制、补偿、最优控制、自主学习等功能。

应用于进给驱动的交流伺服电动机有交流同步电动机与交流异步电动机两大类。由于数控机床进给驱动的功率一般不大(数百至数千瓦),而交流异步电动机的调速指标一般不如交流同步电动机,因此大多数进给伺服系统采用永磁式交流同步电动机。

4.3.2 直流伺服电动机及其驱动控制

1.直流伺服进给电动机的结构和工作原理

普通的直流电动机虽然容易进行调速,但由于转动惯量大,动态特性差,无法满足伺服系统的控制要求,因此在伺服系统中常用大功率直流伺服电动机,如小惯量直流伺服电动机和宽调速直流伺服电动机等。

宽调速直流伺服电动机是用提高转矩的方法来改善其动态性能的,因而在闭环伺服系统中广泛应用。宽调速直流伺服电动机的励磁方式可分为电磁式和永磁式两种。永磁式电动机效率较高且低速时输出转矩较大,目前几乎都采用永磁式电动机。本节以永磁式宽调速直流伺服电动机为例进行分析。

(1)结构

永磁式宽调速直流伺服电动机的结构与普通直流电动机基本相同,如图 4-3-1 所示。它由定子和转子两大部分组成,定子包括磁极(永磁体)、电刷装置、机座、机盖等部件;转子通常称为电枢,包括电枢铁芯、电枢绕组、换向器、转轴等部件。此外在转子的尾部装有测速机和旋转变压器(或光电编码器)等检测元件。

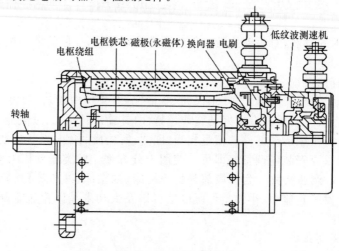

图 4-3-1 永磁式宽调速直流伺服电动机的结构

（2）工作原理

图 4-3-2 所示为永磁式宽调速直流伺服电动机的工作原理。若电刷通以图示方向的直流电,则电枢绕组中的任一导体的电流方向如图所示。当转子转动时,由于电刷和换向器的作用,使得 N 极和 S 极下的导体电流方向不变,即原来在 N 极下的导体只要一转过中性面进入 S 极下,电流就反向;反之,原来在 S 极下的导体只要一过中性面进入 N 极下,电流也马上反向。根据电流在磁场中受到的电磁力方向可知,图中转子受到顺时针方向力矩的作用,转子沿顺时针方向转动。要使转子反转,只需改变电枢绕组的电流方向,即电枢电压的方向。

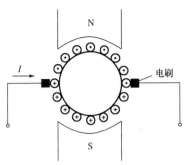

图 4-3-2　永磁式宽调速直流伺服
电动机的工作原理

根据直流电动机的机械特性可知,电动机的调速方法有三种:

（1）改变电动机的电枢电压。

（2）改变电动机的磁场大小。

（3）改变电动机电枢的串联电阻阻值。

对于直流伺服进给电动机,只能采用改变电枢电压的方式来调速,这种调速方式称为恒转矩调速。在这种调速方式下,电动机的最高工作转速不能超过其额定转速。

2. 直流伺服进给驱动控制基础

数控机床直流进给伺服系统多采用永磁式直流伺服电动机作为执行元件,为了与伺服系统所要求的负载特性相吻合,常采用控制电动机电枢电压的方法来控制输出转矩和转速。目前使用最广泛的方法是晶体管脉宽调制器-直流电动机调速（PWM-M）,简称 PWM 变换器。它具有响应快、效率高、调整范围宽、噪声污染低、结构简单、安全可靠等优点。

脉宽调速（PWM）的基本原理是利用大功率晶体管的开关作用,将恒定的直流电源电压斩成一定频率的方波电压,并加在直流电动机的电枢上,通过对方波脉冲宽度的控制,改变电枢的平均电压来控制电动机的转速。图 4-3-3 所示为 PWM 降压斩波器的原理及输出波形。图 4-3-3(a)中的晶体管 VT 工作在"开"和"关"状态,假定 VT 先导通一段时间 t_1,此时全部电压加在电动机的电枢上（忽略管压降）,然后使 VT 关断,时间为 t_2,此时电压全部加在 VT 上,电枢回路的电压为 0。反复导通和关闭晶体管 VT,得到如图 4-3-3(b)所示的电压波形。在 $t=t_1+t_2$ 时间内,加在电动机电枢回路上的平均电压为

$$U_a = \frac{t_1}{t_1+t_2}U = \alpha U$$

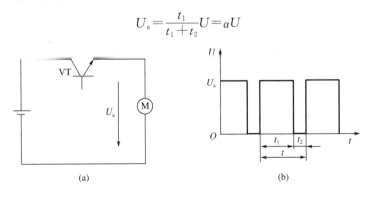

(a)　　　　　　　　　　　　　(b)

图 4-3-3　PWM 降压斩波器的原理及输出波形

式中，$\alpha = \dfrac{t_1}{t_1 + t_2}$为占空比，$0 \leqslant \alpha \leqslant 1$；$U_a$的变化范围为$0 \sim U$，均为正值，即电动机只能在某一个方向调速，称为不可逆调速。当需要电动机在正、反两个方向上都能调速时，需要使用桥式（H形）降压斩波电路，如图 4-3-4 所示。在桥式电路中，VT_1、VT_4同时导通、同时关断，VT_2、VT_3同时导通、同时关断，但同一桥臂上的晶体管（如 VT_1 和 VT_3、VT_2 和 VT_4）不允许同时导通，否则将使直流电源短路。设先使 VT_1、VT_4 同时导通 t_1 时间后关断，间隔一定的时间后，再使 VT_2、VT_3 同时导通一段时间 t_2 后关断，如此反复，得到输出电压波形如图 4-3-4(b) 所示。

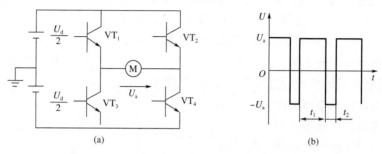

图 4-3-4　桥式降压斩波器的原理及输出波形

电动机上的平均电压为

$$U_a = \frac{t_1 - t_2}{t_1 + t_2} U_d = (2\alpha - 1) U_d$$

当 $0 \leqslant \alpha \leqslant 1$，$U_a$ 值的范围是 $-U_d \sim U_d$。因此电动机可以在正、反两个方向上调速。

4.3.3　交流伺服电动机及其驱动控制

随着大功率半导体器件、变频技术、现代控制理论以及微处理器等大规模集成电路技术的进步，交流伺服电动机有了飞速的发展。它坚固耐用、经济可靠且动态响应性好、输出功率大、无电刷，因而在数控机床上被广泛应用并有取代直流伺服电动机的趋势。

交流伺服电动机分为异步型和同步型两种。异步型交流伺服电动机有三相和单相之分，也有笼型和线绕式之分，通常多用笼型三相感应电动机。因其结构简单，与同容量的直流伺服电动机相比，质量约轻 1/2，价格仅为直流伺服电动机的 1/3。它的缺点是不能经济地实现范围较广的平滑调速，必须从电网吸收滞后的励磁电流，因而令电网功率因数变差。

同步型交流伺服电动机虽较感应电动机复杂，但比直流伺服电动机简单。按不同的转子结构，同步型交流伺服电动机可分为电磁式及非电磁式两类。非电磁式又可分磁滞式、永磁式和反应式。其中磁滞式和反应式同步伺服电动机存在效率低、功率因数小、制造容量不大等缺点，因而数控机床中多用永磁式同步交流伺服电动机。

永磁式同步交流伺服电动机用永久磁铁励磁，与电励磁相比，有构造简单、坚固、运行可靠、体积小、过载能力强等特点。尤其是近来永磁材料的发展与磁性能的优越，促进了永磁式电动机在数控机床中的应用。永磁式同步交流伺服电动机在数控机床中主要用于进给驱动。

1. 永磁式同步交流伺服电动机的结构

永磁式同步交流伺服电动机的结构如图 4-3-5 所示，它主要是由定子、转子和检测元件组成。定子内侧有齿槽,槽内装有三相对称绕组,其结构与普通交流电动机的定子类似。定子上有通风孔,定子的外形多呈多边形,且无外壳,以利于散热。转子主要由多块永久磁铁和铁芯组成,这种结构的优点是极数多,气隙磁通密度较大。

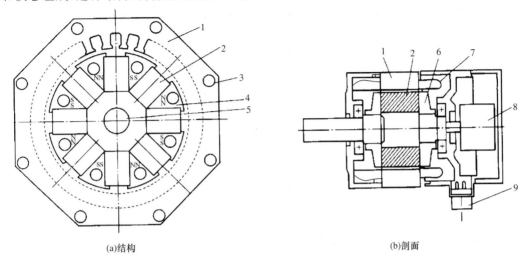

(a)结构　　　　　　　　　(b)剖面

图 4-3-5　永磁式同步交流伺服电动机的结构及其剖面

1—定子;2—永久磁铁;3—轴向通风孔;4—铁芯;5—转轴;

6—压板;7—定子三相绕组;8—脉冲编码器;9—接线盒

2. 永磁式同步交流伺服电动机的工作原理

当三相定子绕组中通入三相交流电后,就会在定子与转子间产生一个转速为 n 的旋转磁场,转速 n 称为同步转速。设转子为两极永久磁铁,定子的旋转磁场用一对旋转磁极表示,由于定子的旋转磁场与转子的永久磁铁的磁力作用使转子跟随旋转磁场转动,如图 4-3-6 所示。当转子加上负载转矩后,转子轴线将落后于定子旋转磁场轴线一个角度 θ。当负载减小时,θ 减小;当负载增大时,θ 增大。只要负载不超过一定限度,转子始终跟着定子的旋转磁场以恒定的同步转速 n(r/min)旋转。同步转速为

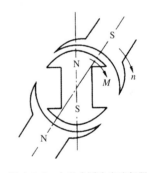

图 4-3-6　永磁式同步交流伺服电动机的工作原理

$$n = 60f/p$$

式中　f——电源频率;

　　　p——磁极对数。

当负载超过一定限度后,转子不再按同步转速旋转,甚至可能不转。这就是同步交流伺服电动机的失步现象,此负载的极限称为最大同步转矩。

3. SPWM 变频控制器

永磁式交流同步伺服电动机的同步转速与电源的频率存在严格的对应关系,即在电源电压和频率固定不变时,它的转速是稳定不变的。当采用变频电源供电时,可方便地获得同频率成正比的可变转速。

SPWM 变频控制器即正弦波 PWM 变频控制器,它是 PWM 型变频控制器调制方法的

一种。图 4-3-7 所示为 SPWM 型交-直-交变频器,由不可控整流器经滤波后形成恒定幅值的直流电压加在逆变器上,控制逆变器功率开关器件的通和断,使其输出端获得不同宽度的矩形脉冲波形。通过改变矩形脉冲波的宽度可控制逆变器输出交流基波电压的幅值;改变调制周期可控制其输出频率,从而在逆变器上同时进行输出电压与频率的控制,满足变频调速对 U/f 协调控制的要求。

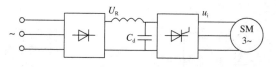

图 4-3-7 交-直-交变频器

(1)SPWM 波形与等效的正弦波

把一个正弦波分成 n 等份,例如 $n=12$,如图 4-3-8(a)所示。然后把每一等份的正弦曲线与横轴所包围的面积都用一个与此面积相等的等高矩形脉冲波代替,这样可得到 n 个等高不等宽的脉冲序列,它对应于一个正弦波的正半周,如图 4-3-8(b)所示。对于负半周,同样可以这样处理。如果负载正弦波的幅值改变,则与其等效的各等高矩形脉冲的宽度也相应改变,这就是与正弦波等效的正弦脉宽调制波(SPWM)。

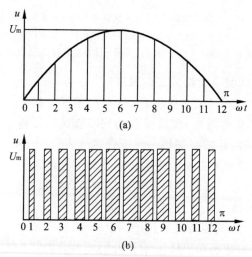

图 4-3-8 等效的 SPWM 波形

(2)三相 SPWM 电路

和控制波形为直流电压的 PWM 相比,SPWM 调制的控制信号为幅值和频率均可调的正弦波参考信号,载波信号为三角波。正弦波和三角波相交可得到一组矩形脉冲,其幅值不变,而脉冲宽度是按正弦规律变化的 SPWM 波形。

对于三相 SPWM,逆变器必须产生互差 120°的三相正弦波脉宽调制波。为了得到这些三相调制波,三角波载波信号可以共用,但是必须有一个三相正弦波发生器产生可变频、可变幅且互差 120°的三相正弦波参考信号,然后将它们分别与三角波载波信号相比较后,产生三相脉宽调制波。

图 4-3-9 所示为三相 SPWM 变频控制器电路。图 4-3-9(a)所示为主电路,$V_1 \sim V_6$ 是逆变器的 6 个功率开关器件,各与 1 个续流二极管反并联,由三相整流桥提供恒值直流电压

U_d 供电。图 4-3-9(b)所示为控制电路,一组三相对称的正弦参考电压信号 u_{rU}、u_{rV}、u_{rW} 由参考信号发生器提供,其频率决定逆变器输出的基波频率,应在所要求的输出频率范围内可调。参考信号幅值也可在一定范围内变化,决定输出电压的大小。三角波载波信号(u_T)是共用的,分别与每相参考电压比较后产生逆变器功率开关器件的驱动控制信号。

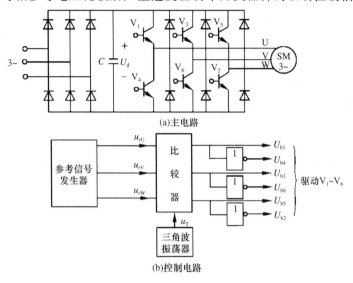

图 4-3-9　三相 SPWM 变频控制器电路

4. 交流伺服驱动器

伺服驱动器(也称为伺服放大器、伺服驱动装置)为伺服电动机提供频率可变的三相交流电源,通常完成速度的控制和功率的放大两个任务。交流伺服驱动装置的本质是电子换向的直流电动机驱动装置,由主电路和控制电路组成。

主电路也称为功率电路,是强电部分,由整流器和逆变器两部分组成。整流器由 6 个二极管组成,逆变器由 6 个大功率晶体管组成。首先通过三相全桥整流电路对输入的三相电或市电进行整流,得到相应的直流电,再通过三相正弦 PWM 电压型逆变器变频来驱动三相永磁式同步交流伺服电动机,整个过程简单说就是 AC—DC—AC 的过程,如图 4-3-10 所示。

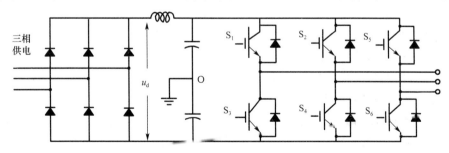

图 4-3-10　伺服驱动装置的主电路

逆变器采用了三相桥式电路,利用脉宽调制技术(PWM),通过改变功率晶体管交替导通的时间来改变逆变器输出波形的频率;改变每半周期内晶体管的通断时间比,也就是通过改变脉冲宽度来改变逆变器输出电压幅值的大小以达到调节功率的目的,如图 4-3-11 所示。

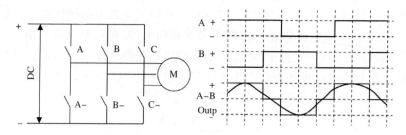

图 4-3-11 逆变器的输出类似于正弦波

(1)输出至定子绕组的电压为等幅不等宽的波形。

(2)电动机电压决定于直流母线电压值和 PWM 控制波形占空比,该电压值决定着额定转速的高低。

(3)输出波形的频率决定于功率管的开关速度。

控制电路是弱电部分,它提供控制逆变器的触发信号(也称为 PWM 信号)。可用微机通过相应的算法输出信号切换功率晶体管的导通和截止,给伺服电动机提供可变的电压和频率。

4.3.4 交流伺服电动机及驱动器的安装与调试

1.伺服电动机的安装

(1)电动机的安装要求

电动机在机床上安装应牢固,否则运行时会振动,而且影响控制精度。

(2)电动机的连接方式

一般采用内六角螺栓与机床或电动机座安装。

电动机都有止口,起到与机床或电动机座精确定位的作用。

电动机轴通过联轴器与丝杠直接相连,或者通过齿轮、同步带轮间接相连。

(3)电动机安装的步骤

①将电动机对准止口,轴对准联轴器。

②将 4 只固定螺栓用手旋上。

③用内六角扳手旋紧螺栓 1～2 圈,最好 2 人同时对角用力,注意止口应平行进入,交换两角再旋紧 1～2 圈,反复进行直至到位。

④接上电源线和反馈电缆航空插头,定位并旋紧。

(4)电动机安装时应注意的问题

①电动机安装位置的止口机械加工精度要合适,过大影响定位精度,过小会安装不下去,强行安装会损坏电动机止口。

②螺栓孔的位置尺寸精度要合适。

③安装电动机时要用螺栓对角同时紧固,且用力要均匀,防止单面用力而将电动机脚掰断。

④安装、拆卸电动机时都不能用锤子砸,防止震坏反馈元件。

2. 伺服驱动器的安装

（1）驱动器的安装要求

驱动器应垂直壁挂式安装,安装应牢固,这是由于内部有风扇,这样安装便于风的流动,同时便于接线,在运行时也便于观察。

（2）伺服驱动器的安装位置

①驱动器应安装在电气柜中比较靠上的位置,一是利于排热,二是避免灰尘。

②驱动器与驱动器之间、驱动器与电气柜侧壁之间要相隔一定距离,以利于散热,如图 4-3-12 所示。

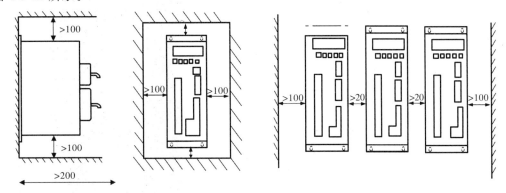

（a）单台驱动器安装间隔　　　　　　　　　　　　　　（b）多台驱动器安装间隔

图 4-3-12　伺服驱动器安装间隔

（3）安装方式

用螺钉固定安装,便于拆卸。采用 M4~M6 圆帽螺钉,最好底板攻丝。

（4）伺服驱动器的接线

交流伺服驱动器要动力电源输入端(如 R、S、T),负载电动机输出端(如 U、V、W)。有的还需要控制电源输入(如 A、B)。这些应采用多股绝缘铜导线,而且截面应足够大,有机械强度。

驱动器的外壳(端子)要接地,采用多股绝缘铜导线,黄绿色。

反馈和控制信号一般采用电缆连接,采用电缆插头和插座。

（5）驱动器安装的步骤

①在电气柜上设计好安装位置。

②根据驱动器安装尺寸划线。

③根据驱动器安装孔直径打孔、攻丝。

④安装驱动器。

⑤接电源线、电动机线。

任务实施

图 4-3-13 所示为 FANUC 系统伺服单元(α 系列)的实物与接线。其中各端子的含义如下:

L1、L2、L3　三相输入动力电源端子,交流 200 V。

L1C、L2C　单相输入控制电路电源端子,交流 200 V(出厂时与 L1、L2 短接)。

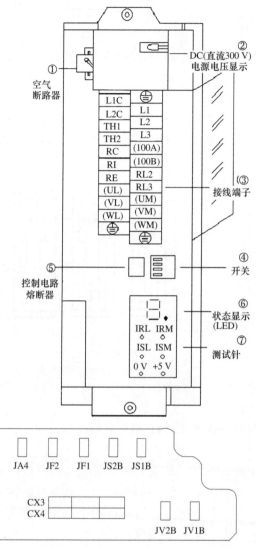

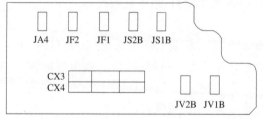

图 4-3-13　FANUC 系统伺服单元(α 系列)的实物与接线

TH1、TH2　过热报警输入端子(出厂时,TH1－1H2 已短接),可用于伺服变压器及制动电阻的过热信号的输入。

RC、RI、RE　外接、内装制动电阻选择端子。

RL2、RL3　MCC 动作确认输出端子(MCC 的常闭点)。

100A、100B　C 型放大器内部交流继电器的线圈外部输入电源(α 型放大器已为内部直流 24 V 电源)。

UL、VL、WL　第 1 轴伺服电动机动力线。

UM、VM、WM　第 2 轴伺服电动机动力线。

JV1B、JV2B　A 型接口的伺服控制信号输入接口。

JS1B、JS2B　B 型接口的伺服控制信号输入接口。

JF1、JF2　B 型接口的伺服位置反馈信号输入接口。

JA4　伺服电动机内装绝对编码器电池电源接口(6 V)。

CX3　伺服装置内 MCC 动作确认接口,一般可用于伺服单元主电路接触器的控制。

CX4　伺服紧急停止信号输入端,用于机床面板的急停开关(常闭点)。

　　1.根据各端子定义,参考 SSCK-20 数控车床伺服单元连接(图 4-3-14),进行伺服单元的连接。

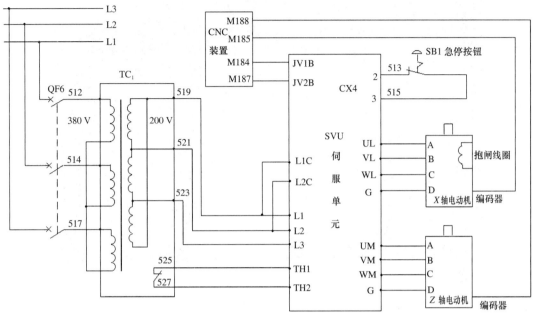

图 4-3-14　SSCK-20 数控车床伺服单元连接

　　2.将伺服驱动器与电动机及数控系统连接,组成伺服系统,并完成系统调试。

　　3.根据 FANUC 系统 α 系列四轴伺服模块连接原理、实物(图 4-3-15、图 4-3-16),进行伺服单元的连接。

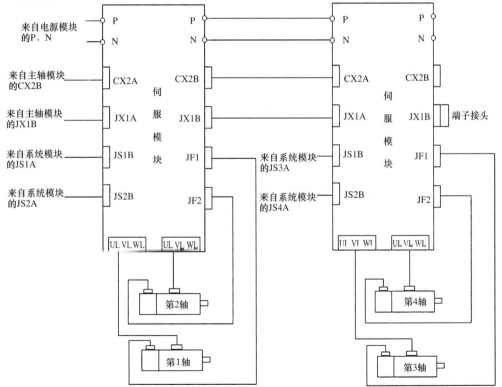

图 4-3-15　FANUC 系统 α 系列四轴伺服模块连接原理

图 4-3-16　FANUC 系统 α 系列四轴伺服模块连接实物

拓展练习

根据实训条件安排西门子、华中等系统的伺服驱动控制连接、分析与总结。

任务 4　数控机床检测装置的应用

任务目标

- 能够叙述检测装置的工作原理
- 能够正确选择和安装检测装置

预备知识

4.4.1　闭环控制系统简介

由于开环控制系统精度较差,越来越多的机床开始使用闭环控制系统。闭环控制系统又有半闭环和全闭环之分,其执行机构大多选用直流或交流伺服电动机。

1. 半闭环控制系统

半闭环控制系统的位置采样点是从驱动装置(常用伺服电动机)或丝杠引出的,采样时旋转角度进行检测,并不直接检测运动部件的实际位置,而是由位置检测元件间接测量工作台的位置,如图 4-4-1 所示。它由位置反馈信号来调节伺服电动机的速度。

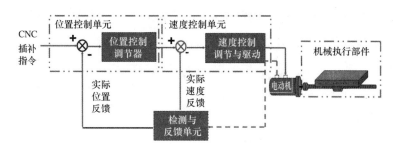

图 4-4-1　半闭环控制系统的结构

半闭环环路内不包括或只包括少量机械传动环节,因此可获得稳定的控制性能,其系统的稳定性虽不如开环控制系统,但比闭环控制系统好。

由于丝杠的螺距误差和齿轮间隙引起的运动误差难以消除,所以其精度较闭环控制系统差,较开环控制系统好;但它可对这类误差进行补偿,因而仍可获得满意的精度。

半闭环控制系统结构简单、调试方便、精度也较高,因而在现代 CNC 机床中得到了广泛应用。

2. 全闭环控制系统

全闭环控制系统的位置采样点如图 4-4-2 中的虚线所示,直接对运动部件的实际位置进行检测。在全闭环控制系统中,由速度检测元件来测量电动机的速度,由位置检测元件来测量工作台的位置,由速度和位置反馈信号来调节伺服电动机的速度和工作台的位置。因此从理论上讲,可以消除整个驱动和传动环节的误差、间隙和失动量,具有很高的位置控制精度。其定位精度一般为 $0.001 \sim 0.003$ mm。

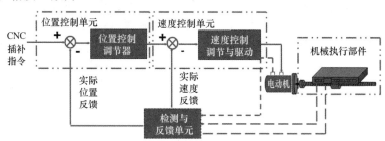

图 4-4-2　全闭环控制系统的结构

由于位置环内的许多机械传动环节的摩擦特性、刚性和间隙都是非线性的,所以很容易造成系统的不稳定,使闭环系统的设计、安装和调试都相当困难。该系统主要用于精度要求很高的镗铣床、超精车床、超精磨床以及较大型的数控机床等。

4.4.2　闭环控制系统中的检测装置

位置测量装置是由检测元件(传感器)和信号处理装置组成的。闭环控制系统为反馈控制的随动系统,它的输出量是机械位移、速度或加速度,利用这些量的反馈实现精确的位移、速度控制目的。数控系统的检测装置(传感器)起着测量和反馈两个作用,它发出的信号传送给数控装置或专用控制器,构成闭环控制。从一定意义上看,数控机床的加工精度和定位精度主要取决于检测装置的精度。传感器能分辨出的最小测量值称为分辨率。分辨率不仅取决于传感器本身,也取决于测量线路。

数控机床上使用的检测装置应满足以下要求:

(1)准确性好,满足精度要求,工作可靠,能长期保持精度。

(2)满足速度、精度和机床工作行程的要求。

(3)可靠性好,抗干扰性强,适应机床工作环境的要求。

(4)使用、维护和安装方便,成本低。

(5)对大型机床以满足速度为主,对中、小型机床和高精度机床以满足精度为主。

数控系统中的检测装置可分为位移、速度和电流三种类型。根据安装的位置及耦合方式可分为直接测量和间接测量,例如机床位置检测中,这两种检测方式中传感器安装的位置如图 4-4-3 所示。按测量方法可分为增量型和绝对型。按检测信号的类型可分为模拟式和数字式。根据运动形式可分为回转型和直线型。按信号转换的原理可分为光电效应、光栅效应、电磁感应、压电效应、压阻效应和磁阻效应等。

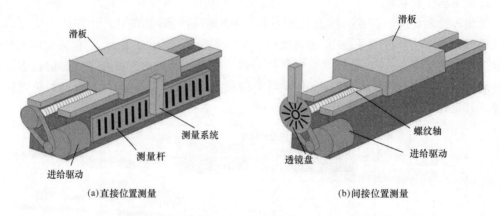

(a)直接位置测量　　　　　　　(b)间接位置测量

图 4-4-3　机床位置检测

1. 旋转变压器

旋转变压器利用互感原理工作,在结构上与两相线绕式异步电动机相似,由定子和转子组成。它间接测量角位移,其结构如图 4-4-4 所示。

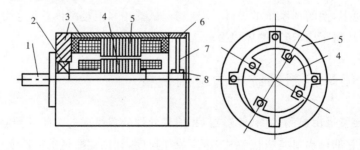

图 4-4-4　旋转变压器的结构

1—转轴;2—轴承;3—机壳;4—转子铁芯;5—定子铁芯;6—端盖;7—电刷;8—集电环

2.感应同步器

感应同步器利用电磁耦合原理将位移或转角变为电信号,借以进行位置检测的反馈控制,在数控机床上使用极为普遍。按其用途可分为两大类:直线感应同步器和圆感应同步器。前者用于直线位移的测量,后者用于转角的测量。在结构上,两者都包括固定和运动两大部分,对旋转式分别称为定子和转子;对直线式分别称为定尺和滑尺。

(1)直线式感应同步器

直线式感应同步器在滑尺上配置断续绕组,并且分为正弦励磁绕组和余弦励磁绕组,这两个绕组在空间上错开90°电相角,其结构如图4-4-5所示。考虑到接长和安装,通常定尺绕组做成连续式单相绕组。

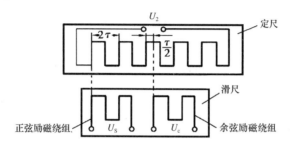

图 4-4-5 直线式感应同步器的结构

(2)圆感应同步器

圆感应同步器由定子和转子组成,其结构如图4-4-6所示。转子绕组为连续绕组;定子上有两相绕组(正弦绕组和余弦绕组)做成分段式,两相绕组交叉分布,相差90°电相角。属于同一相的各相绕组用导线串联起来。

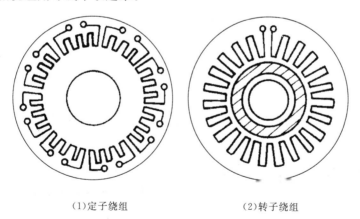

(1)定子绕组　　　　　　　(2)转子绕组

图 4-4-6 圆感应同步器的结构

3.(脉冲)编码器

编码器是将直线运动和转角运动变换为数字信号进行测量的一种传感器。根据工作原理,编码器可分为光电式、电磁式和接触式等类型。从精度和可靠性方面来看,光电(式)编码器优于其他两种。

　　光电编码器是一种码盘式角度数字检测元件。它有两种基本类型：一种是增量式光电编码器，一种是绝对式光电编码器。增量式光电编码器具有结构简单、价格低廉、精度易于保证等优点，因此目前采用最多。数控机床上常用的有 2000P/r、2500P/r 和 3000P/r 等。

　　(1)绝对式光电编码器

　　绝对式光电编码器按照角度直接进行编码，直接用数字代码表示。根据内部结构和检测方式有接触式、光电式等。绝对式光电编码器的编码盘由透明及不透明区组成，编码盘上码道的条数就是数码的位数。

　　绝对式光电编码器能直接给出对应于每个转角的数字信息，便于计算机处理，但当进给数大于一转时，须进行特别处理，而且必须用减速齿轮将两个以上的编码器连接起来，组成多级检测装置，因此其结构复杂、成本高。绝对式光电编码器是把被测转角通过读取码盘上的图案信息直接转换成相应代码的检测元件。

　　绝对式光电编码器在工作过程中输出 n 位二进制编码，每一个编码对应唯一的角度。绝对式光电编码器的测量精度取决于它所能分辨的最小角度，这与码盘上的码道数 n 有关，即最小能分辨的角度为

$$\alpha = \frac{360°}{2^n}$$

分辨率为 $\frac{1}{2^n}$。

　　(2)增量式光电编码器

　　增量式光电编码器俗称脉冲编码器，它能把被测轴的机械转角变成脉冲信号，是数控机床上使用很广泛的位置检测元件；同时也作为速度检测元件用于转速检测。增量式光电编码器同样也分为接触式、光电式、电磁式三种。从精度和可靠性方面来看，光电式优于其他两种，数控机床上主要使用光电式脉冲编码器。

　　图 4-4-7 所示为增量式光电编码器的原理。它由光源、透镜、光电码盘、光栅板、光敏元件和信号处理电路组成。其中光电码盘可用玻璃材料制作，表面镀上一层不透光的金属膜，然后在上面用光刻的办法，沿着码盘的圆周制成很多均匀的透光狭缝，狭缝数量从几百条到几千条不等。码盘与工作轴连接在一起，轴承安装在编码器的外壳上，编码器的工作轴和被测轴采用软连接同轴安装，当被测轴旋转时带动编码器的工作轴和光电码盘一起旋转。光源可以采用白炽灯、硅光电池或发光二极管等，光源发出的发散光线，经过透镜汇聚成一束平行的光线透过光电码盘和光栅板上的狭缝，照射到光敏元件上，当码盘转动时，光敏元件接收到的是忽明忽暗的光信号，光敏元件把此光信号转换成电信号，通过信号处理电路的整形、放大、分频以电脉冲的形式输出给数控系统。

　　随着码盘的转动，光敏元件输出的信号不是方波，而是正弦波。光栅板的两个狭缝距离

和码盘上两个狭缝之间的距离相差 1/4 节距,这样使两个光敏元件得到的两路信号相差 $\pi/2$ 相位,以测量出码盘的转动方向。

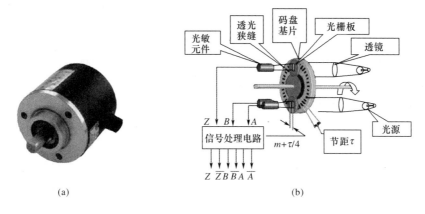

图 4-4-7　增量式光电编码器的原理

由于增量式光电码盘每转过一个狭缝就发出一个脉冲信号,所以可得出如下结论:

● 根据脉冲的数目可得出工作轴的回转角度,然后由传动比换算为直线位移距离。

● 根据脉冲的频率,可得工作轴的转速。

● 根据光栅板上两条狭缝中信号的先后顺序,可判断工作轴的正/反转。

①辨向信号和零位标志

现在数控机床上使用的脉冲编码器大多带有零位标志,在码盘的里圈还有一条透光狭缝,相应的光栅板的里圈也有一条透光狭缝,并多加一个光敏元件,每转一圈产生一个零位脉冲信号,如图 4-4-8 所示为增量式光电编码器的运动分解。在进给电动机所用的脉冲编码器上,零位脉冲用于精确确定机床的参考点,而在主轴控制上则用于螺纹加工及准停控制等。

光敏元件所产生的信号 A、B 彼此相差 90°相位,用于辨向。当码盘正转时,A 信号超前 B 信号 90°;当码盘反转时,B 信号超前 A 信号 90°。在码盘里圈,还有一条狭缝 C,每转能产生一个脉冲,该脉冲信号又称"一转信号"或零位标志脉冲,作为测量的起始基准。

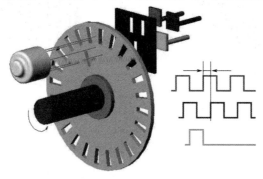

图 4-4-8　增量式光电编码器的运动分解

②增量式光电编码器的分辨力及分辨率

增量式码盘的测量精度取决于它所能分辨的最小角度，而这与码盘圆周上的狭缝数有关，即

$$分辨角\ \alpha = \frac{360°}{狭缝数} \qquad 分辨率 = \frac{1}{狭缝数}$$

常用脉冲编码器的规格有 2000P/r、2500 P/r、3000 P/r、1024P/r、2048P/r 等，也有高分辨率的 20000P/r、25000P/r、30000P/r 等。

光电式脉冲编码器的特点是没有接触磨损，码盘寿命长，允许转速高，精度较高。缺点为结构复杂，价格高，光源寿命短。就码盘材料来讲，也有用薄钢板或铝板制作码盘，在圆周上切割出均匀的狭缝，这种码盘抗振性好，且造价低，但由于受工艺限制，分辨力较低，所以在数控机床上使用的编码器，大多是用玻璃制作的码盘。

4. 光栅测量装置

光栅是一种直线位移传感器，在数控机床上使用的光栅属于计量光栅，用于直接测量工作台的位移，把位移量转换为脉冲信号并反馈给 CNC 系统，构成全闭环控制系统。

(1)光栅的结构

光栅由标尺光栅和光栅读数头两部分组成。在光栅测量中，通常是一长一短两块光栅尺配套使用，如图 4-4-9 所示。其中长的一块称为主光栅或标尺光栅，标尺光栅一般固定在机床的移动部件(如工作台)上，随移动部件一起运动，要求与行程等长。短的一块称为指示光栅，指示光栅连同光源、透镜、光敏元件、转换电路封装在一个壳体中，称为光栅读数头。光栅读数头安装在机床的固定部件上。标尺光栅和指示光栅的平行度及两者之间的间隙(0.05～0.1 mm)要严格保证。当工作台移动时，两块光栅尺便发生相对移动。

光栅尺是在透明的光学玻璃上用真空蒸镀的方法镀上一层不透光的金属膜，然后用光刻或照相腐蚀的办法制成平行且等距的透光和不透光相间的密集线纹。

从图 4-4-10 局部放大部分看，线纹白色为透光部分，宽度为 b；黑色为不透光部分，宽度为 a。通常 $a=b$，设光栅栅距为 τ，则 $\tau = a + b = 2a$。

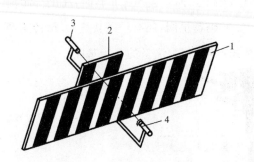

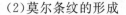

图 4-4-9　光栅传感器的结构　　　　　　图 4-4-10　透射光栅
1—标尺光栅；2—指示光栅；3—光源原件；4—光源

(2)莫尔条纹的形成

将两块栅距相同、黑白宽度相同($a=b=\tau/2$)的标尺光栅和指示光栅尺面平行放置，将指示光栅在其自身平面内倾斜一个很小的角度，以便使它的刻线与标尺光栅的刻线间保持

一个很小的夹角 θ,这样在光源的照射下,两块光栅尺的刻线相交,就形成了与光栅刻线几乎垂直的横向明暗相间的宽条纹,即莫尔条纹,两个亮带(或两个暗带)之间的距离称为莫尔条纹的节距 W,它与栅距及两光栅刻线间的夹角 θ 有关。

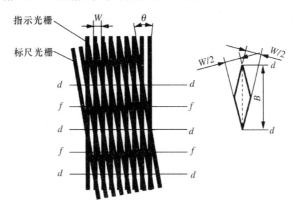

图 4-4-11　莫尔条纹示意图

莫尔条纹有如下特点:

①起放大作用

由图 4-4-11 可见莫尔条纹的节距 W 将光栅的栅距 τ 放大了若干倍。设放大倍数为 K,则

$$\sin\frac{\theta}{2}=\frac{\tau/2}{W}$$

$$\frac{W}{\tau}=\frac{1/2}{\sin(\theta/2)}$$

当 θ 角很小时 $\sin\dfrac{\theta}{2}\approx\dfrac{\theta}{2}$,$K=\dfrac{W}{\tau}\approx\dfrac{1}{\theta}$

由此可见,莫尔条纹的节距 W 与 θ 成反比,θ 越小,则放大倍数越大。因此,虽然光栅栅距很小,但莫尔条纹却清晰可见,便于测量。(公式中 θ 的单位要用弧度 rad)

②莫尔条纹的移动与栅距的移动成比例

当两光栅尺移动时,莫尔条纹沿着垂直于光栅移动的方向移动,且当光栅尺移动一个栅距时,莫尔条纹正好移动一个节距。若光栅尺移动方向改变,莫尔条纹的移动方向也改变。这样莫尔条纹的位移刚好反映了光栅的栅距位移,即光栅尺每移动一个栅距,莫尔条纹的光强也经历了由亮到暗、再由暗到亮的一个变化周期,这为后面的信号检测电路提供了良好的条件。

③起均化误差的作用

莫尔条纹是由许多条刻线共同形成的,例如 250 线/mm 的光栅,10 mm 长的一条莫尔条纹是由 2 500 条刻线组成的。这样栅距间的固有相邻误差就被平均化了。

任务实施

1.连接半闭环进给伺服系统。按照半闭环控制原理连接数控车床 Z 轴各控制环节,并对伺服系统参数做适当设置。

连接步骤：

_____

_____

_____

_____

_____

参数设置记录见表 4-4-1。

表 4-4-1　　　　　　　　　　参数设置记录（1）

序号	参数编号	参数名称	修改前的数值	修改后的数值	备注

2. Z 轴精度检测。对机床的 Z 轴进行精度测试，并将误差值填入机床位置精度测试记录表。

3. 连接光栅尺，将 Z 轴改为全闭环控制，更改数控系统相关参数并记录。

操作步骤：

_____

_____

_____

_____

_____

参数设置记录见表 4-4-2。

表 4-4-2　　　　　　　　　　参数设置记录（2）

序号	参数编号	参数名称	修改前的数值	修改后的数值	备注

4. 对机床的 Z 轴进行精度测试，并将误差值填入机床位置精度测试记录表。

5. 对两次检测结果进行分析。

拓展练习 --▶

根据实训条件安排编码器的拆解、安装。

任务 5　数控机床进给系统的参数设置及线路连接

任务目标

- 根据伺服电动机型号,正确设置数控系统中关于伺服电动机坐标轴和伺服电动机硬件配置的参数
- 伺服电动机空载下伺服驱动系统的调试及运转
- 设置伺服驱动器的通用参数,改善驱动器的运动性能

预备知识

4.5.1　FANUC 数控系统 FSSB 总线的构成与连接方法

由 FANUC 0i 数控系统、X 轴伺服驱动器、Z 轴伺服驱动器、伺服电动机所组成的伺服驱动系统硬件连接方式如图 4-5-1 所示。

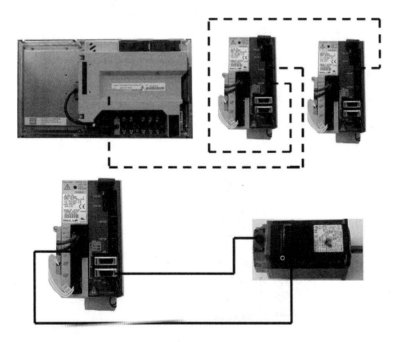

图 4-5-1　进给伺服驱动系统的连接框图

FANUC 伺服控制系统的连接,无论是 αi 或 βi 系统,在外围连接电路上具有很多类似的地方,大致可分为光缆连接、控制电源连接、主电源连接、急停信号连接、MCC 连接、主轴指令连接(指串行主轴,模拟主轴接在变频器中)、伺服电动机主电源连接、伺服电动机编码器连接。本任务以 βi 多轴驱动器为例来进行说明,如图 4-5-2 所示为伺服驱动器的接口及其定义。

No.1	Name	Remarks	
1		DC link charge LED	(1)
2	CZ7-1 CZ7-2	Main power input connector	
3	CZ7-3	Discharge register connector	
4	CZ7-4 CZ7-5 CZ7-6	Motor power connector	
5	CX29	Connector for main power MCC control signal	
6	CX30	ESP signal connection connector	
7	CXA20	Regenerative resistor connector (for alarms)	(2) (3)
8	CXA19B	24 V DC power input	(4)
9	CXA19A	24 V DC power input	
10	COP10B	Servo FSSB I/F	
11	COP10A	Servo FSSB I/F	
12	ALM	Servo alarm status display LED	(5)
13	JX5	Connector for testing('1)	(6)
14	LINK	FSSB communication status display LED	(7)
15	JF1	Pulsecoder	
16	POWER	Control power status display LED	
17	CX5X	Absolute Pulsecoder battery	
18	⏚	Tapped hole for grounding the flange	

图 4-5-2　伺服驱动器的接口及其定义

1. 光缆连接（FSSB 总线）

FANUC FSSB 总线采用光缆通信，在硬件连接方面，遵循从 A 到 B 的规律，即 COP10A 为总线输出，COP10B 为总线输入，需要注意的是光缆在任何情况下不能硬折，以免损坏，具体连接方法如图 4-5-3 所示。

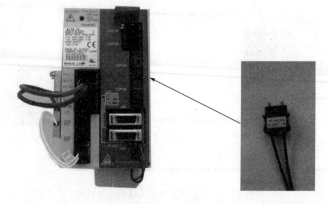

图 4-5-3　FSSB 连接

2. 电源连接

（1）控制电源连接

控制电源采用 DC 24 V 电源，主要用于伺服控制电路的电源供电。在上电顺序中，推荐优先给伺服驱动器供电，控制电源连接如图 4-5-4 所示。

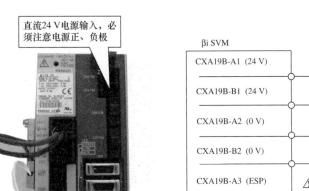

直流24 V电源输入，必须注意电源正、负极

βi SVM		βi SVM
CXA19B-A1 (24 V)		CXA19B-A1 (24 V)
CXA19B-B1 (24 V)		CXA19B-B1 (24 V)
CXA19B-A2 (0 V)		CXA19A-A2 (0 V)
CXA19B-B2 (0 V)		CXA19A-B2 (0 V)
CXA19B-A3 (ESP)	⚠ WARNING	CXA19A-A3 (ESP)
CXA19B-B3 (BAT)	⚠ WARNING	CXA19A-B3 (BAT)

图 4-5-4　控制电源连接

（2）主电源连接

主电源用于伺服电动机动力电源的变换，其连接如图 4-5-5 所示。

三相220 V输入电源

图 4-5-5　主电源连接

（3）急停与 MCC 连接

急停与 MCC 连接主要用于对伺服主电源的控制与伺服放大器的保护，如果发生报警、急停等情况能够切断伺服放大器主电源。其连接如图 4-5-6、图 4-5-7 所示。

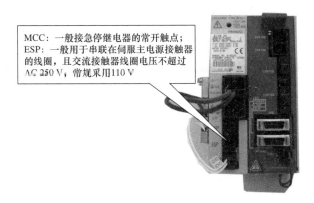

MCC：一般接急停继电器的常开触点；
ESP：一般用于串联在伺服主电源接触器的线圈，且交流接触器线圈电压不超过 AC 250 V，常规采用110 V

图 4-5-6　急停与 MCC 连接

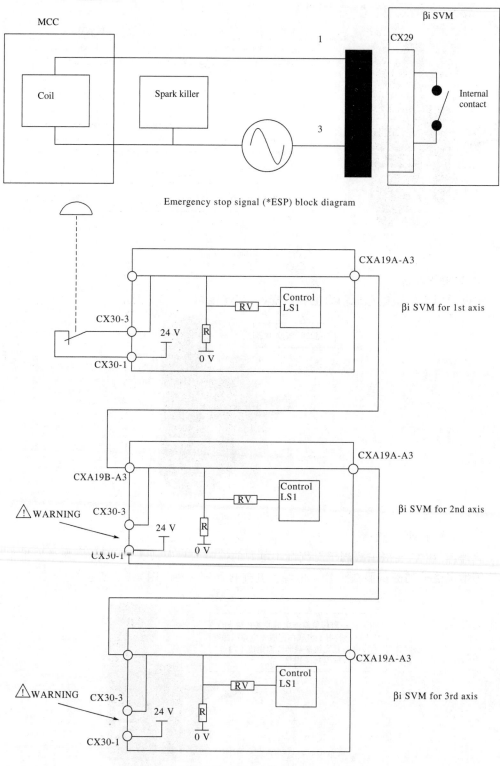

Emergency stop signal (*ESP) block diagram

图 4-5-7 ESP 与 MCC 连接

(4)伺服电动机动力电源连接

伺服电动机动力电源连接主要包括伺服主轴电动机与伺服进给电动机的动力电源连接。伺服主轴电动机的动力电源采用接线端子的方式连接,伺服进给电动机的动力电源采用接插件连接。在连接过程中,一定要注意相序的正确。伺服电动机动力电源端口位置如图 4-5-8 所示。

图 4-5-8 伺服电动机动力电源端口位置

3.伺服电动机的反馈连接

伺服电动机的反馈连接主要包括伺服进给电动机的反馈连接,伺服进给电动机的反馈接口接 JF1 等,如图 4-5-9 所示。

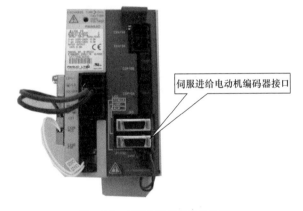

图 4-5-9 伺服电动机的反馈连接

注意:在连接伺服电动机的过程中,禁止进行轴向敲击。

4.5.2 伺服参数的设定及初始化操作

1.伺服参数设定的条件

(1)CNC 单元的类型及相应软件功能,如系统是 FANUC 0C/0D 系统还是 FANUC 16/18/21/0i 系统。

(2)伺服电动机的类型及规格,如进给伺服电动机是 α 系列、αC 系列、β 系列,还是 βi 系列。

(3)电动机内装的脉冲编码器类型,如编码器是增量编码器还是绝对编码器。

（4）系统是否使用分离型位置检测装置，如是否采用独立型旋转编码器或光栅尺作为伺服系统的位置检测装置。

（5）电动机及机床工作台移动的距离，如机床丝杠的螺距、进给电动机与丝杠的传动比等。

（6）机床的检测单位，如 0.001 mm。

（7）CNC 的指令单位，如 0.001 mm。

2. FANUC 0i MD 系统伺服参数设置操作

（1）伺服初始化参数的设置，进入初始化界面操作。

①首先连续按[SYSTEM]功能键 3 次进入参数设定支援页面，如图 4-5-10 所示。

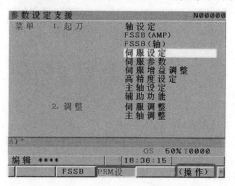

伺服界面的设定

图 4-5-10　参数设定支援页面

②将光标移动到伺服设定上，然后按操作键进入选择页面，如图 4-5-11 所示。

图 4-5-11　选择页面

③在此页面按选择键进入伺服设定页面，如图 4-5-12 所示。

图 4-5-12　伺服设定页面

④在此页面按向右扩展键进入菜单与切换页面，如图 4-5-13 所示。

图 4-5-13　菜单与切换页面

⑤在此页面按切换键进入伺服初始化页面，如图 4-5-14 所示。

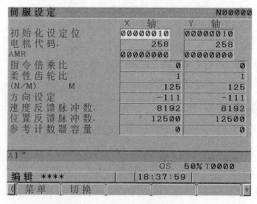

图 4-5-14　伺服初始化页面

在此页面便可以对伺服进行初始化操作。

（2）伺服参数设置

①初始化设定位（表 4-5-1）

表 4-5-1　　　　　　　　　　　　　初始化设定位

#7	#6	#5	#4	#3	#2	#1	#0
				PRMCAL		DGPRM	PLC01

　　#0（PLC01）：设定为"0"时，检测单位为 1 μm，FANUC 0C/0D 系统使用参数 $8n23$（速度脉冲数）、$8n24$（位置脉冲数），FANUC 16/18/21/0iA 系统和 FANUC 16i/18i/21i/0iB/0iC 系统使用参数 2023（速度脉冲数）、2024（位置脉冲数）。设定为"1"时，检测单位为 0.1 μm，把上述系统参数的数值乘以 10。

　　#1（DGPRM）：设定为"0"时，系统进行数字伺服参数初始化设定，当伺服参数初始化后，该位自动变成"1"。

　　#3（PRMCAL）：进行伺服初始化设定时，该位自动变成"1"（FANUC 0C/0D 系统无此功能）。根据编码器的脉冲数自动计算下列参数：PRM2043、PRM2044、PRM2047、PRM2053、PRM2054、PRM2056、PRM2057、PRM2059、PRM2074、PRM2076。

　　伺服电动机 ID 代码见表 4-5-2。

表 4-5-2　　　　　　　伺服电动机 ID 代码（MOTOR ID No.）

ID 代码	伺服电动机	ID 代码	伺服电动机
7	αC3/2000	176	αC8/2000i
8	αC6/2000	191	αC12/2000i
9	αC12/2000	196	αC22/2000i
10	αC22/1500	201	αC30/1500i
15	α3/2000	177	α8/3000i
16	α6/2000	193	α12/3000i
17	α6/3000	197	α22/3000i
18	α12/2000	203	α30/3000i
19	α12/3000	207	α40/3000i
20	α22/2000	36	β2/3000
22	α22/3000	33	β3/3000
28	α30/1200	34	β6/2000
30	α40/2000		

②设定柔性进给传动比（N/M）

对全闭环控制形式伺服系统。

N/M＝（伺服电动机一转所需的位置反馈脉冲数/电动机一转分离型检测装置位置反馈的脉冲数）的约分数

　　例如，某数控车床的 Z 轴伺服电动机与进给丝杠采用 1∶1 齿轮且通过同步齿形带连接，Z 轴丝杠端安装一个独立位置编码器作为 Z 轴的位置检测装置，编码器一转发出

2 000 脉冲,丝杠的螺距为 6 mm,伺服电动机为 αC6/2000,则

$$N/M = 6\ 000/(2\ 000 \times 4) = 3/4$$

③电动机的移动方向(DIRECTION SET)

111 为正方向(从脉冲编码器端看为顺时针方向旋转)。

－111 为负方向(从脉冲编码器端看为逆时针方向旋转)。

④速度脉冲数(VELOCITY PULSE No.)

串行编码器设定为 8192。

⑤位置脉冲数(POSITION PULSE No.)

半闭环控制系统中,设定为 12500。

全闭环控制系统中,按电动机一转来自分离型检测装置的位置脉冲数设定。

任务实施

数控车床 βi 伺服单元连接与调试

1.根据图 4-5-15 所示的数控车床 βi 伺服单元连接实物与原理进行伺服单元的连接。

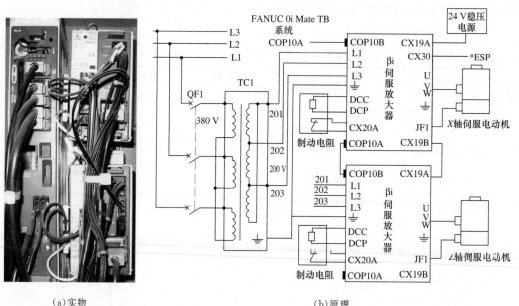

(a)实物　　　　　　　　(b)原理

图 4-5-15　数控车床 βi 伺服单元连接

2.将伺服驱动器与电动机及数控系统连接,组成伺服系统,并完成系统调试。

拓展练习

参考西门子、华中等数控系统参数设置手册,进行伺服系统参数设置。

項目 **5** 主轴系统驱动控制安装与调试

项目简介

数控机床的主轴系统包括主轴电动机、传动系统和主轴组件,与普通机床的主传动系统相比较,其结构比较简单,但同时数控机床对主传动系统也有很高的要求,包括调速范围宽、能够实现无级调速、高精度与刚度、低噪声、高抗振性、高稳定级别等。本项目将要对交流主轴传动系统和伺服主轴传动系统进行学习。

教学目标

1. 能力目标

● 具有主轴控制系统分析能力

● 具有主轴控制系统安装能力

● 具有主轴控制系统调试能力

2. 知识目标

● 掌握数控机床主传动系统的控制方式

● 掌握数控机床交流主轴电动机的控制方式及控制过程

● 掌握数控机床伺服主轴电动机的控制方式及应用

3. 素质目标

● 具有分析问题的能力

● 具有团队协作解决问题的能力

● 具有一定的总结归纳能力

任务进阶

任务 1. 认识数控机床主轴系统

任务 2. 主轴电动机及其驱动控制

任务 1　认识数控机床主轴系统

任务目标

- 了解数控机床主轴系统的组成
- 掌握数控机床对主轴系统的要求
- 掌握主轴无级调速的方法

预备知识

5.1.1　数控机床对主传动系统的要求

随着数控机床的发展,其加工范围日益扩大,工件复杂程度日益增加,对主轴系统提出了更多的要求。

1. 调速范围

不同机床的调速范围要求不同。多用途、通用性大的机床要求主轴的调速范围大,不但有低速大转矩,而且还要有较高的速度,如车削加工中心;而对于专用数控机床就不需要较大的调速范围,如数控齿轮加工机床、为汽车工业大批量生产而设计的数控钻镗床;还有些数控机床,不但要求能够加工黑色金属材料,还要加工铝合金等有色金属材料,这就要求变速范围大,且能超高速切削。

2. 热变形

电动机、主轴及传动件都是热源,低温升、小的热变形是对主传动系统的重要要求。

3. 主轴的旋转精度和运动精度

主轴的旋转精度是指装配后,在无载荷、低速转动条件下测量主轴前端和距离前端300 mm 处的径向圆跳动和端面圆跳动值。主轴在以工作速度旋转时测量上述的两项精度称为运动精度。数控机床要求有高的旋转精度和运动精度。

4. 主轴的静刚度和抗振性

由于数控机床精度较高,主轴的转速又很高,因此对主轴的静刚度和抗振性要求较高。主轴的轴径尺寸、轴承类型及配置方式、轴承预紧量、主轴组件的质量分布是否均匀对主轴组件的静刚度和抗振性都会产生影响。

5. 主轴组件的耐磨性

主轴组件必须有足够的耐磨性,使之能够长期保持良好的精度。凡机械摩擦的部件,如轴承、锥孔等都应有足够高的硬度,轴承处还应有良好的润滑。

5.1.2　主轴变速方式

1. 无级变速

数控机床一般采用直流或交流主轴伺服电动机实现主轴无级变速。交流主轴电动机及交流变频驱动装置(笼型感应交流电动机配置矢量变换变频调速系统)由于没有电刷,不产生火花,所以使用寿命长,且性能已达到直流驱动系统水平,甚至在噪声方面还有所降低,因此目前应用较为广泛。

主轴传递的功率或转矩与转速之间的关系如图 5-1-1 所示。当机床处在连续运转状态下,主轴的转速为 437~3 500 r/min,主轴传递电动机的传递功率为 11 kW,称为主轴的恒功率区域Ⅱ(实线)在这个区域内,主轴的最大输出转矩(245 N·m)随着主轴转速的增高而变小。主轴转速为 35~437 r/min 时,主轴的输出转矩不变,称为主轴的恒转矩区域Ⅰ(实线)在这个区域内主轴所能传递的功率随着主轴转速的降低而减小。图中虚线所示为电动机超载(允许超载 30 min)时恒功率区域和恒转矩区域。电动机的超载功率为 15 kW,超载的最大输出转矩为 334 N·m。

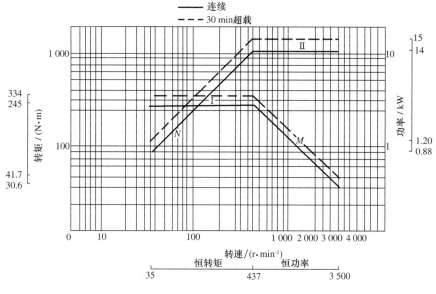

图 5-1-1　主轴功率-转矩特性

2. 分段无级变速

数控机床在实际生产中,并不需要在整个变速范围内均为恒功率。一般要求在中、高速段为恒功率传动,在低速段为恒转矩传动。为了确保数控机床主轴低速时有较大的转矩和主轴的变速范围尽可能大,有的数控机床在交流或直流电动机无级变速的基础上配以齿轮变速,使之成为分段无级变速。

(1)带有变速齿轮的主传动

如图 5-1-2(a)所示,这是大、中型数控机床较常采用的配置方式,通过少数几对齿轮传动,扩大变速范围。由于电动机在额定转速以上的恒功率调速范围为 2～5,当需扩大这个调速范围时常用变速齿轮的办法来实现,滑移齿轮的移位大多采用液压拨叉或直接由液压缸带动齿轮来实现。

(2)通过带传动的主传动

如图 5-1-2(b)所示,这种传运主要用在转速较高、变速范围不大的机床。电动机本身的调整就能够满足要求,不用齿轮变速,可以避免由齿轮传动时所引起的振动和噪声。它适用于高速低转矩特性的主轴。常用的是同步齿形带。

(3)用两个电动机分别驱动主轴

这是上述两种方式的混合传动,兼具上述两种性能,如图 5-1-2(c)所示,高速时,由一个电动机通过带传动;低速时,由另一个电动机通过齿轮传动,齿轮起到降速和扩大变速范围的作用,这样就使恒功率区增大,扩大了变速范围,避免了低速时转矩不够大且电动机功率不能充分利用的问题。但两个电动机不能同时工作,也是一种浪费。

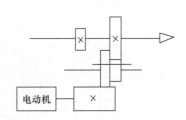

(a)带有变速齿轮的主传动

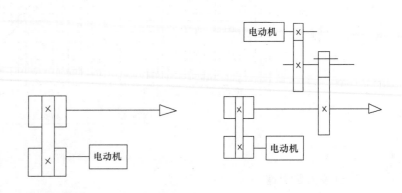

(b)通过带传动的主传动　　　　　　　　　　(c)用两个电动机分别驱动

图 5-1-2　数控机床主传动的配置方式

3. 液压拨叉变速机构

在带有齿轮传动的主传动系统中,齿轮的换挡主要靠液压拨叉来完成。图 5-1-3 所示为三位液压拨叉的原理。

通过改变通油方式可以使三联齿轮块获得三个不同的变速位置。该机构除液压缸 1、5

和活塞杆 2 外,还增加了套筒 4。当液压缸 1 通入压力油,而液压缸 5 卸压时(图 5-1-3(a)),活塞杆便带动拨叉 3 向左移动到极限位置,此时拨叉带动三联齿轮块移动到左端。当液压缸 5 通压力油,而液压缸 1 卸压时(图 5-1-3(b)),活塞和套筒一起向右移动,在套筒碰到液压缸 5 的端部后,活塞杆继续右移到极限位置,此时,三联齿轮块被拨叉移动到右端。当压力油同时进入液压缸 1 和 5 时(图 5-1-3(c)),由于活塞杆的两端直径不同,使活塞杆处在中间位置。在设计活塞杆和套筒的截面直径时,应使套筒的圆环面上的向右推力大于活塞杆的向左推力。液压换挡在主轴停车之后才能进行,但停车时拨叉带动三联齿轮块移动又可能产生"顶齿"现象,因此在这种主运动系统中通常设一台微电动机,它在拨叉移动三联齿轮块的同时带动各传动齿轮低速回转,使移动齿轮与主动齿轮顺利啮合。

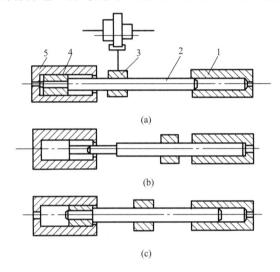

图 5-1-3　三位液压拨叉的原理

1、5—液压缸;2—活塞杆;3—拨叉;4—套筒

4. 电磁离合器变速

电磁离合器是应用电磁效应接通或切断运动的元件,由于它便于实现自动操作,并有现成的系列产品可供选用,因而已成为自动装置中常用的操纵元件。电磁离合器用于数控机床的主传动时,能简化变速机构,通过若干个安装在各传动轴上的离合器的吸合和分离的不同组合来改变齿轮的传动路线,实现主轴的变速。

如图 5-1-4 所示为 THK6380 自动换刀数控铣镗床的主传动系统,该机床采用双速电动机和 6 个电磁离合器完成 18 级变速。

图 5-1-5 所示为数控铣镗床主轴箱中使用的无滑环摩擦片式电磁离合器。传动齿轮 1 通过螺钉固定在连接件 2 的端面上,根据不同的传动结构,运动既可从传动齿轮输入,也可以从套筒 3 输入。连接件的外周开有 6 条直槽,并与外摩擦片 4 上的 6 个花键齿相配,这样就把传动齿轮的转动直接传递给外摩擦片。套筒的内孔和外圆都有花键,而且和挡环 6 用螺钉 11 连成一体。内摩擦片 5 通过内孔花键套装在套筒上,并一起转动。当线圈 8 通电时,衔铁 10 被吸引右移,把内摩擦片和外摩擦片压紧在挡环上,通过摩擦力矩把传动齿轮与套筒结合在一起。无滑环电磁离合器的线圈和铁芯 9 是不转动的,在铁芯的右侧均匀分布

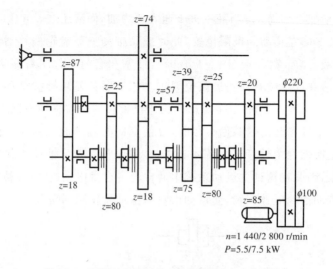

$n=1\ 440/2\ 800\ r/min$
$P=5.5/7.5\ kW$

图 5-1-4 THK6380 自动换刀数控铣镗床的主传动系统

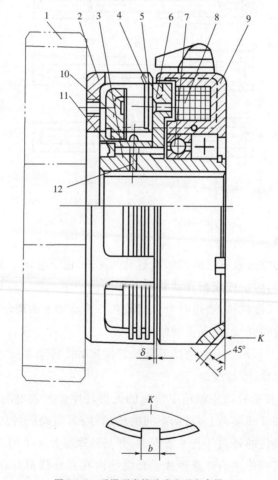

图 5-1-5 无滑环摩擦片式电磁离合器

1—传动齿轮;2—连接件;3—套筒;4—外摩擦片;5—内摩擦片;

6—挡环;7—滚动轴承;8—线圈;9—铁芯;10—衔铁;11—螺钉;12—油孔

着 6 条键槽,用斜键将铁芯固定在变速箱的壁上。当线圈断电时,外摩擦片的弹性爪使衔铁迅速恢复到原来位置,内、外摩擦片互相分离,运动被切断。这种离合器的优点在于省去了电刷,避免了磨损和接触不良带来的故障,因此比较适用于高速运转的主运动系统。由于采用摩擦片来传递转矩,所以允许不停车变速。但也带来了另外的缺点,这就是变速时将产生大量的摩擦热,还由于线圈和铁芯是静止不动的,所以必须在旋转的套筒上装滚动轴承 7,因而增大了离合器的径向尺寸。此外,这种摩擦离合器的磁力线通过钢质的摩擦片,在线圈断电之后会有剩磁,所以延长了离合器的分离时间。

图 5-1-6 所示为啮合式电磁离合器,它在摩擦面上做了一定齿形,来提高传递的扭力。

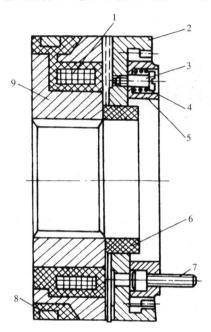

图 5-1-6　啮合式电磁离合器

1—线圈;2—衔铁;3—螺钉;4—弹簧;5—定位环;

6—隔离环;7—连接螺钉;8—旋转集电环;9—磁轭

线圈 1 通电,带有端面齿的衔铁 2 通过渐开线花键与定位环 5 相连,再通过螺钉 7 与传动件相连。磁轭 9 内孔的花键送给另一个轴,这样,就使与螺钉相连的轴与另一轴同时旋转。隔离环 6 用于防止传动轴分离一部分磁力线,进而削弱电磁吸引力。衔铁采用渐开线花键与定位环相连是为了保证同轴度。

这种离合器必须在 1～2 r/min 的低转速下变速。与其他形式的电磁离合器相比,啮合式电磁离合器能够传递更大的转矩,因而相应地减小了离合器的径向和轴向尺寸,使主轴箱的结构更为紧凑。啮合过程无滑动是它的另一个优点,这样不但使摩擦热减少,有助于改善数控机床主轴箱的热变形,而且还可以在有严格要求的传动比的传动链中使用。但这种离合器带有旋转集电环 8,电刷与滑环之间有摩擦,影响了变速的可靠性,而且还应避免在很高的转速下工作。另一方面,离合器必须在 1～2 r/min 的低转速下变速,这将给自动变速带来不便。根据上述特点,啮合式电磁离合器较适于在要求温升小和结构紧凑的数控机床上使用。

5. 内装电动机主轴变速

近年来,出现了一种新式的内装电动机主轴,即主轴与电动机转子合为一体。其优点是主轴组件结构紧凑,质量轻,惯量小,可提高启动、停止的响应特性,并利于控制振动和噪声。缺点是电动机运转产生的热量易使主轴产生热变形。因此,温度控制和冷却是使用内装电动机主轴的关键问题。如图 5-17 所示为日本研制的立式加工中心主轴组件,其内装电动机主轴最高转速可达 20 000 r/min。

图 5-1-7　立式加工中心主轴组件

任务实施

1. 观察数控机床主传动系统,画出主传动系统的结构示意图。

2. 根据数控机床主传动系统的控制方式,画出主传动系统的电气控制原理图。

3. 分析数控机床的主传动系统,填写表 5-1-1(表格可根据实际情况增加行)。

表 5-1-1　　　　　　　　　　数控机床的主传动系统

项　目	内　容
主轴电动机的品牌	
主轴电动机的额定电压	
主轴电动机的额定转速	
主轴的变速方式	
系统对主轴的控制方式	
主轴控制电路中断路器的规格型号	
主轴控制电路中其他电器元件的规格型号	

4. 测量主轴的机械精度,记录测量步骤并填写表 5-1-2、表 5-1-3。

测量步骤:

_____

_____

_____

_____

表 5-1-2　　　　　　　　　　在无载荷、低速转动条件下测量结果

项目	测量结果
主轴前端径向圆跳动	
主轴前端端面圆跳动	
距离前端 300 mm 径向圆跳动	
距离前端 300 mm 端面圆跳动	

表 5-1-3　　　　　　　　　　主轴在工作速度旋转时测量结果

项目	测量结果
主轴前端径向圆跳动	
主轴前端端面圆跳动	
距离前端 300 mm 径向圆跳动	
距离前端 300 mm 端面圆跳动	

 拓展知识

高速主轴的设计

自 20 世纪 80 年代以来,数控机床、加工中心主轴向高速化发展。高速主轴的发展是在航空工业、家电、汽车等工业追求机械零件的轻量化而普遍采用铝合金零件后,因提出轻铝合金高速加工的课题而产生的。对于钢铁等黑色金属的加工,由于刀具寿命的限制,目前的最高主轴转速在 10 000 r/min 已经足够充裕,而铝合金的切削性能就不同,根据日本限铁工所做的铝合金切削试验,速度提高,表面粗糙度 Ra 值降低。表 5-1-4 是铝合金在切削试验中切削速度和表面粗糙度的关系。

表 5-1-4　　　　　　　铝合金在切削试验中切削速度和表面粗糙度的关系

转速/(r·min^{-1})	进给量/(mm·min^{-1})	切削速度/(m·min^{-1})	Ra/μm
10 000	1 000	785	0.56
20 000	2 000	1 570	0.46
30 000	3 000	2 356	0.32
40 000	4 000	3 142	0.32

主轴高速化首先要解决的技术问题有以下三个方面:

1.高速电动机的控制技术

高速电动机的控制技术是一项新技术。

2.高速轴承的开发

高速时选用陶瓷轴承的方案已在加工中心机床上采用,其轴承的滚动体用陶瓷材料制成,而内、外圈仍用轴承钢制造。陶瓷材料为 Si_3N_4,其优点是质量轻,为轴承钢的 40%;热膨胀率低,是轴承钢的 25%;弹性模量大,是轴承的 1.5 倍;采用陶瓷流动体,可大大减小离心力和惯性滑移,有利于提高主轴转速。目前的问题是陶瓷价格昂贵,且有关寿命、可靠性试验数据尚不充分,需进一步试验和完善。

3.冷却润滑技术的研究

为了适应主轴转速向更高速化发展的需要,新的冷却润滑方式相继被开发出来,以替代过去加工中心机床主轴轴承采用的油脂润滑方式,见表 5-1-5。

表 5-1-5 主轴转速与润滑方式

时间/年	转速/(r·min⁻¹)	润滑方式	备 注
1980	5 000	油脂	
1984	7 000	油气	
1986	10 000	油脂	
	15 000	油气	陶瓷轴承（滚动体）
1988	20 000	喷注	陶瓷轴承（滚动体）
1990	25 000~30 000	喷注	全陶瓷轴承

（1）油气润滑方式

油气润滑方式不同于油雾方式，它用压缩空气把小油滴送进轴承空隙中，油量可达最佳值，压缩空气有散热作用，润滑油可回收，不污染周围空气。如图 5-1-8 所示。

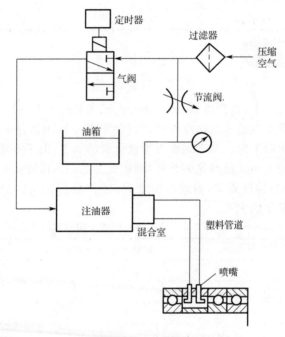

图 5-1-8 油气润滑

根据轴承供油量的要求，定时器的循环时间为 1~99 min，二位二通气阀每定时开通一次，压缩空气进入注油器，把少量油带入混合室，经节流阀的压缩空气从混合室把油带进塑料管道内，油液沿管道壁被风吹进轴承内，此时，油呈小油滴状。

（2）喷注润滑方式

喷注润滑方式是最近开始采用的新型润滑方式，其原理如图 5-1-9 所示。它将较大流量的恒温油（每个轴承 3~4 L/min）喷注到主轴轴承，以达到冷却润滑的目的。回油并非自然回流，而是用 2 台排油液压泵强制排油。

（3）突入滚道式润滑方式

内径为 100 mm 的轴承以 2 000 r/min 速度旋转时，线速度为 100 m/s 以上，轴承周围的空气也伴随流动，流速可达 50 m/s。要使润滑油突破这层旋转气流很不容易，采用突入滚道式润滑方式则可以可靠地将油送入轴承滚道处。

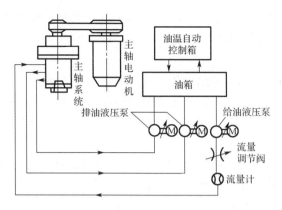

图 5-1-9　喷注润滑

（4）电动机内装式主轴

电动机转子装在主轴上，主轴就是电动机轴，多用在小型加工中心机床上。这也是近来高速加工中心主轴发展的一种趋势。如图 5-1-10 所示为其结构以及冷却油流经路线。

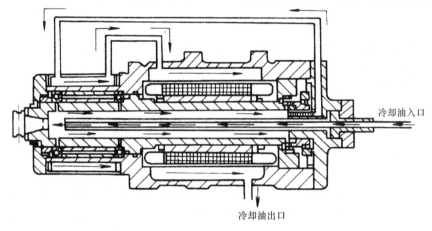

图 5-1-10　电动机内装式主轴

任务 2　主轴电动机及其驱动控制

任务目标

- 了解主轴电动机的结构及工作原理
- 掌握主轴电动机的选用原则
- 掌握主轴电动机的驱动控制方式

预备知识

5.2.1　机床主轴电动机的基本要求

作为机床主轴，除了高速回转外，还要承受径向、轴向、切向切削力，主轴在弯曲、扭转的交变载荷下,按照要求进行启动、加速、减速和停车等。因此主轴电动机应比一般用途电动机的制造精度、控制精度、使用条件等要求更高。对主轴电动机主要有以下要求:

1. 主轴电动机的使用要求

与一般用途电动机一样,主轴电动机要满足驱动的基本要求,即电动机的输出功率、转速、转矩等应与机械负载相匹配。另外还要考虑使用环境、应用场合、工作制和使用电源,如电压、电流、频率等。

2. 主轴电动机的控制要求

机床主轴的运动是机床传动系统的主运动。主轴经常处于启动、加速、切削、制动、停车这种循环中,因此对主轴电动机的控制应满足机床主轴运动的一切需要。对主轴电动机的控制有稳态控制和动态控制两种要求,考核电动机稳态控制的技术指标有电动机的额定值、调速范围、静差率、平滑性等;考核电动机动态控制的技术指标有对控制信号的跟随特性、抗干扰性等。总之,对机床主轴电动机的控制要求是恒速运动时要平稳,转速波动小,抗干扰能力强;调速范围宽,并连续可调;电动机启动、制动安全可靠;电动机控制系统可靠性高,工作寿命长。

3. 主轴电动机的工艺性及经济性要求

机床主轴电动机与一般电动机相比,结构上要复杂许多,制造精度要求更高,控制系统更完善。为适应市场经济需要,主轴电动机的制造必须具备:主轴及电动机的制造工艺性要好;主轴电动机的装配、调试、维护性能要好;主轴电动机应效率高,寿命长,体积小,质量轻,可控制性好。

4. 伺服主轴电动机的应用

随着数控机床的快速发展,交流异步伺服主轴电动机在数控机床的使用已经越来越广泛,它大大提升了数控机床的性能。

数控机床使用的伺服电动机分为进给伺服电动机和伺服主轴电动机两种。进给伺服电动机虽然是交流伺服电动机,但主要是以交流永磁同步伺服电动机为主。由于驱动控制器的复杂性,所以国产进给伺服电动机主要是以 1.5 kW 以下的小功率为主,2.0 kW 以上的仍以进口居多。主轴伺服电动机由于永磁电动机的结构问题,目前市场上包括进口的知名品牌主轴伺服电动机仍以交流异步伺服电动机为主。

主轴是数控机床的重要功能部件。无论是主轴的最高转速、主轴启动/停止的加/减速时间、主轴的螺纹切削功能、主轴的恒线速度切削功能等,都已经成为广大用户关心的重要指标,而这些功能只有配置交流伺服主轴电动机才能实现。

伺服主轴电动机系列电动机在满足高性能的内部功能设计的前提下,在第一代伺服主轴电动机的基础上,进行了外观的更美化设计,力求达到内外兼美的设计目标,它采用铝外壳方型造模设计,其外形美观大方,符合国际上主轴电动机的主流外部造型,是高级机床更具附加值的配套产品。

中、高档全功能数控车床,中、高档数控铣床,车削/铣削加工中心,车磨合一数控机床,数控立式车床等随着机床行业快速的技术进步以及国际数控机床的发展历程,正在向着多功能、全功能方向发展,机床主轴向着伺服化、高速化、更宽频恒功率调速方向发展,图 5-2-1 所示为伺服主轴电动机及其驱动装置。

图 5-2-1　伺服主轴电动机及其驱动装置

5.2.2　交流主轴电动机的结构、原理

交流主轴电动机是一种具有笼型转子的三相感应电动机,它具有转子结构简单、坚固、价格低廉、过载能力强、使用维护方便等特点。随着电子技术的发展,特别是计算机控制技术的发展,交流主轴电动机的调速性能得到了极大改善,正越来越多地被数控机床应用。

三相异步交流伺服电动机有笼型和线绕型之分,笼型转子被认为是所能采用的最简单、最牢固的机械结构,能传递很大的转矩,承受很高的转速,得到了广泛的应用。

1. 交流主轴电动机的结构

为满足数控机床对主轴驱动的要求,主轴电动机必须具备下述功能:输出功率大;在整个调速范围内速度稳定,且恒功率范围宽;在断续负载下电动机转速波动小,过载能力强;加/减速时间短;电动机温升低;振动、噪声小;电动机可靠性高、寿命长、易维护;体积小、质量轻。

图 5-2-2 所示为西门子 1PH5 系统交流主轴电动机的外形,同轴连接的 ROD323 光电编码器用于测速和矢量变频控制。

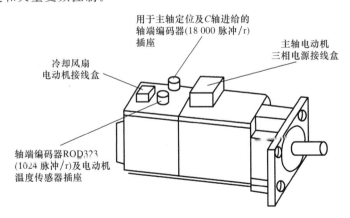

图 5-2-2　交流主轴电动机的外形

交流主轴电动机的总体结构由定子和转子组成。它的内部结构和普通交流异步电动机相似,定子上有固定的三相绕组,转子铁芯上开有许多槽,每个槽内装有一根导线,所有导体

两端短接在端环上,如果去掉铁芯,转子绕组的形状就像一个鼠笼,所以称为笼型转子。

2. 交流主轴电动机的工作原理

三相交流主轴电动机的工作原理和普通交流异步电动机基本相似。定子绕组通入三相交流电后,在电动机气隙中产生一个励磁的旋转磁场,当旋转磁场的同步转速与转子转速有差异时,转子的导体切割磁力线产生感应电流,与励磁磁场相互作用,从而产生转矩。由此可以看出,在异步伺服电动机中,只要转子转速小于同步转速,转子就会受到电磁转矩的作用而转动。若异步伺服电动机的磁极对数为 p,转差率为 s,定子绕组供电频率为 f,则转子的转速 $n = \dfrac{60f}{p}(1-s)$。异步电动机的供电频率发生变化时,转子的转速也将发生变化。

3. 三相交流主轴电动机的特性

和直流主轴电动机一样,交流主轴电动机也用功率-速度曲线来反映它的性能,其特性曲线如图 5-2-3 所示。交流主轴电动机的特性曲线与直流主轴电动机类似:在基本速度以下为恒转矩区域,而在基本速度以上为恒功率区域。但有些电动机,如图 5-2-3 所示,当电动机速度超过某一定值之后,其功率-速度曲线又往下倾斜,不能保持恒功率。对于一般主轴电动机,这个恒功率的速度范围只有 1∶3 的速度比。另外,交流主轴电动机也有一定的过载能力,一般为额定值的 1.2～1.5 倍,过载时间则从几分钟到 30 min 不等。

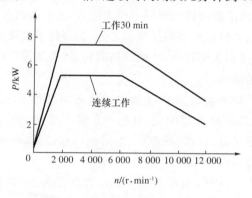

图 5-2-3　交流主轴电动机的特性曲线

5.2.3　交流主轴电动机的调速控制

现在绝大多数数控机床均采用笼型交流电动机配置矢量变换控制变频调速主轴系统。这是因为一方面笼型交流电动机克服了直流电动机机械换向的弱点以及在高速、大功率方面受到的限制,另一方面配置矢量变换控制的变频交流驱动的性能已达到直流驱动的水平。另外,交流电动机体积小、质量轻,采用全封闭罩壳,防灰尘和油污性能较好,因而交流电动机彻底取代直流电动机已是必然趋势。

1. 数控机床对主轴驱动的要求

随着数控技术的不断发展,传统的主轴驱动已不能满足数控技术的需要。现代数控机床对主轴传动系统提出了更高的要求:

(1) 对功率的要求

要求主轴电动机有 2.2～250 kW 的功率范围,既要能输出大的功率,又要求主轴结构简单。

（2）宽调速范围

数控机床主轴驱动系统要求在 $1:(100\sim1\ 000)$ 范围内进行恒转矩和 $1:10$ 的恒功率调速，而且要求主轴在正、反向转动时，均可进行加/减速控制，即要求具有四象限驱动能力。

（3）定位准停功能

为了使数控车床具有螺纹切削功能，要求主轴能与进给驱动实行同步控制；在加工中心上，为了自动换刀，还要求主轴具有高精度的准停功能。

为了实现上述要求，在早期的数控机床上，多采用直流主轴驱动系统，但由于直流电动机的换向限制，大多数系统恒功率调速范围都很小，且直流电动机结构复杂，寿命短、维修量大。因此，随着大功率电力电子元件和变频技术的发展，现在的数控机床上大多使用交流主轴驱动系统。

2. 交流主轴驱动系统

交流主轴电动机与交流进给用伺服电动机不同，交流主轴电动机一般采用交流感应电动机。交流感应电动机从结构上分有带换向器和不带换向器两种，通常采用不带换向器的三相感应电动机（也称为笼型电动机或异步电动机）。

一般交流主轴电动机是专门设计的，为了增大输出功率，缩小电动机的体积，都采用定子铁芯在空气中直接冷却的方法，没有机壳，而且在定子铁芯上制有轴向孔以利于通风等。这类电动机轴的尾部都同轴安装有测速发电机或脉冲编码器等检测元件。

5.2.4　变频调速原理及变频器的应用

1. 变频调速原理

根据电机学的理论，交流电动机的转速 n 为

$$n=\frac{60f_1}{p}(1-s)=n_0(1-s)$$

式中　f_1——定子供电电源频率；

模拟主轴转速控制

　　p——电动机磁极对数；

　　s——转差率；

　　n_0——旋转磁场同步转速。

可见，调速方法可分为两类：第一类是改变同步转速 n_0 的调速，它可通过两种方法实现，一是改变磁极对数 p，但这种方法只能得到级差很大的有级调速，不能满足数控机床的要求；二是改变电源频率 f_1，可得到平滑的无级调速，这种调速方法效率高，调速范围宽、精度高，是数控机床上常用的调速方法。第二类为改变转差率 s 的调速，它包括调压调速和电磁调速，但这种调速方法机械特性软、效率低、能耗大，也不适合数控机床使用。

从以上分析可知，改变电源频率 f_1 的调速是一种最有前途的调速方法。只要改变 f_1，同步转速 n_0 即改变，n 随之改变。但在实际应用时，单纯改变频率是不行的。因为交流异步电动机当旋转磁场以 n 的速度切割定子绕组时，在定子的每相绕组上产生的感应电势为

$$U_1\approx E_g=4.44f_1N_1k_{N1}\Phi_m$$

式中　N_1——定子每相绕组有效匝数；

Φ_m——每极磁通;

U_1——定子相电压。

如果在变频调速中只改变 f_1,如使 f_1 减小而 U_1 不变,则 Φ_m 将增大。在一般电动机中,Φ_m 值是在额定电压和频率的运行条件下确定的,为了充分利用电动机的铁芯,减小电动机体积,都把 Φ_m 选在接近磁饱和的数值上。若 Φ_m 再上升,将导致铁芯过饱和而使励磁电流迅速上升,铁芯过热,功率因数下降,电动机带负载能力降低。因此,必须在降低频率的同时,适当降低电压,以保持 Φ_m 不变。这就是所谓的恒磁通变频调速。因此,交流电动机的变频调速控制兼有调频和调压的功能,并且,根据电动机所带负载的特性,有恒转矩调速、恒最大转矩调速、恒功率调速等控制方式。

(1)恒转矩调速(保持 U_1/f_1 为常数)

由转子电流与主磁通作用而产生的电磁转矩 T 的物理表达式为

$$T = C_T \Phi_1 I_2' \cos\varphi_2$$

式中　C_T——转矩常数;

I_2'——折算到定子上的转子电流;

$\cos\varphi_2$——转子电路功率因数。

可见,T 与 Φ_m、I_2 成正比,要保持电磁转矩 T 不变,则需 Φ_m 不变,即要求 U_1/f_1 是常数。此种调速方法称为恒转矩调速,其机械特性曲线如图 5-2-4 所示,这些特性曲线的线性段基本平行,类似于直流电动机的机械特性。但最大转矩 T_m 随着 f_1 的下降而减小。这是因为 f_1 高时,U_1 值也大,此时由定子电流在定子绕组中造成的压降与 U_1 相比,所占比例很小,可以认为 $U_1 \approx E_1$;而当 f_1 很低时,U_1 值小,电动机转速降低,E_1 值减小,定子绕组压降所占比例增大,所以 Φ_m 减小,从而使 T_m 略有下降。

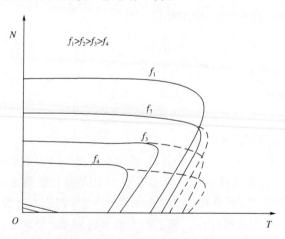

图 5-2-4　恒转矩调速特性曲线

(2)恒功率调速(U_1 不变,只调 f_1)

为了扩大调速范围,可以使 f_1 大于额定频率,得到额定转速以上的调速。由于定子电压不能超过额定电压,因此当 f_1 升高而 U_1 不变时,Φ_m 将减小,以致电磁转矩 T 也减小,得到近似恒功率的调速特性,如图 5-2-5 所示。

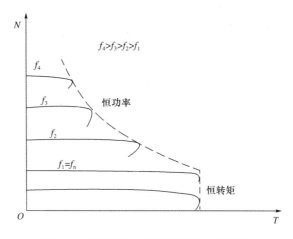

图 5-2-5　恒转矩和恒功率变频调速时的机械特性

2. 通用变频器的构造

(1)主电路

通用变频器的主电路包括整流部分、直流环节、逆变部分、制动或回馈环节等部分,如图 5-2-6 所示。其中 $VD_1 \sim VD_6$ 是全桥整流电路中的二极管;$VD_7 \sim VD_{12}$ 这 6 个二极管为续流二极管,作用是消除三极管开关过程中出现的尖峰电压,并将能量反馈给电源;$VT_1 \sim VT_6$ 是晶体管开关元件,开关状态由基极注入的电流控制信号来确定。

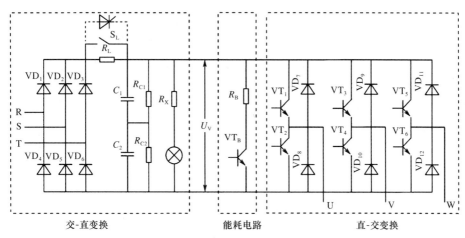

图 5-2-6　通用变频器的基本构造

①整流部分　通常又称为电网侧变流部分,是把三相或单相交流电整流成直流电。常见的低压整流部分是由二极管构成的不可控三相桥式电路或由晶闸管构成的三相可控桥式电路,而对中压大容量的整流部分则采用多重化 12 脉冲以上的变流器。

如电源的进线电压为 U_L,则三相全波整流后平均直流电压为 $U_D=1.35U_L$。我国三相电源的线电压为 380 V,故全波整流后的平均电压为 $U_D=1.35U_L=1.35 \times 380 = 513$ V。

②直流环节　由于逆变器的负载是异步电动机,属于感性负载,因此在中间直流部分与电动机之间总会有无功功率的交换,这种交换一般都需要中间直流环节的储能元件(如电容或电感)来缓冲。其中滤波电容 C_1 和 C_2 的作用是:滤平全波整流后的电压纹波;当负载变

化时,使直流电压保持平稳。

在变频器合上电的瞬间,滤波电容 C_1 和 C_2 上的充电电流比较大,过大的冲击电流将可能导致三相整流桥损坏。为了保护整流桥,在变频器刚接通电源的一段时间里,电路内串联缓冲电阻 R_L,以限制滤波电容 C_1、C_2 上的充电电流。当滤波电容 C_1、C_2 充电电压达到一定程度时,令触点开关 S_L 接通,将 R_L 短路掉。

③逆变部分　通常又称为负载侧变流部分,它通过不同的拓扑结构实现逆变元件的规律性关断和导通,从而得到任意频率的三相交流电输出(图 5-2-7)。常见的逆变部分是由 6 个半导体主开关器件组成的三相桥式逆变电路。

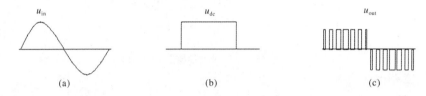

图 5-2-7　变频器的波形

④制动或回馈环节　由制动形成的再生能量在电动机侧容易聚集到变频器的直流环节形成直流母线电压的泵升,需及时通过制动环节将能量以热能形式释放或者通过回馈环节转换到交流电网中去。

制动环节在不同的变频器中有不同的实现方式,通常小功率变频器都内置制动环节,即内置制动单元,有时还内置短时工作制的标配制动电阻;中功率段的变频器可以内置制动环节,但属于标配或选配,需根据不同品牌变频器的选型手册而定;大功率段的变频器的制动环节大多为外置。至于回馈环节,则大多属于变频器的外置电路。

(2)控制电路

控制电路包括变频器的核心软件算法电路、检测传感电路、控制信号的输入/输出电路、驱动电路和保护电路等,具体包括以下部分:

①开关电源　变频器的辅助电源采用开关电源,它具有体积小、效率高等优点。电源输入为变频器主电路直流母线电压或将交流 380 V 整流,通过脉冲变压器的隔离变换和变压器副边的整流滤波可得到多路输出直流电压,其中 +15 V、−15 V、+5 V 共地,±15 V 给电流传感器、运放等模拟电路供电,+5 V 给 DSP 及外围数字电路供电。相互隔离的 4 组或 6 组 +15 V 电源给 IPM 驱动电路供电,+24 V 为继电器、直流风机供电。

②DSP(数字信号处理器)　TD 系列变频器采用的 DSP 为 TMS320F240,主要完成电流、电压、温度采样,6 路 PWM 输出,故障报警输入,电流、电压频率设定信号输入,还可完成电动机控制算法的运算等功能。

③输入/输出端子　变频器控制电路输入/输出端子包括:

● 输入多功能选择端子、正/反转端子、复位端子等。

● 继电器输出端子、开路集电极输出多功能端子等。

● 模拟量输入端子,包括外接模拟量信号用的电源(12 V、10 V 或 5 V)及模拟电压量频率设定输入和模拟电流量频率设定输入端子。

● 模拟量输出端子,包括输出频率模拟量和输出电流模拟量等端子,用户可以选择 0～

1 mA 直流电流表或 0~10 V 的直流电压表,显示输出频率和输出电流,当然也可以通过功能码参数选择输出信号。

④SCI 口　TMS320F240 支持标准的异步串口通信,通信波特率可达 625 kbit/s。具有多机通信功能,通过一台上位机可实现多台变频器的远程控制和运行状态监视功能。

⑤操作面板部分　DSP 通过 SPI 口与操作面板相连,完成按键信号的输入、显示数据的输出等功能。

3.变频器的频率给定方式

在使用一台变频器时,目的是通过改变变频器的输出频率,即改变变频器驱动电动机的供电频率来改变电动机的转速。如何调节变频器的输出频率呢? 关键是必须首先向变频器提供改变频率的信号,这个信号称为频率给定信号。所谓频率给定方式,是指调节变频器输出频率的具体方法,也就是提供频率给定信号的方式。

变频器常见的频率给定方式主要有操作器键盘给定、接点信号给定、模拟量给定、脉冲给定和通信给定等。这些频率给定方式各有优缺点,必须按照实际的需要进行选择设置,同时也可以根据功能需要选择不同频率给定方式之间的叠加和切换。

(1)操作器键盘给定

操作器键盘给定是变频器最简单的频率给定方式,用户可以通过变频器的操作器键盘上的电位器、数字键或上升/下降键来直接改变变频器的设定频率。

操作器键盘给定的最大优点是简单、方便、醒目(可选配 LED 数码显示和中文 LCD 液晶显示),同时又兼具监视功能,即能够将变频器运行时的电流、电压、实际转速、母线电压等实时显示出来。如果选择键盘数字键或上升/下降键给定,则由于是数字量给定,精度和分辨率非常高,其中精度可达最高频率×±0.01%,分辨率为 0.01 Hz。如果选择操作器上的电位器给定,则属于模拟量给定,精度稍低,但不必像外置电位器的模拟量输入那样另外接线,实用性非常高。

(2)接点信号给定

接点信号给定即通过变频器的多功能输入端子的 UP 和 DOWN 接点来改变变频器的设定频率值。该接点可以外接按钮或其他类似于按钮的开关信号(如 PLC 或 DCS 的继电器输出模块、常规中间继电器)。具体接线如图 5-2-8 所示。

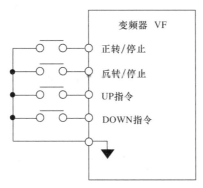

图 5-2-8　接点信号给定

注意：

①多功能输入端子需分别设置为 UP 指令或 DOWN 指令中的一个，不能重复设置，也不能只设置一个，更不能将 UP/DOWN 指令和保持加/减速停止指令同时分配。

②端子的 UP/DOWN 速率必须被正确设置，速率单位为 Hz/s。有了正确的速率设置，即使 UP 上升接点一直吸合，变频器的频率上升也不会一下子窜到最高输出频率，而是按照其上升速率上升。

③设置为"断电保持有效"时。

图 5-2-9 所示为接点频率给定方式下的变频器运行时序。

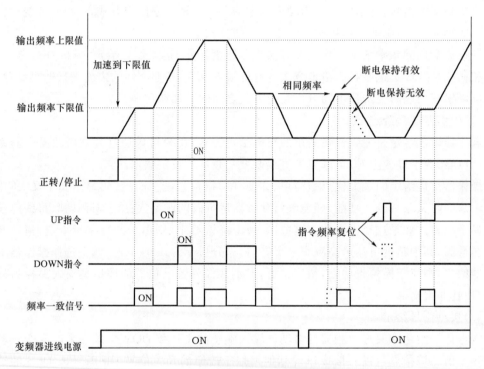

图 5-2-9　频率给定方式下的变频器运行时序

（3）模拟量给定

模拟量给定方式即通过变频器的模拟量端子从外部输入模拟量信号（电流或电压）进行给定，并通过调节模拟量的大小来改变变频器的输出频率。模拟量给定中通常采用电流或电压信号，常见于电位器、仪表、PLC 和 DCS 等控制电路。

变频器通常都会有 2 个及以上的模拟量端子（或扩展模拟量端子），如图 5-2-10 所示为三菱变频器的模拟量输入端子（端子 2、4、1 分别为电压输入、电流输入和辅助输入）。

有些模拟量端子可以同时输入电压和电流信号（但必须通过跳线或短路块进行区分），因此对变频器已经选择好模拟量给定方式后，还必须按照以下步骤进行参数设置：

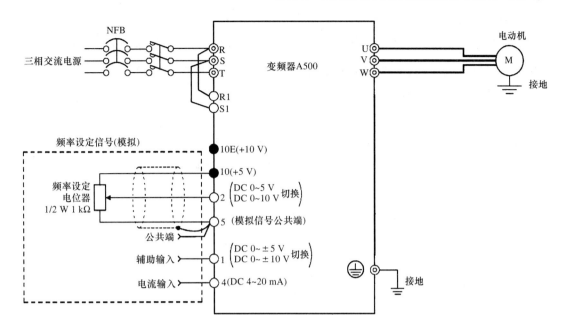

图 5-2-10　三菱变频器的模拟量输入端子

①选择模拟量给定的输入通道。

②选择模拟量给定的电压或者电流方式及其调节范围,同时设置电压/电流跳线,注意必须在断电时进行操作。

③选择模拟量端子多个通道之间的组合方式(叠加或者切换)。

④选择模拟量端子通道的滤波参数、增益参数、线性调整参数。

(4)脉冲给定

脉冲给定方式即通过变频器的特定的高速开关端子从外部输入脉冲序列信号进行频率给定,并通过调节脉冲频率来改变变频器的输出频率。不同的变频器对于脉冲序列输入有不同的定义,以安川 VS G7 为例(图 5-2-11):脉冲频率为 $0\sim32$ kHz,低电平电压为 $0.0\sim0.8$ V,高电平电压为 $3.5\sim13.2$ V,占空比为 $30\%\sim70\%$。

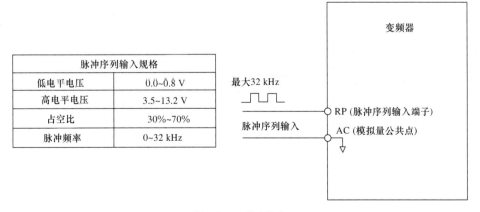

图 5-2-11　脉冲给定

（5）通信给定

通信给定方式是指上位机通过通信接口按照特定的通信协议、特定的通信介质将数据传输到变频器，以改变变频器设定频率的方式。上位机一般指计算机（或工控机）、PLC、DCS、人机界面等主控制设备。

4. 变频器的运转指令方式

变频器的运转指令方式是指如何控制变频器的基本运行功能，这些功能包括启动、停止、正转与反转、正向点动与反向点动、复位等。与变频器的频率给定方式一样，变频器的运转指令方式也有操作器键盘控制、端子控制和通信控制三种。这些运转指令方式必须按照实际的需要进行选择设置，同时也可以根据功能进行相互之间的方式切换。

任务实施

1. 在数控机床电气柜中安装变频器，并记录安装步骤与注意事项。

（1）安装步骤：

_____

_____

_____

_____

（2）注意事项：

_____

_____

_____

_____

2. 记录机床用变频器规格型号（表 5-2-1）。

表 5-2-1　　　　　　　　　　机床用变频器规格型号

项　目	内　容
变频器的品牌	
变频器的规格型号	
变频器的信号输入方式	

3. 画出变频器控制及其控制主轴电动机的电气原理图。

4. 正确连接变频器与主轴电动机，实现速度控制。

拓展知识

新型主轴电动机的结构

随着电气传动技术的迅速发展和日趋完善以及高速加工的要求,高速数控机床主传动的机械结构已得到极大的简化,基本上取消了带轮传动和齿轮传动。机床主轴由内装式电动机直接驱动,从而把机床主传动链的长度缩短为零,实现了机床主运动的"零传动"。将主轴与电动机合为一体,电动机轴是空心轴转子,也就是主轴本身,而电动机的定子被嵌入主轴头内。这种内装式主轴电动机俗称"电主轴"。由于当前电主轴主要采用的是交流高频电动机,故也称为"高频主轴"。电主轴一般采用交流异步电动机。电主轴是一种智能型功能部件,不但转速高、功率大,还有一系列控制主轴温升与振动等运行参数的功能,以确保其高速运转的可靠性与安全。虽然,将电动机内置在安装上会带来一些麻烦,但在高速加工时,采用电主轴几乎是唯一的、也是最佳的选择。这是因为:

(1)传统的主轴电动机通过带轮或齿轮等方式传动,在高速运转条件下,会产生振动和噪声,势必影响高速加工的精度和加工表面粗糙度。而电主轴取消了这些齿轮、带轮等机械传动机构,也消除了由于这些传动机构而产生的振动和噪声。

(2)实现主轴"零传动",将主轴的转动惯量减至最小,使主轴回转时可以具有极大的角加/减速度,在最短时间内实现高转速的速度变化。

(3)没有中间传动环节,主轴高速运行没有中间传动冲击而更为平稳,使主轴轴承寿命得到延长。

电主轴的概念不是一根光主轴套筒,而是在数控系统监控下的一个子系统。它包括电动机驱动器(高频变频器)、轴承润滑部件、压缩空气密封装置、电动机及轴承的冷却部件、主轴刀具锥孔吹净装置及控制装置、电动机的温升报警、油-气润滑系统监控装置、刀具夹紧状态检测装置等。

当前,国内外专业的电主轴生产厂家已可供应数百种规格的电主轴。其套筒直径为 32～320 mm,转速为 10 000～150 000 r/min,功率为 0.5～80 kW,转矩为 0.1～300 N·m。最近还出现了流体静压轴承和磁悬浮轴承电主轴以及交流永磁同步电动机电主轴。电主轴的制造及控制技术正在趋于完善,其应用也在日渐发展。

项目简介

本项目主要以 S7-200 PLC 和 FANUC PMC 为载体,通过 7 个任务的实施,完成对通用 PLC 和数控机床用 PLC 基本组成和工作原理的认识,掌握通用 PLC 程序设计与硬件选择、调试、应用 FANUC PMC 的控制功能,并进行相关控制程序分析。

教学目标

1. 能力目标

- 选用 S7-200 PLC
- 能进行通用 PLC 相关程序设计与调试
- 能根据实际应用需要选择合适的硬件设备与器件
- 能根据用户需求进行基本系统方案设计、实施、调试
- 能对 FANUC PMC 进行硬件连接和控制程序分析

2. 知识目标

- PLC 组成与工作原理
- PLC 指令系统
- 程序设计与分析方法

3. 素质目标

- 培养团队协作能力、交流沟通能力
- 培养实训室 5S 操作素养
- 培养自学能力及独立工作能力
- 培养工作责任感
- 培养文献检索能力

任务进阶

任务 1. 认识通用可编程控制器
任务 2. PLC 设计(电动机控制)
任务 3. PLC 设计(彩灯循环闪烁控制)

任务 4.PLC 设计(电子密码锁控制)

任务 5.PLC 设计(交通信号灯控制)

任务 6.PLC 设计(4 组抢答器控制)

任务 7.数控机床 PLC 系统设计及调试

任务 1　认识通用可编程控制器

任务目标 ┈┈┈┈┈┈┈┈┈┈┈┈┈┈┈┈┈┈┈┈┈┈┈┈►

● 本任务主要以 S7-200 PLC 为例介绍 PLC 的基本组成、工作原理及其发展与应用等情况。让学习者初步了解 PLC 并掌握实际接线和简单操作;理解 PLC 的工作过程并学会 STEP7-Micro/WIN 编程软件的安装以及使用方法

预备知识 ┈┈┈┈┈┈┈┈┈┈┈┈┈┈┈┈┈┈┈┈┈┈┈┈►

可编程控制器(Programmable Controller)简称 PLC,是在电气控制技术和计算机技术的基础上开发出来的,并逐渐发展成为以微处理器为核心,将自动化技术、计算机技术、通信技术融为一体的一种新型工业自动化控制装置。它具有结构简单、性能优越、可靠性高等优点,在工业自动化控制领域得到了广泛的应用,被公认为现代工业自动化的三大支柱(PLC、机器人、CAD/CAM)之一。

6.1.1　PLC 的产生与定义

在可编程控制器出现前,在工业电气控制领域中,继电器控制占主导地位,应用广泛。

1968 年,美国通用汽车公司(GM)为了适应汽车型号的不断更新以及生产工艺不断变化的需要,实现小批量、多品种生产,希望能有一种新型工业控制器来降低成本和缩短周期。

1969 年,美国数字设备公司(DEC)按照此需求研制出了世界上第一台可编程逻辑控制器 PDP-14,用它来代替传统的继电器控制系统,在美国通用汽车公司生产线上应用并取得了成功,从此开创了可编程逻辑控制器的时代。

1987 年,国际电工委员会(International Electrical Committee)颁布了可编程控制器标准草案第 3 稿,对可编程控制器定义如下:"可编程控制器是一种数字运算操作的电子系统,专为在工业环境下应用而设计。它采用可编程序的存储器,用来在其内部存储执行逻辑运算、顺序控制、定时、计数和算术运算等操作的指令,并通过数字式和模拟式的输入和输出,控制各种类型的机械或生产过程。可编程控制器及其有关外围设备,都应按易于与工业系统连成一个整体、易于扩充其功能的原则设计。"

6.1.2　PLC 的发展历史与展望

1.PLC 的发展历史

PLC 问世时间虽然不长,但是随着微处理器的出现,大规模、超大规模集成电路技术的

迅速发展和数据通信技术、自动控制技术、网络技术的不断进步,PLC 也在迅速发展,从 1969 年到 20 世纪 70 年代初期,此阶段 CPU 由中、小规模数字集成电路组成,存储器为磁芯存储器,控制功能比较简单,主要用于定时、计数及逻辑控制;20 世纪 70 年代中期,采用微处理器 CPU、半导体存储器,使整机的体积减小,而且数据处理能力获得很大提高,增加了数据运算、传送、比较、模拟量运算等功能;20 世纪 70 年代末期到 20 世纪 80 年代中期,PLC 开始采用 8 位和 16 位微处理器,使数据处理能力和速度大大提高;20 世纪 80 年代中期到 20 世纪 90 年代中期,PLC 完全计算机化,CPU 已经开始采用 32 位微处理器,数学运算、数据处理能力大大提高,增加了运动控制、模拟量 PID 控制等,联网通信能力进一步加强;20 世纪 90 年代中期至今,实现了特殊算术运算的指令化,通信能力进一步加强。

2. PLC 发展展望

随着计算机技术的发展,可编程控制器也同时得到迅速发展。计算机技术的新成果会更多地应用于可编程控制器的设计和制造上,会有运算速度更快、存储容量更大、智能更强的品种出现。

6.1.3 PLC 的特点

PLC 之所以能成为当今增长速度最快的工业自动控制设备,是由于它具备了许多独特的优点,较好地解决了工业控制领域普遍关心的可靠、安全、灵活、方便、经济等问题。PLC 的主要特点有:

(1)可靠性高,抗干扰能力强。

(2)编程简单易学。

(3)配套齐全,功能完善,适用性强。

(5)体积小,质量轻,能耗低。

6.1.4 PLC 的分类

目前,PLC 的品种很多,性能和型号规格也不统一,结构形式、功能范围各不相同,一般按外部特性进行如下分类。

1. 按结构形式分类

根据结构形式的不同,PLC 可分为整体式和模块式两种,如图 6-1-1 所示。

(a)整体式　　　　　　　　　　　(b)模块式

图 6-1-1　PLC 按结构形式分类

2. 按 I/O 点数分类

(1)小型 PLC   I/O 点数一般在 128 点以下,其中 I/O 点数小于 64 点的为超小型或微型 PLC。

(2)中型 PLC   多采用模块化结构,其 I/O 点数一般在 128~2 048 点。程序存储容量小于 13 千字节,它可完成较为复杂的系统控制。

(3)大型 PLC   一般 I/O 点数在 2 048 点以上,程序存储容量大于 13 千字节的称为大型 PLC。

3. 按功能分类

(1)低档 PLC   主要以逻辑运算为主,一般用于单机或小规模生产过程。

(2)中档 PLC   除具有低档 PLC 功能外,加强了对开关量、模拟量的控制,提高了数字运算能力,加强了通信联网功能,可用于小型连续生产过程的复杂逻辑控制和闭环调节控制。

(3)高档 PLC   除具有中档机功能外,增加了带符号算术运算、矩阵运算、位逻辑运算、平方根运算及其他特殊功能函数运算、制表及表格传送等。高档 PLC 进一步加强了通信联网功能,适用于大规模的过程控制。

6.1.5   可编程控制器的组成

PLC 生产厂家很多,产品的结构也各不相同,但其内部组成基本相似,都采用计算机结构,如图 6-1-2 所示。它主要有 7 个部分组成,包括 CPU(中央处理器)、存储器、输入/输出接口模块、电源、I/O 扩展接口、外部设备 I/O 接口和其他外部设备。

1. 中央处理器

中央处理器(Central Processing Unit)的英文缩写为 CPU。它是 PLC 的核心,由它实现逻辑运算,协调控制系统内部各部分的工作。

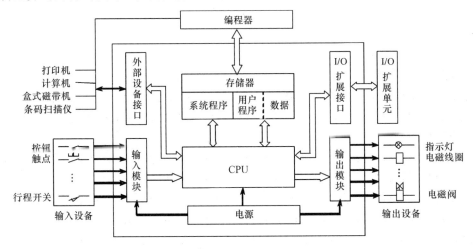

图 6-1-2   PLC 系统的结构

2. 存储器

存储器的主要功能是存放程序和数据,多数都直接集成在 CPU 单元内部。根据存储器在系统中的作用,可分为系统程序存储器和用户程序存储器。

3. 输入/输出接口模块

PLC 主要是通过各类接口模块的外接线实现对工业设备和生产过程的检测与控制。PLC 提供了多种操作电平和驱动能力的 I/O 接口供用户选用,主要类型有开关量输入(DI)、开关量输出(DO)、模拟量输入(AI)、模拟量输出(AO)等模块。

(1)输入接口模块

输入接口模块可以用来接收和采集现场的信号。常用的开关量输入接口按其使用的电源不同有三种类型:直流输入接口、交流输入接口和交/直流输入接口,如图 6-1-3 所示,当外部某个开关闭合后,就会有相应的发光二极管(LED)点亮。

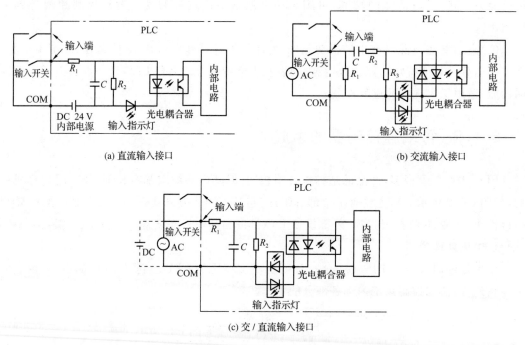

(a) 直流输入接口　　(b) 交流输入接口

(c) 交/直流输入接口

图 6-1-3　开关量输入接口

(2)输出接口模块

输出接口模块用来连接被控对象中各种执行元件,如接触器、电磁阀、指示灯、调节阀(模拟量)、调速装置(模拟量)等。它的作用是把 PLC 的内部信号转换成现场执行机构的开关信号或模拟信号。

常用的开关量输出接口模块按输出开关器件不同有三种类型:继电器输出型、晶体管输出型和双向晶闸管输出型,其基本原理电路如图 6-1-4 所示。

①继电器输出型　在继电器输出型中,继电器作为开关器件,同时又是隔离器件,其电路如图 6-1-4(a)所示。图中只画出对应于一个输出点的输出电路,各输出点所对应的输出电路相同。电阻和发光二极管 LED 组成输出状态显示器。KA 为一小型直流继电器。当 PLC 输出一个接通信号时,内部电路使继电器线圈通电,继电器常开触点闭合使负载回路接通;同时发光二极管 LED 点亮,指示该点有输出。根据负载要求可选用直流电源或交流

电源。一般负载电流大于 2 A,响应时间为 8~10 ms,机械寿命大于 $1×10^6$ 次。由于继电器从线圈得电到触点动作需要一定的时间,因此不适宜使用在工作频率高的场合。

②晶体管输出型。在晶体管输出型中,输出回路的三极管工作在开关状态,其电路如图 6-1-4(b)所示。图中只画出对应一个输出点的输出电路,各输出点所对应的输出电路相同。图中 R_1 和发光二极管 LED 组成输出状态显示器。当 PLC 输出一个接通信号时,内部电路通过光电耦合使三极管 VT 导通,负载得电,同时发光二极管 LED 点亮,指示该点有输出。稳压管 VS 用于输出端的过压保护。晶体管输出型要求带直流负载。由于是无触点输出,因此寿命长,响应速度快,响应时间短于 1 ms,负载电流约为 0.5 A。

③双向晶闸管输出型 在晶闸管输出型中光控双向晶闸管为输出开关器件,其电路如图 6-1-4(c)所示。每一个输出点都对应一个这样的输出电路。当 CPU 发出一个接通信号时,通过光电耦合使双向晶闸管导通,负载得电;同时发光二极管 LED 点亮,表明该点有输出。R_2、C 组成高频滤波电路,以减少高频信号干扰。双向晶闸管是交流大功率半导体器件,负载能力强,响应速度快(μs 级)。

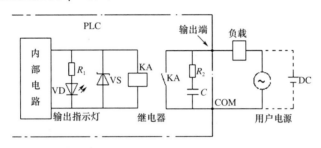

(a)继电器输出型

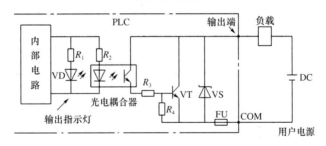

(b)晶体管输出型

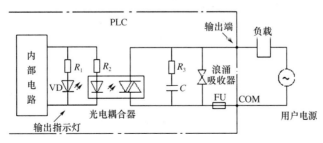

(c)双向晶闸管输出型

图 6-1-4 开关量输出接口模块

继电器输出型接口可驱动交流或直流负载,但其响应时间长,动作频率低;而晶体管输出型和双向晶闸管输出型接口的响应速度快,动作频率高,但前者只能用于驱动直流负载,后者只能用于交流负载。

4. 电源

PLC一般使用220 V的交流电源。PLC本身配有开关电源,以供内部电路使用。

5. I/O 扩展接口

I/O扩展接口是PLC主机扩展输入/输出点数和类型的部件,输入/输出扩展单元、远程输入/输出扩展单元、智能输入/输出单元等都通过它与主机相连。

6. 外部设备 I/O 接口

PLC配有各种外部设备I/O接口。PLC通过这些接口可与监视器、打印机、其他PLC、上位计算机等设备实现通信。

7. 其他外部设备

除了以上所述的部件和设备外,PLC还有许多外部设备,如编程器、EPROM写入器、外存储器、人/机接口装置等。

6.1.6 PLC 的工作原理

1. PLC 扫描工作的方式

当PLC运行时,是通过执行反映控制要求的用户程序来完成控制任务的,需要执行众多的操作,但CPU不可能同时执行多个操作,它只能按分时操作(串行工作)方式,每一次执行一个操作,按顺序逐个执行。由于CPU的运算处理速度很快,所以从宏观上来看,PLC外部出现的结果似乎是同时(并行)完成的。这种串行工作过程称为PLC扫描工作的方式。

2. PLC 扫描工作的过程

PLC扫描工作的过程中除了执行用户程序外,在每次扫描工作过程中还要完成自诊断、通信服务工作。如图6-1-5所示,整个扫描工作过程包括自诊断、通信服务、输入采样、程序执行、输出刷新五个阶段。整个过程扫描执行一遍所需的时间称为扫描周期。扫描周期与CPU运行速度、PLC硬件配置及用户程序长短有关,典型值为1~100 ms。

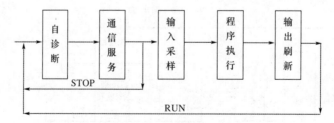

图 6-1-5 PLC 扫描工作的过程

3. PLC 执行程序的过程

PLC执行程序的过程分为三个阶段,即输入采样阶段、程序执行阶段、输出刷新阶段,如图6-1-6所示。

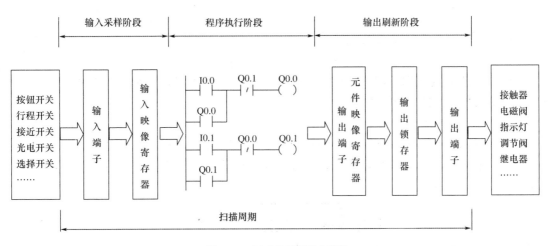

图 6-1-6　PLC 执行程序的过程

（1）输入采样阶段

在输入采样阶段，CPU 以扫描工作方式按顺序对所有输入端口进行采样，读取其状态并写入输入映象寄存器中，此时输入映象寄存器被刷新。完成输入采样工作后，将关闭输入端口，接着进入程序执行阶段，在程序执行阶段或其他阶段，即使输入状态发生变化，输入映象寄存器的内容也不会改变，这些变化必须等到下一工作周期的输入采样阶段才能被读入。

（2）程序执行阶段

在程序执行阶段，PLC 根据用户输入的控制程序，从第一条开始按顺序进行扫描执行，即：按先上后下、先左后右的顺序进行。当指令中涉及输入、输出状态时，PLC 从输入映象寄存器中读出所需的输入、输出状态，并将相应的逻辑运算结果存入对应的内部辅助寄存器和输出映像寄存器。

（3）输出刷新阶段

当所有指令执行完毕后，进入输出刷新阶段。在这一阶段里，PLC 将输出映像寄存器中的内容，依次送到输出锁存电路（输出锁存器），并通过一定输出方式输出，驱动外部相应执行元件工作，这才形成 PLC 的实际输出。

因此，输入采样、程序执行和输出刷新三个阶段构成 PLC 一个工作周期，由此循环往复，因此称为循环扫描工作方式。由于输入采样阶段是紧接输出刷新阶段后马上进行的，所以亦将这两个阶段统称为 I/O 刷新阶段。实际上，除了执行程序和 I/O 刷新外，PLC 还要进行各种错误检测（自诊断功能）并与编程工具通信，这些操作统称为"监视服务"，一般在程序执行之后进行。

（4）PLC 的 I/O 滞后现象

从以上分析可知，由于每个扫描周期只进行一次 I/O 刷新，即每一个扫描周期 PLC 只对输入、输出映像寄存器更新一次，所以系统存在输入、输出滞后现象。从 PLC 的输入端信号发生变化到 PLC 的输出端对该变化做出反应所需的时间称为滞后时间或响应时间。对一般的开关量控制系统，这种滞后是完全允许的。应该注意的是，这种响应滞后不仅是由于 PLC 扫描工作方式造成的，更主要是 PLC 输入接口的滤波环节带来的输入延迟，以及输出接口中驱动器件的动作时间带来的输出延迟，同时还与程序设计有关。

6.1.7 认识 S7-200 PLC

S7-200 PLC 是德国西门子公司生产的一种超小型、紧凑型的可编程控制器,可以满足各种设备的自动化控制的需求。

1. S7-200 基本单元

S7-200 CPU 的外形如图 6-1-7 所示。S7-200 CPU 又称为 PLC 系统的主机或主单元,是将一个中央处理单元、集成电源和数字量 I/O 点集成在一个紧凑、独立的封装中,可以构成一个独立的控制系统。

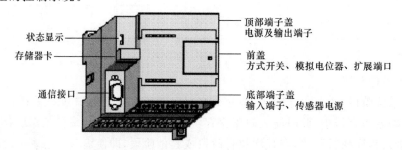

状态显示 —— 顶部端子盖 电源及输出端子
存储器卡 —— 前盖 方式开关、模拟电位器、扩展端口
通信接口 —— 底部端子盖 输入端子、传感器电源

图 6-1-7 S7-200 CPU 的外形

在图 6-1-7 中,前盖下的方式开关用于选择 PLC 的 RUN、TERM 和 STOP 工作方式。RUN(运行):S7-200 执行用户的程序。STOP(停止):S7-200 不执行程序,此时可以下载程序、数据和进行 CPU 系统设置。在程序编辑、上传、下载时必须把 CPU 置于 STOP 方式。

PLC 的工作状态由状态 LED 显示,其中 SF/DIAG 状态 LED 亮表示系统出现故障,PLC 停止工作;RUN 状态 LED 亮(绿色指示灯)表示系统处于运行工作模式;STOP 状态 LED 亮(红色指示灯)表示系统处于停止工作模式。

前盖下还有模拟电位器和扩展端口。除 CPU 221、CPU 222 只有一个模拟电位器外,CPU 224 和 CPU 226 均有两个模拟电位器 0 和 1。模拟电位器可以用小型旋具进行调节,从而将 0~255 之间的数值存入特殊存储器字节 SMB28 和 SMB29 中。该功能可用于程序调试中,例如模拟电位器调节值作为定时器、计数器的预置值及过程量的控制参数。扩展端口通过扁平电缆连接 PLC 的各种扩展模块。

通信接口用于 PLC 与个人计算机或手持编程器进行通信连接,除 CPU 226 和 CPU 226 XM 有两个 RS-485 通信接口(PORT0、PORT1)外,CPU 221、CPU 222、CPU 224 只有一个 RS-485 通信接口。

2. 扩展单元

S7-200 CPU 为了扩展 I/O 点和执行特殊的功能,可以连接扩展单元。主要有如下几类:数字量 I/O 扩展模块 EM221、EM222、EM223,模拟量 I/O 扩展模块 EM231、EM232、EM235,通信模块 EM277、EM241、CP243-1、CP243-1 IT、CP243-2。此外,S7-200 还提供了一些特殊模块,用以完成特殊的任务,如 SM253 位置控制模块、EM241 调制解调器模块等。S7-200 系列 PLC 部分扩展单元型号及输入/输出点数的分配见表 6-1-1。

表 6-1-1 S7-200 系列部分扩展单元型号及输入/输出点数

类 型	型 号	输入点数	输出点数
数字量扩展模块	EM221	8	无
	EM222	无	8
	EM223	4/8/16	4/8/16
模拟量扩展模块	EM231	3	无
	EM232	无	2
	EM235	3	1

3. 编程器和编程软件

编程器主要用来进行用户程序的编制、存储和管理等,在调试过程中,还可以进行监控和故障检测。S7-200 系列 PLC 的编程器可分为简易型和智能型两种。西门子公司还专门为 S7-200 系列 PLC 研制开发了编程软件 STEP7-Micro/WIN。

4. 程序存储卡

一般小型 PLC 均设有外接 EEPROM 卡盒接口,通过该接口可以将卡盒的内容写入 PLC,也可将 PLC 内的程序及重要参数传到外接 EEPROM 卡盒内作为备份,以保证程序及重要参数的安全。S7-200 系列 PLC 的程序存储卡 EEPROM 有 6ES 7291-8GC00-0XA0 和 6ES 7291-8GD00-0XA0 两种型号,程序容量分别为 8 KB 和 16 KB。

5. 文本显示器 TD200

TD200 是用来显示系统信息的显示设备,也可作为操作控制单元,还可在程序运行时对某个量的数值进行修改,或直接设置输入/输出量。

6.1.8 PLC 的安装与拆卸

1. 安装环境条件

PLC 是为适应工业现场而设计的,为了保证工作的可靠性,延长 PLC 的使用寿命,安装时要注意周围环境条件:环境温度应在 0～55 ℃;相对湿度在 35%～85%(无结霜),周围无易燃或腐蚀性气体、过量的灰尘和金属颗粒;避免过度的震动和冲击;避免太阳光的直射和水的溅射。

2. 安装方式

S7-200 既可以安装在控制柜背板上,也可以安装在标准导轨上;既可以水平安装,也可以垂直安装。利用总线连接电缆,可以把 CPU 模块和扩展模块连接在一起。需要连接的扩展模块较多时,将模块安装成两排。

3. 拆卸 CPU 或扩展模块

拆卸前先拆除 S7-200 的电源,再拆除模块上的所有连线和电缆,如果有其他扩展模块连接在所拆卸的模块上,则打开前盖,拔掉相邻模块的扩展扁平电缆。拆掉安装螺钉或者打开 DIN 夹子,最后拆下模块。

4. 端子排的安装与拆卸

为了安装和替换模块方便,大多数的 S7-200 模块都有可拆卸的端子排。

在拆卸端子排时，打开端子排安装位置的上盖，以便可以接近端子排。把螺丝刀插入端子排中央的槽口中，用力下压并撬出端子排，如图 6-1-8 所示。

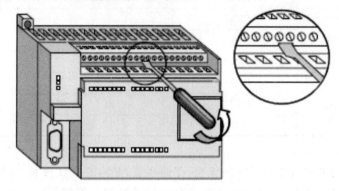

图 6-1-8　拆卸端子排

6.1.9　PLC 的接线安装

1. 接线的要求

在设计 S7-200 的接线时，应提供一个单独的开关，它能够同时切断 S7-200 CPU、输入电路和输出电路的所有供电，提供熔断器或断路器等过流保护装置来限制供电线路中的电流。

2. S7-200 接地

良好的接地是抑制噪声干扰和电压冲击，保证 PLC 可靠工作的重要条件。

3. 电源接线

给 S7-200 的 CPU 供电方式有交流供电和直流供电两种，如图 6-1-9 所示。

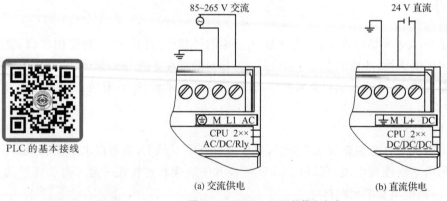

PLC 的基本接线

(a) 交流供电　　　　(b) 直流供电

图 6-1-9　S7-200 CPU 的供电方式

（1）交流电源系统的接线

如图 6-1-10 所示为交流电源系统的接线。

[a]用一个单极开关将电源与 CPU 所有的输入电路和输出（负载）电路隔开。

[b]用一台过流保护设备以保护 CPU 的电源输出点以及输入点，也可以为每个输出点加上保险丝。

[c]当使用 Micro PLC 24 V DC 传感器电源时可以取消输入点的外部过流保护,因为该传感器电源具有短路保护功能。

[d]将 S7-200 的所有接地端子同最近接地点相连接以提高抗干扰能力。所有的接地端子都使用 1.5 mm² 的电线连接到独立接地点上。

[e]本机单元的直流传感器电源可用来作为本机单元的直流输入。

[f]DC 输入扩展模块以及[g]输出扩展模块供电,传感器电源具有短路保护功能。

[h]在安装中如把传感器的供电 M 端子接地,则可以抑制噪声。

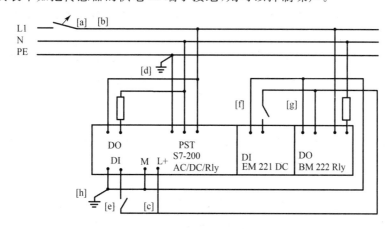

图 6-1-10　交流电源系统的接线

(2)直流电源系统的接线

如图 6-1-11 所示为直流电源系统的接线。

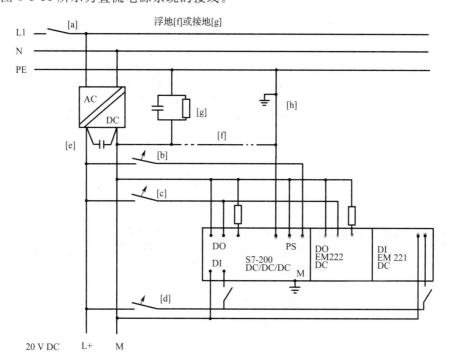

图 6-1-11　直流电源系统的接线

[a]用一个单极开关将电源同 CPU 所有的输入电路和输出(负载)电路隔开。

[b]用过流保护设备来保护 CPU 电源、[c]输出点以及[d]输入点。或在每个输出点加上保险丝进行过流保护。当使用 Micro 24 V DC 传感器电源时不用输入点的外部过流保护,因为传感器电源内部具有限流功能。

[e]用外部电容来保证在负载突变时得到一个稳定的直流电压。

[f]在应用中把所有的 DC 电源接地或浮地(把全机浮空,整个系统与大地的绝缘电阻不能小于 50 MΩ)可以抑制噪声,在未接地 DC 电源的公共端与保护线 PE 之间串联电阻与电容的并联回路[g],电阻提供了静电释放通路,电容提供高频噪声通路。常取 $R=1$ MΩ,$C=4\ 700$ pf。

[h]将 S7-200 所有的接地端子同最近接地点[h]连接,采用一点接地,以提高抗干扰能力。24 V 直流电源回路与设备之间,以及 120/230 V 交流电源与危险环境之间,必须进行电气隔离。

(3)I/O 端子接线和对扩展单元的接线

PLC 的输入接线是指外部开关设备 PLC 的输入端口的连接线。输出接线是指将输出信号通过输出端子送到受控负载的外部接线。S7-200 CPU 226 的端子连接如图 6-1-12、图 6-1-13 所示。

I/O 接线时 I/O 线与动力线、电源线应分开布线,并保持一定的距离,当需在一个线槽中布线时,须使用屏蔽电缆;I/O 线的距离一般不超过 300 m;交流线与直流线、输入线与输出线应分别使用不同的电缆;数字量和模拟量 I/O 应分开走线,传送模拟量 I/O 线应使用屏蔽线,且屏蔽层应一端接地。

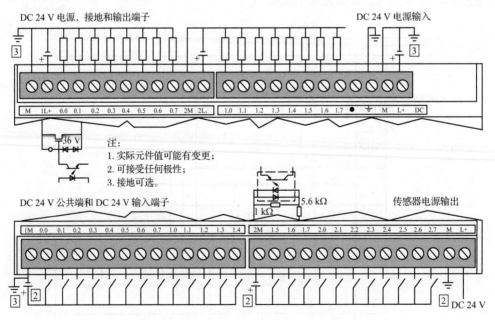

图 6-1-12　S7-200 CPU 226 DC/DC/DC 端子的连接

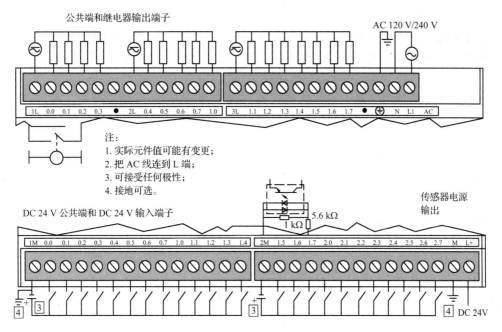

图 6-1-13　S7-200 CPU 226 AC/DC/继电器端子的连接

6.1.10　PLC 的主要性能指标

用来衡量 PLC 性能的指标有很多,在这只介绍其中主要的指标。

1. 存储器的容量

用户程序存储器的容量决定了存放用户程序的大小。一般小型 PLC 用户存储器的容量为几千字节,大型机用户存储器的容量为几万字节。用户程序存储器的容量越大,存放程序越大。

2. I/O 点数

I/O 点数即 PLC 可以接收的输入信号和输出信号端子的个数总和,是 PLC 的主要指标。I/O 点数越多,表明可以与外部相连接的设备越多,控制规模越大。PLC 的 I/O 点数一般包括主机 I/O 点数和最大扩展 I/O 点数。一台主机 I/O 点数不够时,可外接 I/O 扩展单元。

3. 扫描速度

扫描速度是指 PLC 执行用户程序的速度,是衡量 PLC 性能的重要指标。一般以执行 1 000 步指令所用的时间为标准,即 ms/千步,有时也以执行 1 步所用的时间来衡量,即 μs/步。

4. 指令条数

不同的厂家生产的 PLC 指令条数是不同的。指令功能的强弱、数量的多少也是衡量 PLC 性能的重要指标。

5. 内部元件的种类与数量

一个硬件功能较强的 PLC,其内部继电器和寄存器的种类比较多,这些元件的种类与数量越多,表示 PLC 的存储和处理各种信息的能力越强。

6. 特殊功能单元

特殊功能单元种类的多少与功能的强弱是衡量 PLC 性能的一个重要指标。人们常常以一台 PLC 特殊功能的多少以及高级模块的种类去评价这台机器的水平。

7. 可扩展能力

PLC 的可扩展能力包括 I/O 点数的扩展、存储容量的扩展、联网功能的扩展、各种功能模块的扩展等。在选择 PLC 时,经常需要考虑 PLC 的可扩展能力。

6.1.11 PLC 选型的基本原则

1. 对输入/输出点的选择

分析要设计的系统,弄清楚该控制系统所需要的总的 I/O 点数,按实际所需总点数的 10%左右留出备用量后确定所需 PLC 的点数。

2. 对存储器容量的选择

对用户存储器容量只能进行粗略的估算。在仅控制开关量的系统中,可以用输入总点数的 10 倍加上输出总点数的 5 倍来估算;计数器/定时器按 3~5 字节/个估算;有运算处理时按 5~10 字节/量估算;在有模拟量 I/O 的系统中,可以按每 I/O 一路模拟量约需 100 字节的存储容量来估算;有通信处理时按每个接口 200 字节以上的数量粗略估算。

最后,一般按估算的总容量的 25%左右留有备用量。

3. 对 I/O 响应时间的选择

PLC 的 I/O 响应时间包括输入电路延迟、输出电路延迟以及扫描工作方式引起的时间延迟等。对开关量控制的系统,PLC 和 I/O 响应时间一般都能满足实际工程的要求,可不必考虑 I/O 响应问题。但对模拟量控制的系统,特别是设计闭环系统就要考虑这个问题。

4. 根据输出负载的特点选型

PLC 根据输出负载的特点可分为继电器输出型、晶体管输出型以及晶闸管输出型等。而不同的负载对 PLC 的输出方式有相应的要求。继电器输出型的 PLC 导通压降小,有隔离作用,价格相对较低廉,承受瞬时过电压和过电流的能力较强,其负载电压灵活且电压等级范围大等。因此,动作不频繁的交、直流负载可以选择继电器输出型的 PLC,而频繁通断的感性负载,应选择晶体管或晶闸管输出型的,而不应选用继电器输出型的。

5. 根据是否需要联网通信选型

若 PLC 控制的系统需要连接至自动化网络,则 PLC 需要有通信联网功能,即要求 PLC 应具有连接其他设备的相应接口。一般情况下,大、中型机和大部分小型机都具有通信功能。

6. 对 PLC 结构形式的选择

PLC 按结构可分为整体式和模块式两类。在功能相似前提下,整体式比模块式价格低。但模块式具有扩展灵活,维修方便,易判断故障点等优点。因此,在选择 PLC 的结构形式时要按实际需要等各方面综合考虑。

6.1.12 S7-200 PLC 的基本技术指标

一般来说,PLC 的输出类型有晶体管、继电器、SSR 三种,而西门子 S7-200 PLC 只有前两种输出方式。型号为 DC/DC/DC 表示 CPU 直流供电,直流数字量输入,数字量输出点是晶体管直流电路类型;型号为 AC/DC/Rly 表示 CPU 采用交流供电,直流数字量输入,数字量输出点是继电器触点类型。

S7-200 CPU 基本技术指标见表 6-1-2。

表 6-1-2 S7-200 CPU 基本技术指标

特性		CPU 221	CPU 222	CPU 224	CPU 226
外形尺寸/(mm×mm×mm)		90×80×62	90×80×62	120.5×80×62	190×80×62
用户程序存储区/字节		4 096	4 096	8 192	8 192
用户数据存储区/字节		2 048	2 048	5 120	5 120
掉电保持时间/h		50	50	190	190
本机 I/O		6 入/4 出	8 入/6 出	14 入/10 出	24 入/16 出
扩展模块数量		0	2	7	7
数字量 I/O 映像区大小		256	256	256	256
模拟量 I/O 映像区大小		0	16 入/16 出	32 入/32 出	32 入/32 出
高速计数器	单相/kHz	30(4 路)	30(4 路)	30(6 路)	30(6 路)
	双相/kHz	20(2 路)	20(2 路)	20(4 路)	20(4 路)
脉冲输出(DC)/kHz		20(2 路)	20(2 路)	20(2 路)	20(2 路)
模拟电位器		1	1	2	2
实时时钟		配时钟卡	配时钟卡	内置	内置
通信接口		1RS-485	1RS-485	1RS-485	2RS-485
浮点数运算		有			
布尔指令执行速度		0.37 μs/指令			
最大数字量 I/O 映像区		128 点入/128 点出			
最大模拟量 I/O 映像区		32 点入/32 点出			
内部标志位(M 寄存器) 掉电永久保存 超级电容或电池保存		256 位 112 位 256 位			
定时器总数 超级电容或电池保存 1 ms 定时器 10 ms 定时器 100 ms 定时器		256 个 64 个 4 个 16 个 236 个			
计数器总数 超级电容或电池保存		256 个 256 个			
顺序控制继电器		256 个			
定时中断 硬件输入边沿中断 可选滤波时间输入		2 个,1 ms 分辨率 4 个 7 个,0.2～12.8 ms			

6.1.13　编程环境

STEP7-Micro/WIN 是西门子公司专为 SIMATIC S7-200 系列 PLC 研制开发的编程软件,其基本功能有:

● 是在 Windows 平台上运行的 SIMATIC S7-200 PLC 编程软件,简单、易学,能够解决复杂的自动化任务。

● 适用于所有 SIMATIC S7-200 PLC 机型软件编程。

● 支持 IL、LAD、FBD 三种编程语言,可以在三者之间随时切换。

● 具有密码保护功能。

● 提供软件工具帮助用户调试和测试程序。这些特征包括:监视 S7-200 正在执行的用户程序状态;为 S7-200 指定运行程序的扫描次数;强制变量值等。

● 具有指令向导功能:PID 自整定界面;PLC 内置脉冲串输出(PTO)和脉宽调制(PWM)指令向导;数据记录向导;配方向导。

● 支持 TD 200 和 TD 200C 文本显示界面(TD 200 向导)。

1. STEP7-Micro/WIN 编程软件的安装

运行 STEP7-Micro/WIN 编程软件的计算机系统要求见表 6-1-3。

表 6-1-3　　　　　　　　　　　　　　系统要求

项　目	要　　求
CPU	80486 以上的微处理器
内存	8 MB 以上
硬盘	50 MB 以上
操作系统	Windows 95、Windows 98、Windows ME、Windows 2000
计算机	IBMPC 及兼容机

STEP7-Micro/WIN 编程软件安装步骤如下:

(1)关闭所有应用程序,双击 STEP7-Micro/WIN 的安装程序 setup. exe,则系统自动进入安装向导。

(2)在安装向导的帮助下完成软件的安装。软件安装路径可以使用默认的子目录,也可单击"浏览"按钮,在弹出的对话框中任意选择或新建一个新目录。

(3)在安装过程中,如果弹出 PG/PC 接口对话框,可单击"取消"按钮进行下一步。

(4)软件安装结束后,会提示用户即时浏览 Readme 文件或进入 STEP7-Micro/WIN,此时,用户可根据需要自行选择。

安装完毕可以单击菜单命令"工具"→"选项",弹出"选项"对话框,在"一般"选项卡中选择语言为中文,重启软件后,界面将变为中文。

2. PLC 与计算机通信的建立和设置

(1)PLC 与计算机的连接

为实现 PLC 与计算机之间的通信,需配备下列设备中的一种:一根 PC/PPI 电缆、一块 MPI 卡和配套电缆、一个通信处理器(CP)卡和多点接口电缆。一般使用比较便宜的 PC/PPI 电缆。如图 6-1-14 所示。将 PC 端与计算机的 RS-232 通信接口(COM1 或 COM2)连接,将 PPI 端与 PLC 的 RS-485 通信接口(PORT0 或 PORT1)连接即可。PC/PPI 电缆中间有通信模块,可以通过拨动 DIP 开关设置波特率,系统默认波特率为 9.6 kbit/s。

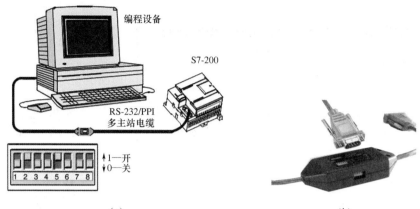

(a)　　图 6-1-14　PLC 与计算机的连接　　(b)

(2)通信参数的设置

为实现 PLC 与计算机的通信,需要完成下列设置,步骤如下:

①运行 STEP7-Micro/WIN 编程软件,在浏览条中的"检视"中单击"通信"图标,弹出"通信"对话框。

②在"通信"对话框中双击 PC/PPI 电缆图标,弹出 PC/PG 接口的对话框。

③单击"属性(Properties)"按钮,弹出接口属性对话框,检查各参数是否正确,系统默认参数为站地址为 2,波特率为 9.6 kbit/s。设置完成后需要把系统块下载到 PLC 后才会起作用。

(3)建立在线连接

建立与 S7-200 CPU 的在线联系,步骤如下:

①单击"通信"图标,弹出一个通信建立结果对话框,显示是否连接了 CPU 主机。

②双击对话框中的刷新图标,编程软件将检查所连接的所有 S7-200 CPU 站。

③双击要进行通信的站,在通信建立对话框中,可以显示所选的通信参数。

3. 编程软件的基本使用方法

(1)STEP7-Micro/WIN 编程软件窗口组件

STEP7-Micro/WIN 编程软件窗口如图 6-1-15 所示。

(2)项目及组件

STEP7-Micro/WIN 为每个实际的 S7-200 应用生成一个项目,项目以扩展名为.mwp 的文件格式保存。打开一个.mwp 文件就打开了相应的工程项目。一个项目包括程序块、数据块、系统块、符号表、状态表、交叉引用等,如图 6-1-16 所示。其中程序块、数据块、系统块需下载到 PLC。

程序块(Program Block)由可执行的程序代码和注释组成。程序代码由主程序(OB1)、可选的子程序(SBR0)和中断程序(INT0)组成。

符号表(Symbol Table)是允许程序员使用符号编址的一种工具。用来建立自定义符号与直接地址间的对应关系,并可附加注释,使得用户可以使用具有实际意义的符号作为编程元件,增加程序的可读性。例如,系统的停止按钮的输入地址是 I0.0,则可以在符号表中将

I0.0 的地址定义为 STOP,这样梯形图所有地址为 I0.0 的编程元件都由 STOP 代替。当编译后,将程序下载到 PLC 中时,编译程序将所有的符号转换为绝对地址,符号表信息不下载至 PLC。

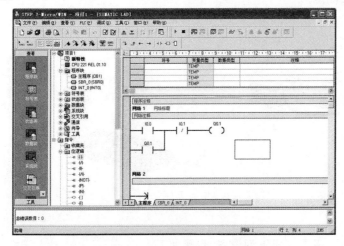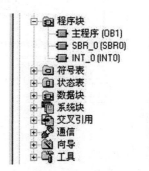

图 6-1-15　STEP7-Micro/WIN 编程软件窗口　　　　　　图 6-1-16　项目组成

状态表(Status Chart)用于联机调试时监视各变量的状态和当前值。只需要在地址栏中写入变量地址,在数据格式栏中标明变量的类型,就可以在运行时监视这些变量的状态和当前值。状态表不下载至 PLC,而仅是监控 PLC(或模拟 PLC)活动的一种工具。

数据块(Data Block)由数据(初始内存值、常量值)和注解组成。可以对变量寄存器进行初始数据的赋值或修改,并可附加必要的注释。数据被编译并下载至 PLC,注解则不被编译或下载。

系统块(System Block)由配置信息组成,主要用于系统组态。例如通信参数、保留数据范围、模拟和数字输入过滤程序,用于 STOP(停止)转换的输出值和密码信息。系统块信息被下载至 PLC。

交叉引用(Cross Reference)可以提供交叉索引信息、字节使用情况和位使用情况信息,使得 PLC 资源的使用情况一目了然。只有在程序编辑完成后,才能看到交叉引用的内容。在交叉引用中双击某个操作数时,可以显示含有该操作数的那部分程序。

通信(Communications)可用来建立计算机与 PLC 之间的通信连接以及通信参数的设置和修改。

在对 STEP7-Micro/WIN 项目进行修改后,必须将修改下载至 PLC 之后才会对程序产生影响。

(3)建立新项目或打开已有项目

①建立新项目　可以用"文件(File)"菜单中的"新建(New)"项或工具条中的"新建(New)"按钮新建一个程序文件。

②打开已有项目

● 单击菜单"文件"→"打开",在打开对话框中选择项目的路径和名称,单击"确定"按钮。

● 直接双击要打开的. mwp 文件。

● 如果用户最近在某项目中工作过,该项目将在"文件"菜单下列出,可直接选择,不必使用"打开"对话框。

(4)指令输入

在输入程序时每个网络从接点开始,以线圈或没有 ENO 输出的指令盒结束,线圈不允许串联使用。一个程序段中只能有一个"能流"通路,不能有两条互不联系的通路。

梯形图的编程元件有触点、线圈、指令盒、标号及连接线,可用以下两种方法输入:

● 用工具条上的一组编辑按钮,如图 6-1-17 所示。单击触点(Contact)、线圈(Coil)或指令盒(Box)按钮,从弹出的窗口中选择要输入的指令,单击即可。工具条中的编程按钮有 9 个,下行线、上行线、左行线和右行线按钮用于输入连接线,形成复杂的梯形图;触点、线圈和指令盒按钮用于输入编程元件;插入网络和删除网络按钮用于编辑程序。

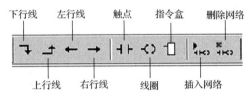

图 6-1-17 编辑按钮

● 根据要输入的指令类别,双击图 6-1-18 所示指令树中该类别的图标,选择相应的指令,单击即可。

(5)程序编辑

①插入和删除 编辑程序时,经常要进行插入或删除一行、一列、一个网络、一个字程序或一个中断程序的操作,实现上述操作的方法有两种:

● 右击程序编辑区中要进行插入(或删除)的位置,在弹出的菜单中选择"插入(Insert)"或"删除(Delete)",如图 6-1-19 所示,继续在弹出的子菜单中单击要插入(或删除)的选项,如行(Row)、列(Column)、向下分支(Vertical)、网络(Network)、中断程序(Interrupt)和子程序(Subroutine)。

● 将光标移到要操作的位置,用"编辑(Edit)"菜单中的"插入(Insert)"或"删除(Delete)"命令完成操作。

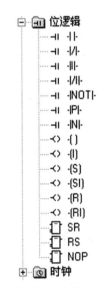

图 6-1-18 指令树中的位逻辑指令

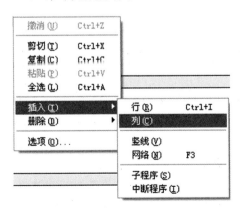

图 6-1-19 插入或删除操作

②复杂结构输入 如果想编辑图 6-1-20(a)所示的梯形图,可单击图 6-1-20(b)中第一行的下方,然后在光标显示处输入触点,生成新的一行。输入完成后,将光标移回到刚输入的触点处,单击工具栏中的"上行线(Line Up)"按钮即可。如果要在一行的某个元件后向下分支,可将光标移到该元件处,单击"下行线(Line Down)"按钮即可。

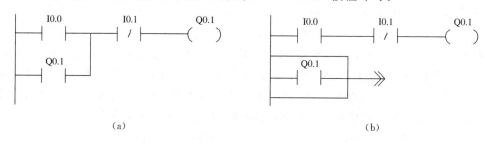

(a)   (b)

图 6-1-20 复杂结构输入

(6)项目的保存

使用工具条上的"保存"按钮保存,或从"文件"菜单选择"保存"和"另存为"选项保存。

(7)程序的编译

程序必须经过编译后,方可下载到 PLC,编译的方法如下:程序文件编辑完成后,可用"PLC"菜单中的"编译(Compile)"命令,或工具栏中的"编译(Compile)"按钮进行离线编译。编译完成后会在输出窗口显示编译结果。

(8)程序的下载和上传

①程序下载

程序只有在编译正确后才能下载到计算机中。下载前,PLC 必须处于"STOP"状态。如果不在 STOP 状态,可单击工具条中"停止(STOP)"按钮,或选择"PLC"菜单中的"停止(STOP)"命令,也可以将 CPU 模块上的方式选择开关直接扳到"停止(STOP)"位置。单击"文件"→"下载",或单击"下载"按钮,弹出"下载"对话框。单击"确定"按钮,开始下载程序。如果下载成功,会显示:"下载成功。"下载成功后,如要运行程序,必须将 PLC 从 STOP(停止)模式转换回 RUN(运行)模式。单击工具条中的"运行"按钮,或单击"PLC"→"运行"即可。

②程序上传

上传是指将 PLC 中的程序上传到 STEP7-Micro/WIN 程序编辑器中。方法有三种:单击"上传"按钮,或使用快捷键组合"Ctrl+U",或单击菜单命令"文件"→"上传"。

(9)监视程序

STEP7-Micro/WIN 提供的三种程序编辑器(梯形图、语句表及功能表图)都可以在 PLC 运行时监视各个编程元件的状态以及各操作数的数值。这里只介绍在梯形图编辑器中监视程序的运行状态。

PLC 处于运行方式并与计算机建立起通信后,单击"工具(Tools)"→"选项(Options)"命令打开选项对话框,选择"LAD 状态(LAD Status)",然后再选择一种梯形图样式,在打开梯形图窗口后,单击工具条中"程序状态(Program Status)"按钮。

在"程序状态"下,梯形图编辑器窗口中被点亮的元件处于接通状态。如图 6-1-21 所示。对于方框指令,在"程序状态"下,输入操作数和输出操作数不再是地址,而是具体的数值,定时器和计数器指令中的 T×× 或 C×× 显示实际的定时值和计数值。

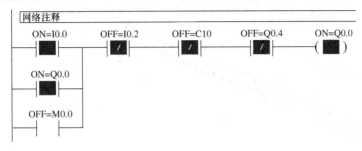

图 6-1-21　梯形图程序的状态监视

(10)打印程序文件

单击"文件(File)"→"打印(Print)"选项,在如图 6-1-22 所示的对话框中可以选择打印的内容,如阶梯(Ladder)、符号表(Symbol Table)、状态表(Status Chart)、数据块(Data Block)、交叉引用(Cross Reference)及元素使用(Element Usage),还可以选择阶梯打印的范围,如全部(All)、主程序(MAIN)、子程序(SBR)以及中断程序(INT)。

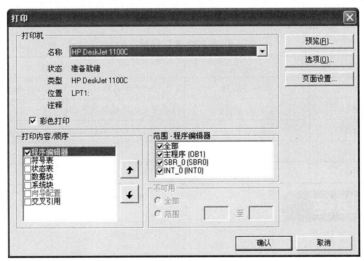

图 6-1-22　打印程序文件对话框

任务实施

1.PLC 硬件观察

(1)熟悉实验室中的 PLC 具体型号,了解其具体含义。

(2)了解模块化 PLC 各模块的名称及作用。

(3)熟悉 PLC 控制系统的各个部件并描述其具体作用。

2.根据图 6-1-23 所给的自动装箱生产线示意图和接线图以及实验场所所给的电器元件,在安装板上合理布置各电器元件的位置。

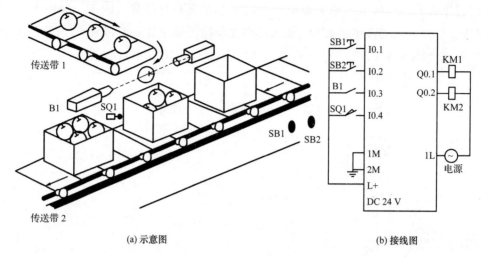

(a) 示意图　　　　　　　　　　　　　　　(b) 接线图

图 6-1-23　自动装箱生产线

该自动装箱生产线的基本控制要求如下：按下 SB1 启动系统，传送带 2 启动运行，当箱子进入定位位置时，SQ1 动作，传送带 2 停止。当 SQ1 动作后延时 1 s 启动，传送带 1 物品逐一落入箱内，由 B1 检测物品，在物品通过时发出脉冲信号。在落入箱内成品达到 10 个时，传送带 1 停止，同时启动传送带 2。在按下停止按钮，传送带 1、2 均停止。

PLC I/O 端口分配见表 6-1-4。

表 6-1-4　　　　　　　　　　　　　　　PLC I/O 端口分配

输入信号		输出信号	
元件名称	输入点编号	元件名称	输出点编号
启动按钮 SB1	I0.1	传送带 1 电动机驱动 KM1	Q0.1
停止按钮 SB2	I0.2	传送带 2 电动机驱动 KM2	Q0.2
光电开关 B1	I0.3		
位置开关 SQ1	I0.4		

 计划总结 ---------------------------▶

（参考前面任务样式）

 拓展练习 ---------------------------▶

1.仔细阅读 S7-200 系统手册，学会性能指标对比和查阅，初步具有选型基础。

2.仔细阅读 FANUC PMC 手册，对比与通用 PLC 的联系与区别。

任务 2　PLC 设计（电动机控制）

 任务目标 ---------------------------▶

● 利用 S7-200 PLC 来实现对三相异步电动机的启停控制，从而掌握 PLC 的软元件、数据类型与寻址方式;熟悉梯形图编程的规则;掌握 S7-200 PLC 的基本指令与功能指令,并能利用这些指令解决一些实际的控制问题;熟悉 PLC 控制系统的安装与调试

 **预备知识** --➤

6.2.1　S7-200 PLC 的编址方式和内部元件

PLC 的每个输入/输出、内部存储单元、定时器和计数器等都称为内部元件或软元件。每种软元件都有其不同的功能和相应的地址。实际上这些软元件就是存储器单元。下面简单介绍 S7-200 PLC 的编址方式和内部元件的功能。

1. 编址方式

软元件的地址编号采用区域标志符加上区域内编号的方式,主要有输入/输出继电器区、定时器区、计数器区、通用辅助继电器区、特殊辅助继电器区等,这些区域分别用 I、Q、T、C、M、SM 字母来表示。其编址方式可分为位(bit)、字节(Byte)、字(Word)、双字(Double Word)编址。

(1)位编址方式　(区域标志符)字节号. 位号,如 I0.0、Q0.0、M0.0。图 6-2-1 所示为一个位寻址的例子(也称为"字节. 位"寻址)。在这个例子中,存储器区和字节地址(I 代表输入,3 代表字节 3)与位地址(第 4 位)之间用点号"."隔开。

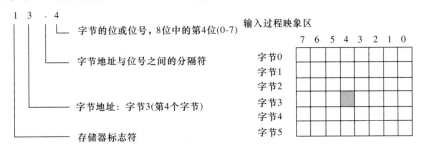

图 6-2-1　位寻址示例

(2)字节编址方式　(区域标志符)B(字节号),例如 IB1 表示由 I1.0～I1.7 这 8 位组成的字节。如图 6-2-2 中的 VB100。

(3)字编址方式　(区域标志符)W(起始字节号),最高有效字节为起始字节。例如 VW0 表示由 VB0 和 VB1 这两个字节组成的字。如图 6-2-2 中的 VW100。

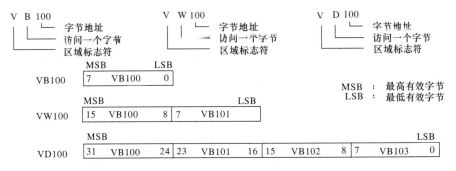

图 6-2-2　对同一地址进行字节,字和双字存取操作的比较

(4)双字编址方式　（区域标志符）D(起始字节号)，最高有效字节为起始字节。例如 VD10 表示由 VB10～VB13 四个字节组成的双字。如图 6-2-2 中的 VD100。

可以进行位操作的存储区有 I、Q、M、SM、L、V、S。可以进行字节操作的存储区有 I、Q、M、SM、L、V、AC(只用低 8 位)、常数。可以进行字操作的存储区有 I、Q、M、SM、T、C、L、V、AC(只用低 16 位)、常数。可以进行双字操作的存储区有 I、Q、M、SM、T、C、L、V、AC (32 位)、常数。

2. S7-200 PLC 的内部元件

(1)输入继电器 I(输入映像寄存器)

输入继电器 I 和 PLC 的输入端子相连，是用来接收用户设备输入信号的。S7-200 PLC 输入继电器有 I0.0～I15.7，是以字节(8 位)为单位进行地址分配的。

在每个扫描周期的开始，CPU 对输入点进行采样，并将采样结果存入输入映像寄存器中，外部输入电路接通时对应的映像寄存器为 ON(1 状态)，在程序中表现为其常开触点闭合，常闭触点断开。输入端可以外接常开触点或常闭触点，也可以接由多个触点组成的串并联电路。在梯形图中，可以多次引用输入位的常开触点和常闭触点。注意 PLC 的输入继电器只能由外部信号驱动，不能在程序内部用指令来驱动，因此在梯形图中不能出现输入继电器的线圈，只能引用输入映像寄存器的触点。

(2)输出继电器 Q(输出映像寄存器)

输出继电器 Q 是用来将输出信号传送到负载的接口，S7-200 PLC 输出映像寄存器区域有 Q0.0～Q15.7，也是以字节(8 位)为单位进行地址分配的。

在每一个扫描周期的最后一个阶段，CPU 将输出映像寄存器的数据传送给输出模块，再由后者驱动外部负载。如果梯形图中 Q0.0 的线圈"通电"，继电器型输出模块中对应的硬件继电器的常开触点闭合，使接在标号为 Q0.0 的端子的外部负载工作。输出模块中的每一个硬件继电器仅有一对常开触点，但是在梯形图中，每一个输出位的常开触点和常闭触点都可以多次使用。输出继电器线圈的通断状态只能在程序内部用指令驱动。

(3)通用辅助继电器 M(位存储器)

通用辅助继电器用来保存控制继电器的中间操作状态，可采用位、字节、字或双字来存取。其地址范围为 M0.0～M31.7，共 32 个字节，其作用相当于继电器控制中的中间继电器，通用辅助继电器在 PLC 中没有输入/输出端与之对应，其线圈的通断状态只能在程序内部用指令驱动，其触点不能直接驱动外部负载，只能在程序内部驱动输出继电器的线圈，再用输出继电器的触点去驱动外部负载。

(4)特殊辅助继电器 SM(特殊标志位存储器)

PLC 中还有若干特殊辅助继电器，特殊辅助继电器提供大量的状态和控制功能，用来在 CPU 和用户程序之间交换信息，特殊辅助继电器能以位、字节、字或双字来存取，CPU 226 的 SM 的位地址编号范围为 SM0.0～SM549.7，其中 SM0.0～SM29.7 的 30 个字节为只读型区域。如：SM0.0 该位总是为"ON"；SM0.1 首次扫描循环时该位为"ON"；SM0.4 提供 1 min 时钟脉冲；SM0.5 提供 1 s 时钟脉冲；SM1.0 是零位标志；SM1.1 是溢出标志；SM1.2 是负数标志。其他特殊存储器的用途可查阅相关手册。

(5)变量存储器 V

变量存储器主要用于存储变量。可以存放数据运算的中间运算结果或设置参数，在进行数据处理时,变量存储器会被经常使用。变量存储器可以是位寻址,也可按字节、字、双字为单位寻址,其位存取的编号范围根据 CPU 的型号有所不同,CPU 221/222 为 V0.0～V2047.7,共 2 KB 存储容量,CPU 224/226 为 V0.0～V5119.7,共 5 KB 存储容量。

(6)局部变量存储器 L

局部变量存储器主要用来存放局部变量。局部变量存储器和变量存储器十分相似,主要区别在于全局变量是全局有效,即同一个变量可以被任何程序(主程序、子程序和中断程序)访问。而局部变量只是局部有效,即变量只和特定的程序相关联。S7-200 有 L0.0～L63.7。64 个字节的局部变量存储器,其中 60 个字节可以作为暂时存储器或给子程序传递参数。后 4 个字节作为系统的保留字节。局部变量存储器也可以作为地址指针使用。

(7)定时器 T

S7-200 PLC 所提供的定时器的作用相当于继电器控制系统中的时间继电器,用于时间累计。每个定时器可提供无数对常开和常闭触点供编程使用,其设定时间由程序设置[定时时间＝预置值(PT)×时基]。CPU 222、CPU 224 及 CPU 226 的定时器地址编号为 T0～T255,其分辨率(时基增量)分为 1 ms、10 ms 和 100 ms 三种。

(8)计数器 C

计数器用于累计计数输入端接收到的由断开到接通的脉冲个数。计数器可提供无数对常开和常闭触点供编程使用,其结构与定时器基本相同,其设定值由程序设置,计数器的地址编号范围为 C0～C255。

(9)高速计数器 HC

一般计数器的计数频率受扫描周期的影响,不能太高,而高速计数器可用来累计比CPU 的扫描速度更快的事件。高速计数器的当前值是一个双字长(32 位)的整数,且为只读值。CPU 221/222 各有 4 个高速计数器,编号为 HC0～HC3,CPU 224/226 各有 6 个高速计数器,编号为 HC0～HC5。

(10)累加器 AC

累加器是用来暂存数据的寄存器,它可以用来存放运算数据、中间数据和结果。CPU提供了 4 个 32 位的累加器,其地址编号为 AC0～AC3。累加器的可用长度为 32 位,可采用字节、字、双字的存取方式,按字节、字只能存取累加器的低 8 位或低 16 位,双字可以存取累加器全部的 32 位。

(11)顺序控制继电器 S

顺序控制继电器是使用步进顺序控制指令编程时的重要状态元件,通常与步进指令一起使用以实现顺序功能流程图的编程。地址编号范围为 S0.0～S31.7。

(12)模拟量输入/输出映像寄存器 AI/AQ

S7-200 的模拟量输入电路将外部输入的模拟量信号转换成 1 个字长的数字量存入模拟量输入映像寄存器区域,区域标志符为 AI。

模拟量输出电路将模拟量输出映像寄存器区域的 1 个字长的数值转换为模拟电流或电压的输出,区域标志符为 AQ。由于模拟量为一个字长 16 位,即两个字节,且从偶数字节开始,所以必须用偶数字节地址(如 AIW0、AQW2)来存取和改变这些值。对模拟量输入/输出以 2 个字(W)为单位分配地址,每路模拟量输入/输出占用 1 个字(2 个字节)。如有 2 路模拟量输入,则需分配 3 个字(AIW0、AIW2、AIW4),其中 AIW4 没有被使用,但也不可被占用或分配给后续模块。如果有 1 路模拟量输出,需分配 2 个字(AQW0、AQW2),其中 AQW2 没有被使用,也不可被占用或分配给后续模块。

CPU 222 的地址编号范围为 AIW0~AIW30、AQW0~AQW30;CPU 224/226 的地址编号范围为 AIW0~AIW62、AQW0~AQW62。模拟量输入值为只读数据,模拟量输出值为只写数据,转换的精度是 12 位。

6.2.2 数值的表示方式及寻址方式

1. 表示方式

(1)数值的类型和范围

S7-200 PLC 在存储单元可以存放的数据类型有布尔型(BOOL)、整数型(INT)和实数型(REAL)。布尔型数据是指字节型无符号整数;整数型数据包括 16 位符号整数(INT)和 32 位符号整数(DINT)。实数型数据采用 32 位单精度数来表示。表 6-2-1 中给出不同长度的数据表示的数值范围。

表 6-2-1　　　　　不同长度的数据表示的十进制和十六进制数值范围

数制	字节(B)	字(W)	双字(D)
无符号整数	0~255 0~FF	0~65 535 0~FFFF	0~4 294 967 295 0~FFFF FFFF
符号整数	−128~+127 80~7F	−32 768~+32 767 8000~7FFF	−2 147 483 648~+2 147 483 647 8000 0000~7FFF FFFF
实数 IEEE 32 位浮点数	不用	不用	$+1.175\ 495\times10^{-38}\sim+3.402\ 823\times10^{38}$(正数) $-1.175\ 495\times10^{-38}\sim-3.402\ 823\times10^{38}$(负数)

(2)常数

在 S7-200 的指令中可以使用常数(可以是字节、字或双字类型),常数的类型可指定为十进制(1 122)、十六进制(16♯7A4C)、二进制(2♯10100100)或 ASCII 字符('SIMAT-IC')。要注意的是存储时均是用二进制的形式存储的。

2. 寻址方式

PLC 编程语言的基本单位是语句,而构成语句的是指令,每条指令由两部分组成:一部分是操作码;另一部分是操作数。操作码指出这条指令的功能是什么,操作数则指明了操作码所需要的数据所在。S7-200 PLC 将信息存放于不同的存储器单元,每个存储器单元都有唯一确定的地址。通常把使用数据地址访问所有的数据称为寻址。它对数据的寻址方式可分为立即寻址、直接寻址和间接寻址三类。在数字量控制系统中一般采用直接寻址。

(1)立即寻址

所谓立即寻址,是指在一条指令中,操作码后面的操作数就是操作码所需要的具体数据。例如传送指令 MOVD 100,VD0 的功能就是将十进制数 100 传送到 VD0 中,该指令的源操作数是 100,其值已经在指令中了,不用再去寻找,这种寻址方式就是立即寻址方式。

(2)直接寻址

所谓直接寻址,是指在一条指令中,操作码后面的操作数是以操作数所在地址的形式出现的。直接寻址可以采用按位编址或按字节编址的方式进行寻址。寻址时,数据地址以代表存储区类型的字母开始,随后是表示数据长度的标记,然后是存储单元的编号。例如传送指令 MOVD VD400,VD500,采用直接寻址方式将 VD400 中的双字数据传给 VD500。

(3)间接寻址

所谓间接寻址,是指在一条指令中,操作码后面的操作数是以操作数所在地址的地址形式出现的。间接寻址时操作数并不提供直接数据位置,而是通过使用地址指针来存取存储器中的数据。例如传送指令 MOVD 100,* VD10,目的操作数就是采用间接寻址的。假设 VD10 中存放的是 VB0,其功能就是将十进制数 100 传送至 VB0 地址中。

在 S7-200 PLC 中允许使用指针对 I、Q、M、V、S、T、C(仅当前值)存储区进行间接寻址。使用间接寻址前,要先创建一指向该位置的指针。指针建立好后,利用指针存取数据。

6.2.3　S7-200 PLC 的基本指令

S7-200 PLC 梯形图指令有触点和线圈两大类,触点又分常开触点和常闭触点两种形式;语句表指令有与、或以及输出等逻辑关系,位操作指令能够实现基本的位逻辑运算和控制。

1. 标准触点指令

标准触点指令有 LD、LDN、=、NOT、A、AN、O、ON 共 8 条,这些指令对存储器位进行操作。如果有操作数,操作数为 BOOL 型,操作数范围是 I、Q、M、SM、T、C、S、V、L。图 6-2-3 和图 6-2-4 所示为标准触点指令的应用。

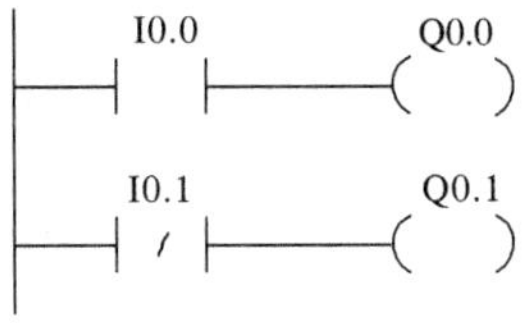

LD	I0.0
=	Q0.0
LDN	I0.1
=	Q0.1

图 6-2-3　标准触点指令的应用(1)

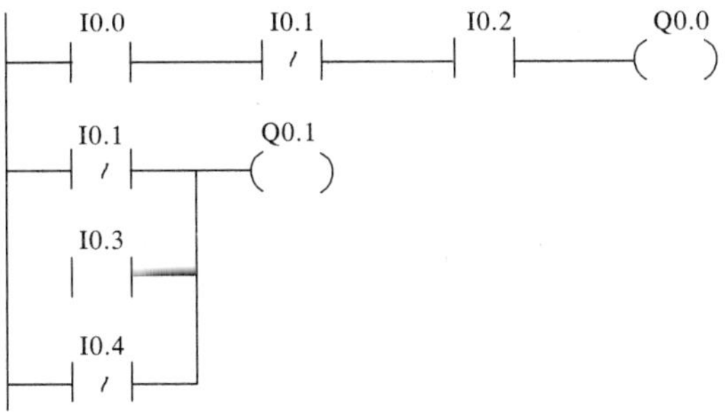

LD	I0.0
AN	I0.1
A	I0.2
=	Q0.0
LDN	I0.1
O	I0.3
ON	I0.4
=	Q0.1

图 6-2-4　标准触点指令的应用(2)

(1)LD bit　装载指令。以一常开触点来开始一逻辑运算,对应梯形图为在左侧母线或线路分支点处初始装载一个常开触点。

(2)LDN bit　取反后装载指令。以一常闭触点来开始一逻辑运算,对应梯形图为在左侧母线或线路分支点处初始装载一个常闭触点。

（3）＝bit　输出指令。与梯形图中的线圈相对应。驱动线圈的触点电路接通时，有"能流"流过线圈，输出指令指定的位对应的映像寄存器的值为 1，反之为 0。被驱动的线圈在梯形图中只能使用一次。"＝"可以任意并联使用，但不能串联使用。

（4）NOT　取反指令。将它左边电路的逻辑运算结果取反。结果若为 1 则变为 0，为 0 则变为 1，该指令没有操作数。

（5）A bit　与指令。在梯形图中表示串联一个常开触点。

（6）AN bit　与非指令。在梯形图中表示串联一个常闭触点。

（7）O bit　或指令。在梯形图中表示并联一个常开触点。

（8）ON bit　或非指令。在梯形图中表示并联一个常闭触点。

2. 块操作指令

（1）ALD　块与指令。用于串联连接多个并联电路组成的电路块。分支的起点用 LD/LDN 指令，并联电路结束后使用 ALD 指令与前面电路串联。图 6-2-5 所示为块与指令的应用。

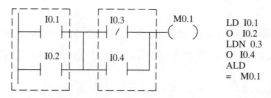

图 6-2-5　块与指令的应用

（2）OLD　块或指令。用于并联连接多个串联电路组成的电路块。分支的起点用 LD/LDN 指令，串联电路结束后使用 OLD 指令与前面电路并联。图 6-2-6 所示为块或指令的应用。

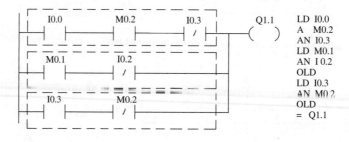

图 6-2-6　块或指令的应用

3. 逻辑堆栈指令

（1）LPS（入栈）指令　LPS 指令把栈顶值复制后压入堆栈，栈中原来数据依次下移 1 层，栈底值压出丢失。

（2）LRD（读栈）指令　LRD 指令把逻辑堆栈第 2 层的值复制到栈顶，第 2～9 层数据不变，堆栈没有压入和弹出。但原栈顶的值丢失。

（3）LPP（出栈）指令　LPP 指令把堆栈弹出 1 级，原第 2 级的值变为新的栈顶值，原栈顶数据从栈内丢失。

逻辑堆栈指令可以嵌套使用，最多为 9 层。为保证程序地址指针不发生错误，入栈指令 LPS 和出栈指令 LPP 必须成对使用，最后一次读栈操作应使用出栈指令 LPP。图 6-2-7 所示为逻辑堆栈指令的应用。

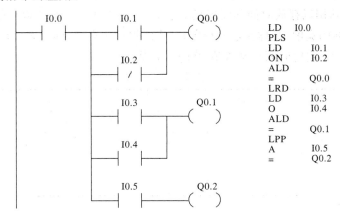

图 6-2-7 逻辑堆栈指令的应用

4. 置位指令、复位指令、边沿触发指令

置位指令 S、复位指令 R 在使能输入有效后,从指定的位地址开始的 N 个点的映像寄存器都被置"1"或清"0"并保持,N＝1～255。对同一元件(同一寄存器的位)可以多次使用 S/R 指令;置位、复位指令通常成对使用,也可以单独使用或与指令盒配合使用。在使用复位指令时,如果被指定复位的是定时器或计数器,将清除定时器或计数器的当前值。

边沿触发指令也称为跳变触点检测指令,有正跳变触点检测 EU 指令和负跳变触点 ED 指令两条。当 EU 指令前的逻辑运算有一个上升沿时(OFF→ON),后面的输出线圈将接通一个扫描周期;当 ED 指令前有一个下降沿时(ON→OFF),后面的输出线圈将接通一个扫描周期。它们没有操作数,触点符号中间的"P"和"N"分别表示正跳变和负跳变。图 6-2-8 所示为置位指令、复位指令、边沿触发指令的应用。

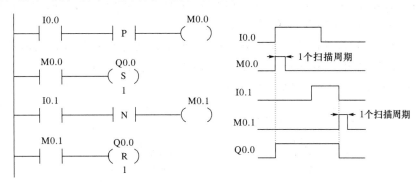

图 6-2-8 置位指令、复位指令、边沿触发指令的应用

6.2.4 定时器指令

S7-200 CPU 22×系列 PLC 有 256 个定时器,按时基脉冲分为 1 ms、10 ms、100 ms 三种,按工作方式分有通电延时定时器(TON)、断电延时定时器(TOF)、记忆型通电延时定时器(TONR)。定时器号决定了定时器的时基,见表 6-2-2。

定时器

每个定时器均有一个 16 位的当前值寄存器用以存放当前值（16 位符号整数）；一个 16 位的预置值寄存器用以存放时间的设定值；还有一位状态位，反映其触点的状态。最小计时单位为时基脉冲的宽度，又称为定时精度；从定时器输入有效，到状态位输出有效，经过的时间为定时时间，即：定时时间＝预置值（PT）×时基。

表 6-2-2　　　　　　　　　　　定时器的种类及指令格式

工作方式	TON/TOF			TONR		
分辨率/ms	1	10	100	1	10	100
最大定时范围/s	32.767	327.67	3 276.7	32.767	327.67	3 276.7
定时器编号	T32、T96	T33～T36、T97～T100	T37～T63、T101～T255	T0、T64	T1～T4、T65～T68	T5～T31、T69～T95

1. 通电延时定时器（TON）

通电延时定时器（TON）用于单一间隔的定时。当 IN 端接通时，定时器开始计时，当前值从 0 开始递增，计时到设定值 PT 时，定时器状态位置 1，其常开触点接通，其后当前值仍增加，但不影响状态位。当前值的最大值为 32 767。当 IN 端分断时，定时器复位，当前值清 0，状态位也清 0。若 IN 端接通时间未到设定值就断开，定时器则立即复位，如图 6-2-9 所示。

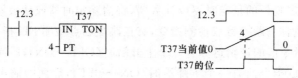

图 6-2-9　TON 定时器的工作原理

2. 断电延时定时器（TOF）

断电延时定时器（TOF）用来在输入（IN）电路断开后延时一段时间，再使定时器为 OFF。它用输入从 ON 到 OFF 的负跳变启动定时。

接在定时器 IN 输入端的输入电路接通时，定时器位变为 ON，当前值被清零。输入电路断开后开始定时，当前值从 0 开始增大，当前值等于设定值时，输出位变为 OFF，当前值保持不变，直到输入电路接通，如图 6-2-10 所示。

图 6-2-10　TOF 定时器的工作原理

TOF 与 TON 不能共享相同的定时器号，例如，不能同时使用 TON T32 和 TOF T32。可用复位（R）指令复位定时器。复位指令使定时器位变为 OFF，定时器当前值被清零。在第一个扫描周期，TON 和 TOF 被自动复位，定时器位为 OFF，当前值为 0。

3. 记忆型通电延时定时器（TONR）

记忆型通电延时定时器（TONR）的输入电路接通时开始定时。当前值大于等于 PT 端指定的设定值时，定时器位变为 ON。达到设定值后，当前值仍继续计数，直到最大值为 32 767。

输入电路断开时，当前值保持不变。可用 TONR 来累计输入电路接通的若干时间间隔。复位(R)指令用来清除它的当前值,同时使定时器位为 OFF。图 6-2-11 中的时间间隔 $t_1+t_2\geqslant100$ ms 时,10 ms 定时器 T2 的定时器位变为 ON。输入电路断开时,当前值保持不变。在第一个扫描周期,定时器位为 OFF。可以在系统块中设置 TONR 的当前值,有断电保持功能。

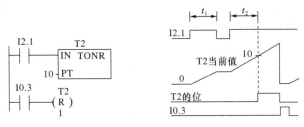

图 6-2-11　TONR 定时器的工作原理

6.2.5　计数器指令

计数器用来累计输入脉冲的个数。主要由 1 个 16 位的预置值寄存器、1 个 16 位的当前值寄存器和 1 位状态位组成。当前值寄存器用以累计脉冲个数,计数器当前值大于或等于预置值时,状态位置 1。S7-200 PLC 有三类计数器:CTU,加计数器;CTUD,加/减计数器;CTD,减计数器。

计数器

1. 加计数器指令(CTU)

当复位(R)输入电路断开,加计数脉冲输入(CU)电路由断开变为接通(CU 信号的上升沿),计数器的当前值加 1,直至计数最大值为 32 767。当前值大于等于设定值(PV)时,该计数器位被置 1。当复位(R)输入为 ON 时,计数器被复位,计数器位变为 OFF,当前值被清零,如图 6-2-12 所示。

在语句表中,栈顶值是复位输入(R),加计数输入值(CU)放在栈顶下面一层。

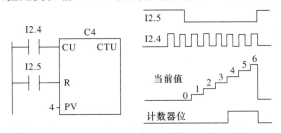

图 6-2-12　加计数器

2. 减计数器指令(CTD)

在减计数脉冲输入(CD)的上升沿(从 OFF 到 ON),从设定值开始,计数器的当前值减 1,减至 0 时,停止计数,计数器位被置 1。装载输入(LD)为 ON 时,计数器位被复位,并把设定值装入当前值,如图 6-2-13 所示。

在语句表中,栈顶值是装载在输入 LD,减计数输入 CD 放在栈顶下面一层。

3. 加/减计数指令(CTUD)

在加计数脉冲输入(CU)的上升沿,计数器的当前值加 1;在减计数脉冲输入(CD)的上升沿,计数器的当前值减 1。当前值大于等于设定值(PV)时,计数器位被置位。复位(R)输

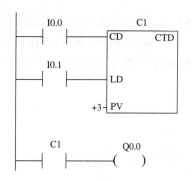
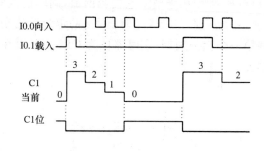

图 6-2-13　减计数器

入为 ON,或对计数器执行复位(R)指令时,计数器被复位,如图 6-2-14 所示。当前值为最大值 32 767 时,下一个输入(CU)的上升沿使当前值变为最小值 −32 768。当前值为 −32 768 时,下一个输入(CD)的上升沿使当前值变为最大值 32 767。

在语句表中,栈顶值是复位输入 R,加计数输入 CU 放在堆栈的第 2 层,减计数输入 CD 放在堆栈的第 3 层。

计数器的编号范围为 C0~C255。不同类型的计数器不能共用同一计数器号。

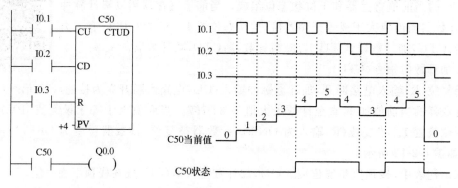

图 6-2-14　加/减计数器

6.2.6 基本环节编程示例

1.启动、保持、停止程序

启动、保持、停止程序是电动机等电气设备控制中常用的控制程序,常称为启-保-停电路。其最主要的特点是具有"记忆"功能,常见的电路如图 6-2-15 所示。

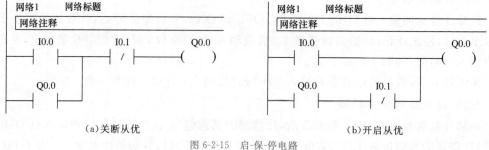

(a)关断从优　　　　　　　　　(b)开启从优
图 6-2-15　启-保-停电路

在实际应用中该程序还有许多联锁条件,满足联锁条件后,才允许启动或停止。同时也可以用置位、复位指令来等效启-保-停电路的功能,如图 6-2-16 所示。

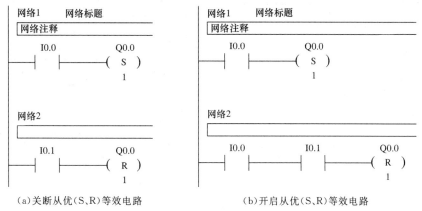

(a)关断从优(S、R)等效电路　　　　　(b)开启从优(S、R)等效电路

图 6-2-16　启-保-停等效电路

2. 互锁电路

不能同时动作的互锁控制如图 6-2-17 所示。在此控制电路中,无论先接通哪一个输出继电器后,另外一个输出继电器都将不能接通。另外,在多个故障检测系统中,有时可能当一个故障产生后,会引起其他多个故障,这时如能准确地判断哪一个故障是最先出现的,则对于分析和处理故障是极为有利的。

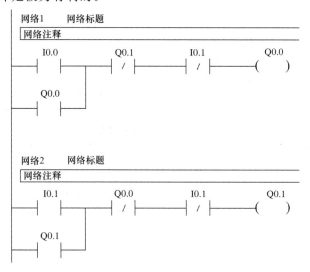

图 6-2-17　互锁电路

3. 组合输出电路

如图 6-2-18 所示,该电路按预先设定的输出要求,根据对两个输入信号的组合,决定某一输出。

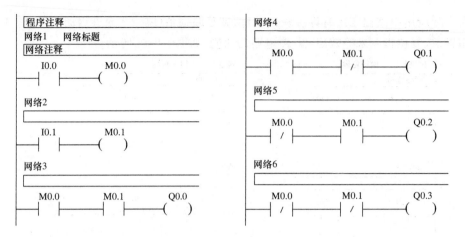

图 6-2-18 组合输出电路

4.分频电路

用 PLC 可以实现对输入信号的任意分频。如图 6-2-19 所示是一个二分频电路。输出信号 Q0.0 是输入信号 I0.0 的二分频。

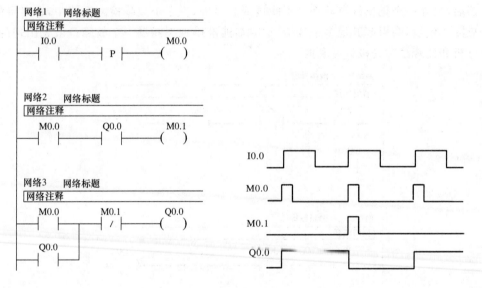

图 6-2-19 二分频电路

5.定时器的基本应用

（1）一个扫描周期宽度的时钟脉冲产生器

一般使用定时器本身的常闭触点作为定时器的使能输入,定时器的状态位置 1 时,依靠本身常闭触点的断开使定时器复位,并重新开始定时,进行循环工作,可以产生一个扫描周期宽度的时钟脉冲。但是不同时基的定时器的刷新方式不同,会使得有些情况下使用上述方法不能实现这种功能,因此为保证可靠地产生一个扫描周期宽度的时钟脉冲,可以将输出线圈的常闭点作为定时器的使能输入,如图 6-2-20 所示,这时无论何种时基都能正常工作。

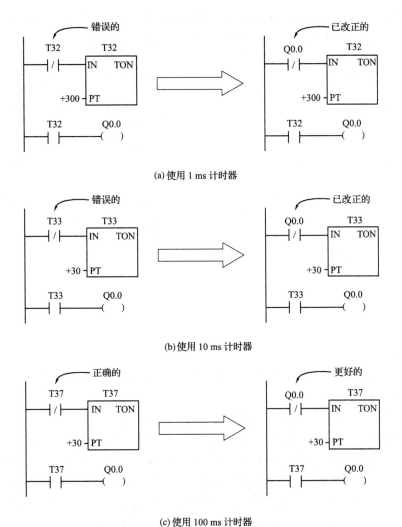

(a) 使用 1 ms 计时器

(b) 使用 10 ms 计时器

(c) 使用 100 ms 计时器

图 6-2-20　一个扫描周期宽度的时钟脉冲产生器

(2)延时断开电路

如图 6-2-21 所示。当 I0.0 接通时,Q0.0 接通并保持,当 I0.0 断开后,经 4 s 延时后, Q0.0 断开,T37 同时被复位。

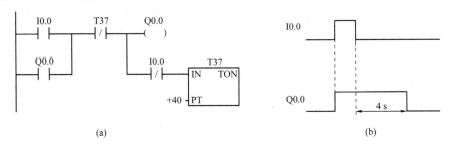

(a)　　　　　　　　　　　　　　　　　　(b)

图 6-2-21　延时断开电路

(3)延时接通、断开电路

如图 6-2-22 所示,I0.0 的常开触点接通后,T37 开始定时,9 s 后 T37 的常开触点接通,使 Q0.1 变为 ON,I0.0 为 ON 时其常闭触点断开,使 T38 复位。I0.0 变为 OFF 后 T38 开始定时,7 s 后 T38 的常闭触点断开,使 Q0.1 变为 OFF,T38 亦被复位。

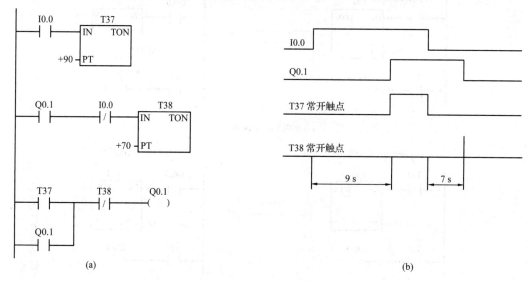

图 6-2-22　延时接通、断开电路

（4）闪烁电路

闪烁电路实际上是一个具有正反馈的振荡电路,T37 和 T38 的输出信号通过它们的触点分别控制对方的线圈,形成正反馈。

如图 6-2-23 所示,I0.0 的常开触点接通后,T37 的 IN 输入端为 1 状态,T37 开始定时。2 s 后定时时间到,T37 的常开触点接通,使 Q0.0 变为 ON,同时 T38 开始计时。3 s 后 T38 的定时时间到,它的常闭触点断开,使 T37 的 IN 输入端变为 0 状态,T37 的常开触点断开,Q0.0 变为 OFF,同时使 T38 的 IN 输入端变为 0 状态,其常闭触点接通,T37 又开始定时,以后 Q0.0 的线圈将这样周期性地"通电"和"断电",直到 I0.0 变为 OFF。Q0.0 线圈"通电"时间等于 T38 的设定值,"断电"时间等于 T37 的设定值。

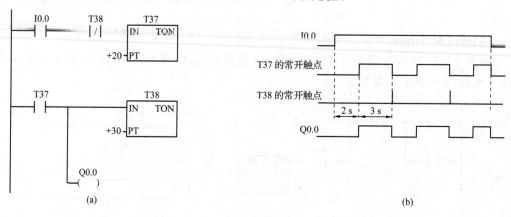

图 6-2-23　闪烁电路

（5）定时器组合的扩展电路

S7-200 PLC 的定时器的最长定时时间为 3 276.7 s,如果需要更长的时间,可以使用多个定时器串联的方法实现,具体方法是把前一个定时器的常开触点作为后一个定时器的使能输入，当 I0.0 接通，T37 开始定时，2 s 后 T37 常开触点接通 T38 的使能端；此时 T38 开始定时，3 s 后 T38 常开触点闭合使得 Q0.0 接通。总的定时时间为 T37＋T38。如图 6-2-24 所示。

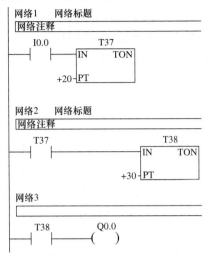

图 6-2-24　定时器组合的扩展电路

（6）计数器与定时器组合构成的定时器

用计数器和定时器配合增加延时时间，如图 6-2-25 所示。网络 1 和网络 2 构成一个周期为 6 s 的脉冲发生器，并将此脉冲作为计数器的计数脉冲，当计数器计满 10 次后，计数器位接通。设 T38 和 C30 的设定值分别为 K_T 和 K_C，对于 100 ms 定时器总的定时时间 $0.1K_TK_C$。

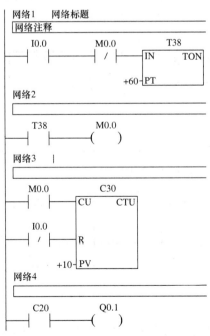

6-2-25　计数器与定时器组合构成的定时器

6.2.7 梯形图绘制的基本规则

(1)PLC 内部元器件触点的使用次数是无限制的。

(2)梯形图的每一行都从左边母线开始,然后是各种触点的逻辑连接,最后以线圈或指令盒结束,如图 6-2-26 所示。

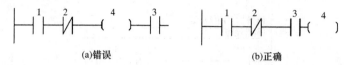

图 6-2-26 梯形图绘制示例(1)

(3)线圈和指令盒一般不能直接连接在左边的母线上,如需要的话可通过特殊的中间继电器 SM0.0(常 ON 特殊中间继电器)完成,如图 6-2-27 所示。

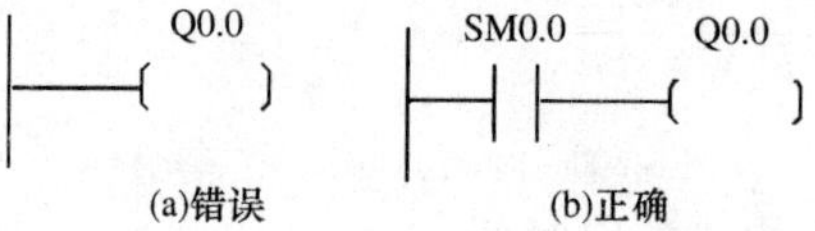

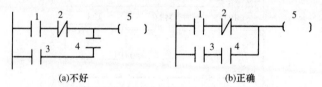

图 6-2-27 梯形图绘制示例(2)

(4)在同一程序中,同一编号的线圈使用两次及两次以上称为双线圈输出。双线圈输出非常容易引起误动作,所以应避免使用。S7-200 PLC 中不允许双线圈输出。

(5)在手工编写梯形图程序时,触点应画在水平线上,从习惯和美观的角度来讲,不要画在垂直线上。使用编程软件则不可把触点画在垂直线上,如图 6-2-28 所示。

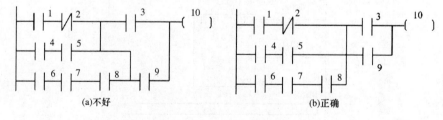

图 6-2-28 梯形图绘制示例(3)

(6)不包含触点的分支线条应放在垂直方向,不要放在水平方向,以便于读图和美观。使用编程软件则不可能出现这种情况,如图 6-2-29 所示。

图 6-2-29 梯形图绘制示例(4)

(7)应把串联多的电路块尽量放在最上边,把并联多的电路块尽量放在最左边,这样一是节省指令,二是美观,如图 6-2-30 所示。

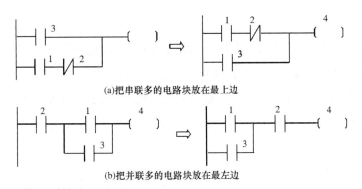

(a)把串联多的电路块放在最上边

(b)把并联多的电路块放在最左边

图 6-2-30　梯形图绘制示例(5)

任务实施

1. I/O 分配

根据任务要求,经分析:按钮 SB1 启动、SB2 停止应作为输入信号与 PLC 输入点连接;由于电动机的载荷比较大,一般不与 PLC 直接相连,而是通过接触器来控制,因此,接触器 KM 作为被控信号连接在 PLC 输出点上。在不考虑热继电器作用时,I/O 分配见表 6-2-3。

表 6-2-3　　　　　　　　　　　　　　　I/O 分配

输入量		输出量	
元件	PLC 输入点	元件	PLC 输出点
启动按钮 SB1	I0.0	接触器 KM	Q0.0
停止按钮 SB2	I0.1		

2. 绘制 PLC 硬件接线图及连接硬件

电动机连续运转控制主电路和 PLC 外部接线图如图 6-2-31 所示,输入端的电源可以利用 PLC 本身提供的 24 V 直流电源,也可以使用外接 24 V 直流电源。输出负载的电源为 AC 220 V。

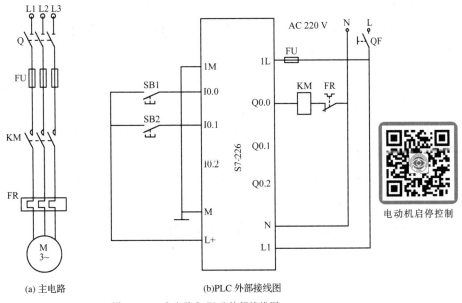

(a) 主电路　　　　　　　　　　　(b)PLC 外部接线图

电动机启停控制

图 6-2-31　主电路和 PLC 外部接线图

3.设计梯形图程序

电动机的连续运转控制可以利用启-保-停电路来实现,其梯形图如图 6-2-32 所示。由外部接线图可知,输入映像寄存器 I0.0 的状态与启动按钮 SB1 的状态相对应,输入映像寄存器 I0.1 的状态与停止按钮 SB2 的状态相对应。而程序运行结果写入输出映像寄存器 Q0.0,并通过输出电路控制负载。另外,也可以用 S、R 指令设计出电动机的连续运转控制梯形图。

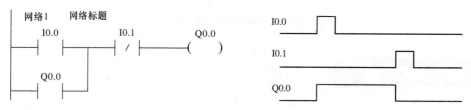

图 6-2-32　电动机连续运转控制梯形图和时序图

4.程序调试与运行

创建程序并下载,查看运行结果。

计划总结

(参考前面任务样式)

拓展练习

1.总结电气控制系统转化成 PLC 控制系统的基本方法。

(1)PLC 控制系统的硬件设计

①根据继电器控制电路,确定接在 PLC 输入/输出接口上的电器,并列出电器与输入/输出继电器的对照表,即 I/O 分配表。

②绘制 PLC 的外部接线图。

(2)PLC 控制系统的软件设计

①根据 I/O 分配表将原继电器控制电路用 PLC 的输入/输出继电器和内部器件来替代,得到一个梯形图。

②对所得到的梯形图进行优化,使程序功能更加完善,结构更加合理。

2.利用 PLC 实现电动机的正/反转控制。

3.利用 PLC 实现电动机的星-三角形启动控制。

任务 3 PLC 设计（彩灯循环闪烁控制）

 任务目标 --

● 设计实现彩灯循环闪烁控制装置,要求如下:按下启动按钮后,隔灯闪烁,L1 亮 0.5 s 后灭,接着 L2 亮 0.5 s 后灭,接着 L3 亮 0.5 s 后灭,接着 L4 亮 0.5 s 后灭,接着 L5、L9 亮 0.5 s 后灭,接着 L6、L10 亮 0.5 s 后灭,接着 L7、L11 亮 0.5 s 后灭,接着 L8、L12 亮 0.5 s 后灭,然后 L1 亮 0.5 s 后灭,如此循环往复,直至按下停止按钮

预备知识 --

6.3.1 数据传送指令的应用

数据传送指令用于机内数据流的流转与生成,可用于存储单元的清零、程序初始化等场合。

1. 字节、字、双字和实数的传送

指令助记符 MOV 用来传送单个的字节、字、双字和实数。指令助记符最后的 B、W、DW(或 D)和 R 分别表示操作数为字节(Byte)、字(Word)、双字(Double Word)和实数(Real),如图 6-3-1 所示。

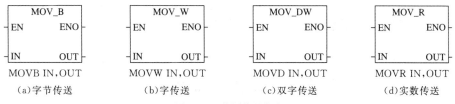

(a)字节传送 (b)字传送 (c)双字传送 (d)实数传送

图 6-3-1 数据传送指令

使 ENO＝0 的错误条件:SM4.3(运行时间),0006(间接地址)。

数据传送指令用法示例如图 6-3-2 所示。

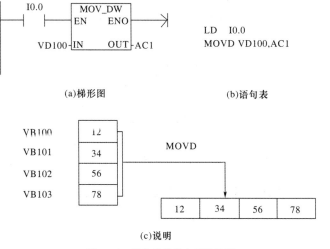

(a)梯形图 (b)语句表

(c)说明

图 6-3-2 数据传送指令用法示例

2.字节、字、双字的数据块传送指令

数据块传送指令将从输入地址(IN)开始的 N 个数据传送到输出地址(OUT)开始的 N 个单元,$N=1\sim255$,N 为字节变量,如图 6-3-3 所示。

图 6-3-3 数据块传送指令

数据块传送指令用法示例如图 6-3-4 所示。

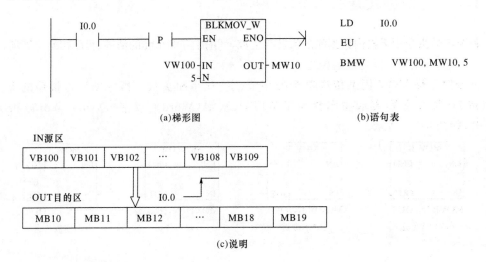

图 6-3-4 数据块传送指令用法示例

3.字节交换指令

字节交换 SWAP(Swap Bytes)指令用于交换输入(IN)的高字节与低字节,如图 6-3-5 所示。

SWAP IN

图 6-3-5 字节交换指令

使 ENO=0 的错误条件:SM4.3(运行时间),0006(间接地址)。

SWAP 指令用法示例如图 6-3-6 所示。

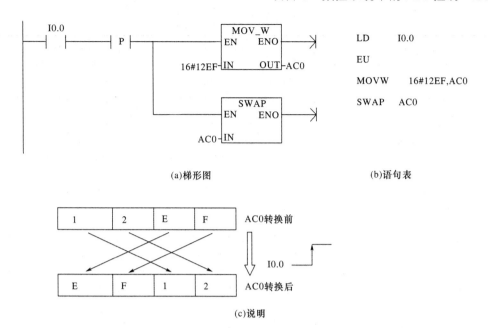

(a)梯形图   (b)语句表

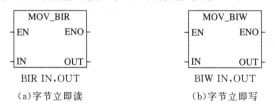

(c)说明

图 6-3-6   SWAP 指令用法示例

4. 字节立即读/写指令

字节立即读 MOV_BIR(Move Byte immediate Read)指令读取 IN 输入端给出的 1 个字节的物理输入点(IB),并将结果写入 OUT 指定的存储单元,如图 6-3-7 所示。

字节立即写 MOV_BIW(Move Byte immediate Write)指令将输入端(IN)给出的 1 字节数值写入 OUT 端给出的物理输出点(QB)。两条指令的 IN 和 OUT 都是字节变量。

```
┌──────────┐              ┌──────────┐
│  MOV_BIR │              │  MOV_BIW │
│ EN    ENO│              │ EN    ENO│
│          │              │          │
│ IN    OUT│              │ IN    OUT│
└──────────┘              └──────────┘
  BIR IN,OUT                BIW IN,OUT
 (a)字节立即读              (b)字节立即写
```

图 6-3-7   字节立即读/写指令

使 ENO=0 的错误条件:SM4.3(运行时间),0006(间接地址)。

6.3.2   移位、循环移位指令的应用

移位指令分为左、右移位和循环左、右移位及移位寄存器指令三大类,前两类移位指令按移位数据的长度又分字节型、字型、双字型三种。

1. 左、右移位指令

左、右移位指令将数据存储单元与 SM1.1(溢出)端相连,移出位被放到特殊标志存储器 SM1.1 位。移位指令格式及功能见表 6-3-1。

2. 循环左、右移位指令

循环左、右移位指令将移位数据存储单元的首尾相连,同时又与溢出标志 SM1.1 端连接,SM1.1 用来存放被移出的位。其指令格式及功能见表 6-3-2。

表 6-3-1 左、右移位指令的格式及功能

	IN：VB、IB、QB、MB、SB、SMB、LB、AC、常量；OUT：VB、IB、QB、MB、SB、SMB、LB、AC；数据类型：字节	IN：VW、IW、QW、MW、SW、SMW、LW、T、C、AIW、AC、常量；OUT：VW、IW、QW、MW、SW、SMW、LW、T、C、AC；数据类型：字	IN：VD、ID、QD、MD、SD、SMD、LD、AC、HC、常量；OUT：VD、ID、QD、MD、SD、SMD、LD、AC；数据类型：双字
操作数及数据类型	N：VB、IB、QB、MB、SB、SMB、LB、AC、常量；数据类型：字节；数据范围：$N \leqslant$ 数据类型(B、W、D)对应的位数		
功能	SHL：字节、字、双字左移 N 位；SHR：字节、字、双字右移 N 位		

表 6-3-2 循环左、右移位指令的格式及功能

	IN：VB、IB、QB、MB、SB、SMB、LB、AC、常量；OUT：VB、IB、QB、MB、SB、SMB、LB、AC；数据类型：字节	IN：VW、IW、QW、MW、SW、SMW、LW、T、C、AIW、AC、常量；OUT：VW、IW、QW、MW、SW、SMW、LW、T、C、AC；数据类型：字	IN：VD、ID、QD、MD、SD、SMD、LD、AC、HC、常量；OUT：VD、ID、QD、MD、SD、SMD、LD、AC；数据类型：双字
操作数及数据类型	N：VB、IB、QB、MB、SB、SMB、LB、AC、常量；数据类型：字节		
功能	ROL：字节、字、双字循环左移 N 位；ROR：字节、字、双字循环右移 N 位		

3.移位寄存器指令

移位寄存器指令(SHRB)是指可以指定移位寄存器的长度和移位方向的移位指令。其指令格式如图 6-3-8 所示。

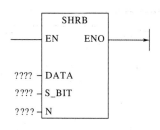

图 6-3-8　移位寄存器指令

说明:(1)梯形图中,EN 为使能输入端,连接移位脉冲信号,每次使能有效时,整个移位寄存器移动 1 位。DATA 为数据输入端,连接移入移位寄存器的二进制数值,执行指令时将该位的值移入寄存器。S_BIT 指定移位寄存器的最低位。N 指定移位寄存器的长度和移位方向,移位寄存器的最大长度为 64 位,N 为正值表示左移位,输入数据(DATA)移入移位寄存器的最高位,并移出最低位(S_BIT)。移出的数据被放置在溢出标志位(SM1.1)。N 为负值时,表示右移位。

(2)DATA 和 S_BIT 的操作数为 I、Q、M、SM、T、C、V、S、L,数据类型为 BOOL 变量。N 的操作数为 VB、IB、QB、MB、SB、SMB、LB、AC、常量,数据类型为字节。

(3)移位寄存器指令影响溢出标志位:SM1.1。

移位寄存器指令应用示例如图 6-3-9 所示。

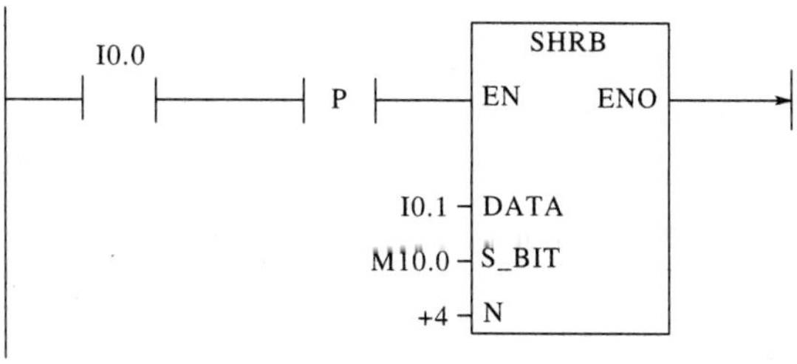

图 6-3-9　移位寄存器指令应用示例

时序图与运行结果如图 6-3-10 所示。

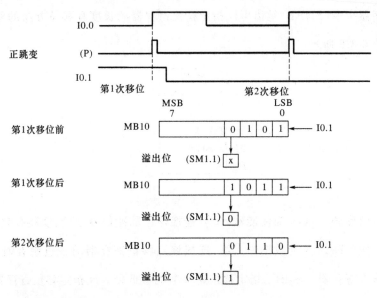

图 6-3-10　时序图与运行结果

任务实施

简单分析:若能够通过程序控制使"1"状态在某存储空间自动连续移位,即可完成小灯的顺序点亮。

循环彩灯控制

1. 根据控制要求确定 I/O 点数,进行 I/O 分配,见表 6-3-3。

表 6-3-3　　　　　　　　　本任务的 I/O 分配

序号	PLC 地址(PLC 端子)	电气符号(面板端子)	功能说明
1	I0.0	启动按钮 SB1	启动
2	I0.1	停止按钮 SB2	停止
3	Q0.0	L1	1 号灯
4	Q0.1	L2	2 号灯
5	Q0.2	L3	3 号灯
6	Q0.3	L4	4 号灯
7	Q0.4	L5、L9	5、9 号灯
8	Q0.5	L6、L10	6、10 号灯
9	Q0.6	L7、L11	7、11 号灯
10	Q0.7	L8、L12	8、12 号灯

2. 画出 PLC 外部接线图,如图 6-3-11 所示。

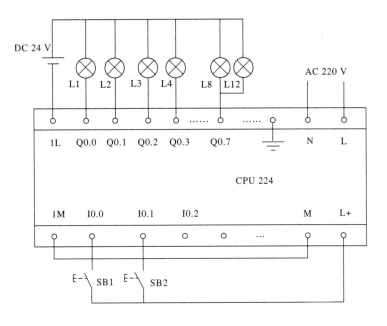

图 6-3-11　彩灯循环闪烁控制外部接线图

3.程序设计如下:应用移位寄存器控制,根据彩灯模拟控制的 8 位输出(Q0.0～Q0.7),指定一个 8 位的移位寄存器(M10.1～M11.0),移位寄存器的每一位对应一个输出,如图 6-3-12 所示。

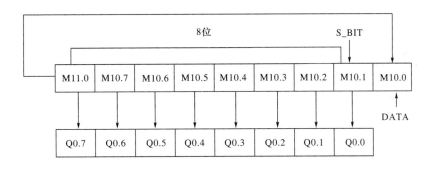

图 6-3-12　移位寄存器执行过程

在移位过程中,设计一个 0.5 s 的时钟脉冲(由 T38 构成),由这个时钟脉冲控制彩灯点亮的时间(移位的触发信号)。

M10.0 为数据补入端,根据控制要求,每次只有一个输出,因此只需要在第 1 个移位脉冲到来时送入 M10.1 位一个"1",第 2 个移位脉冲至第 8 个移位脉冲到来时由 M10.0 送入 M10.1 的值均为"0"。当第 8 个移位脉冲到来时,再次将"1"送入 M10.1,即可实现彩灯点亮的循环。

设计梯形图程序,如图 6-3-13 所示。

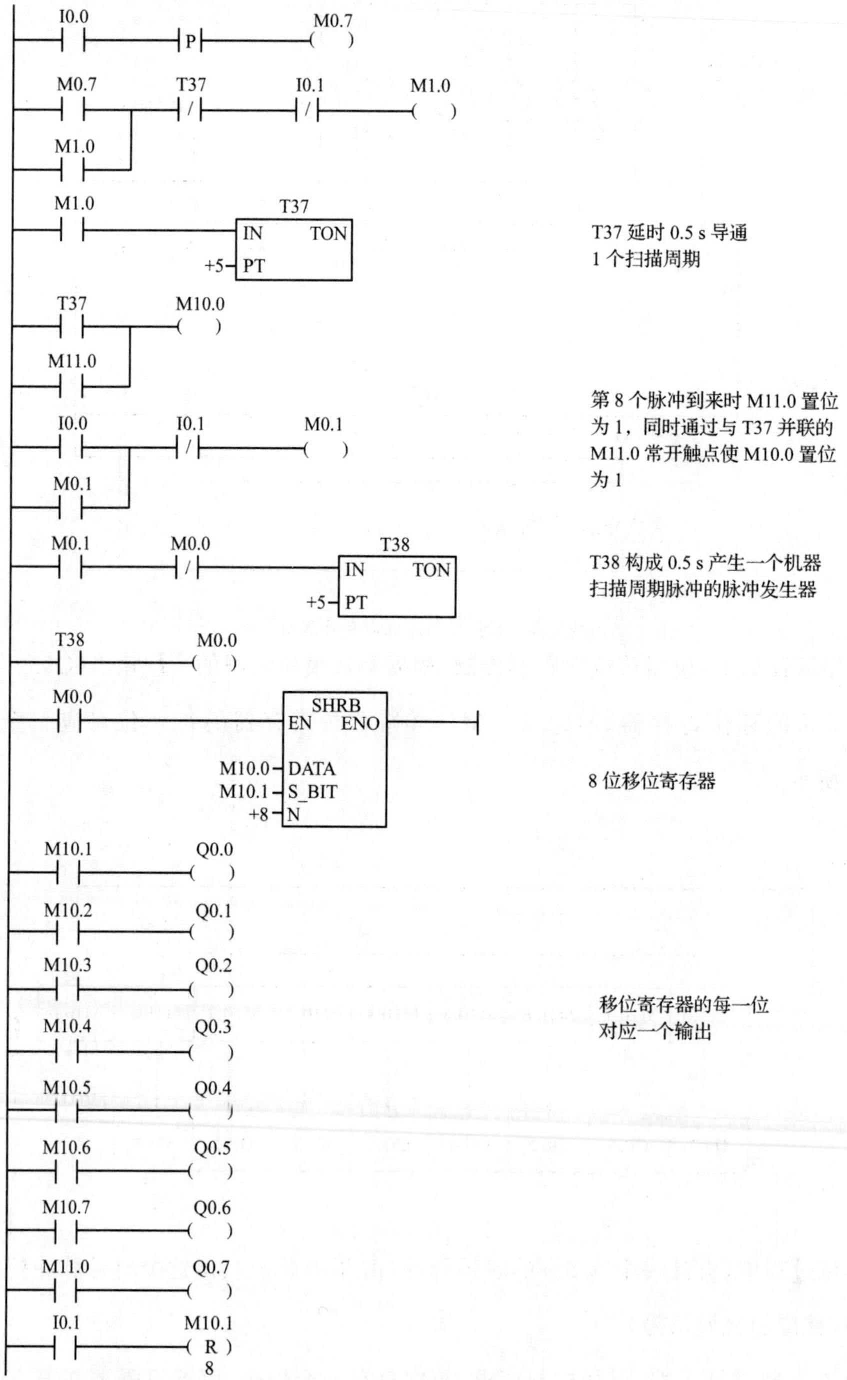

```
      I0.0                          M0.7
     ──┤ ├──────┤P├─────────────────( )

      M0.7      T37       I0.1       M1.0
     ──┤ ├──────┤/├───────┤/├────────( )
      M1.0
     ──┤ ├──

      M1.0              T37
     ──┤ ├──────────┌──────────┐
                    │IN     TON│            T37 延时 0.5 s 导通
                 +5─┤PT        │            1 个扫描周期
                    └──────────┘

      T37       M10.0
     ──┤ ├───────( )
      M11.0
     ──┤ ├──

      I0.0      I0.1      M0.1             第 8 个脉冲到来时 M11.0 置位
     ──┤ ├──────┤/├────────( )            为 1，同时通过与 T37 并联的
      M0.1                                 M11.0 常开触点使 M10.0 置位
     ──┤ ├──                               为 1

      M0.1      M0.0              T38
     ──┤ ├───────┤/├────────┌──────────┐
                            │IN     TON│    T38 构成 0.5 s 产生一个机器
                         +5─┤PT        │    扫描周期脉冲的脉冲发生器
                            └──────────┘

      T38       M0.0
     ──┤ ├───────( )

      M0.0          ┌──────────┐
     ──┤ ├──────────┤EN     ENO├──
                    │SHRB      │
      M10.0 ────────┤DATA      │
      M10.1 ────────┤S_BIT     │            8 位移位寄存器
          +8 ───────┤N         │
                    └──────────┘

      M10.1     Q0.0
     ──┤ ├───────( )

      M10.2     Q0.1
     ──┤ ├───────( )

      M10.3     Q0.2
     ──┤ ├───────( )
                                            移位寄存器的每一位
      M10.4     Q0.3                         对应一个输出
     ──┤ ├───────( )

      M10.5     Q0.4
     ──┤ ├───────( )

      M10.6     Q0.5
     ──┤ ├───────( )

      M10.7     Q0.6
     ──┤ ├───────( )

      M11.0     Q0.7
     ──┤ ├───────( )

      I0.1      M10.1
     ──┤ ├───────( R )
                    8
```

图 6-3-13 彩灯循环闪烁控制梯形图

4.安装配线:按照工艺要求正确安装、接线。

5.运行调试:

(1)接线完成,检查正确,上电。

(2)输入程序。双击 STEP7-Micro/WIN 软件图标,启动该软件。系统自动创建一个名称为"项目×"的新工程,可以重命名。

(3)建立 PLC 与上位机的通信联系,将程序下载到 PLC。

(4)运行程序。

(5)操作控制按钮,观察运行结果。

(6)分析程序运行结果,编写相关技术文件。

 计划总结 ┄┄┄┄┄┄┄┄┄┄┄┄┄┄┄┄┄┄┄┄┄┄┄┄┄┄┄┄┄▶

(参考前面任务样式)

 拓展练习 ┄┄┄┄┄┄┄┄┄┄┄┄┄┄┄┄┄┄┄┄┄┄┄┄┄┄┄┄┄▶

五相步进电动机控制设计

步进电动机是一种将电脉冲转化为角位移的执行机构。当步进驱动器接收到一个脉冲信号时,它就驱动步进电动机按设定的方向转动一个固定的角度(称为"步距角")。它的旋转是以固定的角度一步一步运行的,可以通过控制脉冲个数来控制角位移量,从而达到准确定位的目的;同时,可以通过控制脉冲频率来控制电动机转动的速度和加速度,从而达到调速的目的。

对于五相十拍步进电动机,其控制要求为:按下启动按钮,定子磁极 A 通电,2 s 后 A、B 同时通电;再过 2 s,B 通电,同时 A 断电;再过 2 s,B、C 同时通电;再过 2 s,C 通电,同时 B 断电……依次循环执行。执行情况如下:

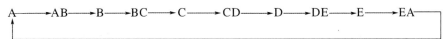

任务 4 PLC 设计(电子密码锁控制)

 任务目标 ┄┄┄┄┄┄┄┄┄┄┄┄┄┄┄┄┄┄┄┄┄┄┄┄┄┄┄┄┄▶

● 熟练运用比较指令设计 PLC 程序,实现对电子密码锁的控制。具体控制要求如下:系统有 5 个按钮,分别为启动、复位、报警、输入 1 和输入 2。工作过程为:按下启动按钮可以开锁,按照预定设置按输入按钮,正确即可开锁;若按错,则需要复位才能继续开锁。触动报警按钮,报警器发出警报

 预备知识 ┄┄┄┄┄┄┄┄┄┄┄┄┄┄┄┄┄┄┄┄┄┄┄┄┄┄┄┄┄▶

6.4.1 比较指令的应用

比较指令用于将两个操作数按指定的条件进行比较,当条件成立时,触点闭合。因此,比较指令也是一种位控制指令,对其可进行 LD、A 和 O 编程。

比较指令的基本格式见表 6-4-1。

表 6-4-1　　　　　　　　　　　　　比较指令的基本格式

运算关系	字节比较	整数比较	双字整数比较	实数比较
等于＝	LDB＝IN1,IN2	LDW＝IN1,IN2	LDD＝IN1,IN2	LDR＝IN1,IN2
	AB＝ IN1,IN2	AW＝ IN1,IN2	AD＝ IN1,IN2	AR＝ IN1,IN2
	OB＝ IN1,IN2	OW＝ IN1,IN2	OD＝ IN1,IN2	OR＝ IN1,IN2
不等于＜＞	LDB＜＞IN1,IN2	LDW＜＞IN1,IN2	LDD＜＞IN1,IN2	LDR＜＞IN1,IN2
	AB＜＞ IN1,IN2	AW＜＞IN1,IN2	AD＜＞IN1,IN2	AR＜＞IN1,IN2
	OB＜＞ IN1,IN2	OW＜＞IN1,IN2	OD＜＞IN1,IN2	OR＜＞IN1,IN2
小于＜	LDB＜IN1,IN2	LDW＜IN1,IN2	LDD＜IN1,IN2	LDR＜IN1,IN2
	AB＜IN1,IN2	AW＜IN1,IN2	AD＜IN1,IN2	AR＜IN1,IN2
	OB＜IN1,IN2	OW＜IN1,IN2	OD＜IN1,IN2	OR＜IN1,IN2
小于等于＜＝	LDB＜＝IN1,IN2	LDW＜＝IN1,IN2	LDD＜＝IN1,IN2	LDR＜＝IN1,IN2
	AB＜＝IN1,IN2	AW＜＝IN1,IN2	AD＜＝IN1,IN2	AR＜＝IN1,IN2
	OB＜＝IN1,IN2	OW＜＝IN1,IN2	OD＜＝IN1,IN2	OR＜＝IN1,IN2
大于＞	LDB＞IN1,IN2	LDW＞IN1,IN2	LDD＞IN1,IN2	LDR＞IN1,IN2
	AB＞IN1,IN2	AW＞IN1,IN2	AD＞IN1,IN2	AR＞IN1,IN2
	OB＞IN1,IN2	OW＞IN1,IN2	OD＞IN1,IN2	OR＞IN1,IN2
大于等于＞＝	LDB＞＝IN1,IN2	LDW＞＝IN1,IN2	LDD＞＝IN1,IN2	LDR＞＝IN1,IN2
	AB＞＝IN1,IN2	AW＞＝IN1,IN2	AD＞＝IN1,IN2	AR＞＝IN1,IN2
	OB＞＝IN1,IN2	OW＞＝IN1,IN2	OD＞＝IN1,IN2	OR＞＝IN1,IN2

比较指令应用示例如图 6-4-1 所示。

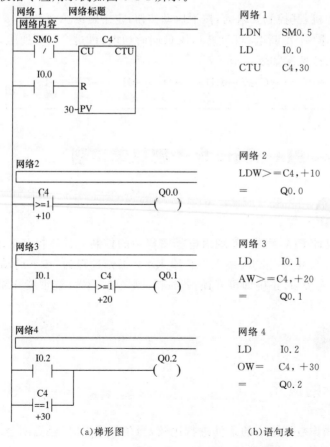

（a）梯形图　　　　　　　（b）语句表

图 6-4-1　比较指令应用示例

程序启动后,计数器 C4 开始计数,计数脉冲由特殊标志位 SM0.5 输出 1 s 脉冲提供。当计数器当前值大于 10 时,Q0.0 接通;当 I0.1 闭合,同时计数器当前值大于等于 20 时,Q0.1 接通;当 I0.2 闭合或计数器当前值等于 30 时,Q0.2 接通。

6.4.2 算数运算指令的应用

1. 加法指令

加法指令把两个输入端(IN1,IN2)指定的数相加,结果送到输出端(OUT)指定的存储单元中。

加法指令可分为整数加法、双字整数加法、实数加法,如图 6-4-2 所示。

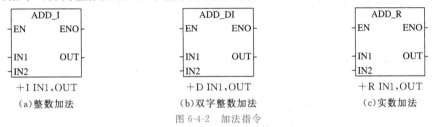

图 6-4-2　加法指令

2. 减法指令

减法指令把两个输入端(IN1,IN2)指定的数相减,结果送到输出端(OUT)指定的存储单元中。

减法指令可分为整数减法、双字整数减法、实数减法,如图 6-4-3 所示。

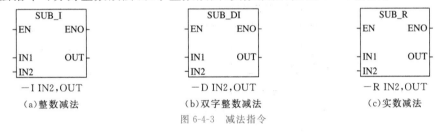

图 6-4-3　减法指令

3. 乘法指令

乘法指令把两个输入端(IN1,IN2)指定的数相乘,结果送到输出端(OUT)指定的存储单元中。

乘法指令可分为整数乘法、双字整数乘法、实数乘法、整数完全乘法,如图 6-4-4 所示。

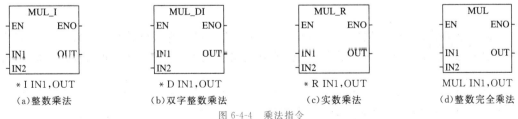

图 6-4-4　乘法指令

4. 除法指令

除法指令把两个输入端(IN1,IN2)指定的数相除,结果送到输出端(OUT)指定的存储单元中。

除法指令可分为整数除法、双整数除法、实数除法、整数完全除法,如图 6-4-5 所示。

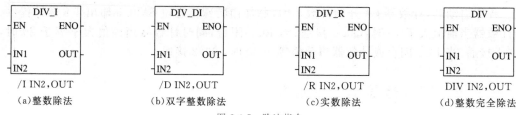

図 6-4-5　除法指令

执行除法(IN1/IN2＝OUT)时,将操作数 IN1 与 OUT 共用一个地址单元(整数完全除法指令的 IN1 与 OUT 的低 16 位用的是同一个地址单元),因而在语句表中,OUT/IN2＝OUT。

除法指令影响的特殊存储器位:SM1.0(零)、SM1.1(溢出)、SM1.2(负)、SM1.3(除数为 0)。

算术运算指令应用示例如图 6-4-6 所示。

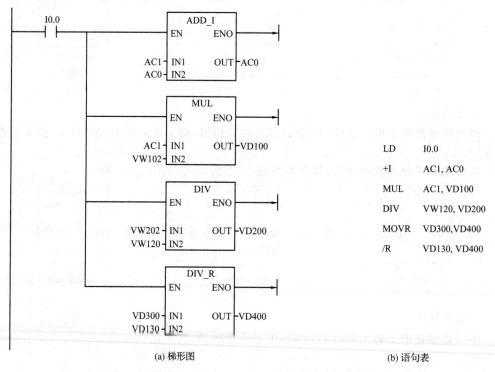

(a) 梯形图　　　　　　　　　　　　　(b) 语句表

图 6-4-6　算术运算指令应用示例

5. 加 1/减 1 指令

加 1/减 1 指令把输入端(IN)的数据加 1/减 1,并把结果存放到输出端(OUT)指定的存储单元中,加 1/减 1 指令按操作数的数据类型可分为字节、字、双字加 1/减 1 指令,如图 6-4-7 所示。

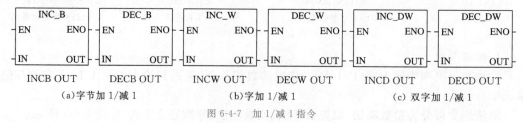

图 6-4-7　加 1/减 1 指令

字节加 1 指令 INC_B(Increment Byte)/字节减 1 指令 DEC_B(Decrement Byte)将输入字节(IN)加 1/减 1,并将结果存入 OUT 指定的存储单元中,字节加 1/减 1 指令是无符号的。这些功能影响 SM1.0(零)和 SM1.1(溢出)。

字加 1 指令 INC_W/字减 1 指令 DEC_W 将输入字(IN)加 1/减 1,并将结果存入 OUT 指定的存储单元中。字加 1/减 1 指令是有符号的(16#7FFF>16#8000)。

双字加 1 指令 INC_DW/双字减 1 指令 DEC_DW 将输入双字(IN)加 1/减 1,并将结果存入 OUT 指定的存储单元中。双字加 1/减 1 指令是有符号的(16#7FFFFFFF>16#80000000)。

上述指令影响 SM1.0(零)、SM1.1(溢出)和 SM1.2(负)。

执行加 1/减 1(IN+1=OUT,IN−1=OUT)指令操作时,将操作数 IN 和 OUT 共用一个地址单元,因而在语句表中,OUT+1=OUT,OUT−1=OUT。

使上述指令的 ENO=0 的错误条件:SM1.1(溢出),SM4.3(运行时间),0006(间接地址)。

加 1/减 1 指令应用示例如图 6-4-8 所示。

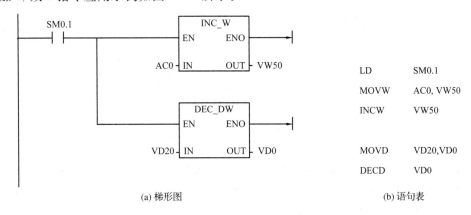

(a) 梯形图   (b) 语句表

图 6-4-8   加 1/减 1 指令应用示例

6.4.3   数学功能指令的应用

数学功能指令包括平方根指令、三角函数指令、自然对数指令、自然指数指令。数学功能指令的操作数均为实数(REAL),如图 6-4-9 所示。

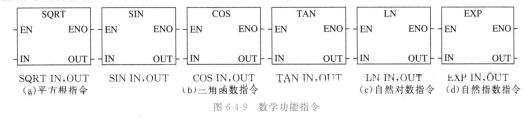

图 6-4-9   数学功能指令

6.4.4   逻辑运算指令的应用

逻辑运算指令的操作数均为无符号数。

1. 取反指令

取反指令分为字节取反指令、字取反指令、双字取反指令,如图 6-4-10 所示。

(a)字节取反指令　　　(b)字取反指令　　　(c)双字取反指令

图 6-4-10　取反指令

字节取反指令 INV_B 求输入字节 IN 的反码,并将结果存入输出字节 OUT。

字取反指令 INV_W 求输入字 IN 的反码,并将结果存入输出字 OUT。

双字取反指令 INV_DW 求输入双字 IN 的反码,并将结果存入输出双字 OUT。

2. 逻辑与运算指令

逻辑与运算指令对两个输入端(IN1,IN2)的数据按位"与",结果存入 OUT 单元。

逻辑与运算指令按操作数的数据类型可分为字节与指令 WAND_B、字与指令 WAND_W、双字与指令 WAND_DW,如图 6-4-11 所示。

(a)字节与指令　　　(b)字与指令　　　(c)双字与指令

图 6-4-11　逻辑与运算指令

3. 逻辑或运算指令

逻辑或运算指令对两个输入端(IN1,IN2)的数据按位"或",结果存入 OUT 单元。

逻辑或运算指令按操作数的数据类型可分为字节或指令 WOR_B、字或指令 WOR_W、双字或指令 WOR_DW,如图 6-4-12 所示。

(a)字节或指令　　　(b)字或指令　　　(c)双字或指令

图 6-4-12　逻辑或运算指令

4. 逻辑异或运算指令

逻辑异或运算指令对两个输入端(IN1,IN2)的数据按位"或",结果存入 OUT 单元。

逻辑异或运算指令按操作数的数据类型可分为字节异或指令 WXOR_B、字异或指令 WXOR_W、双字异或指令 WXOR_DW,如图 6-4-13 所示。

(a)字节异或指令　　　(b)字异或指令　　　(c)双字异或指令

图 6-4-13　逻辑异或运算指令

数学功能指令使 ENO=0 的错误条件:SM4.3(运行时间),0006(间接寻址),指令影响 SM1.0(零)。数学功能指令应用示例如图 6-4-14 所示。

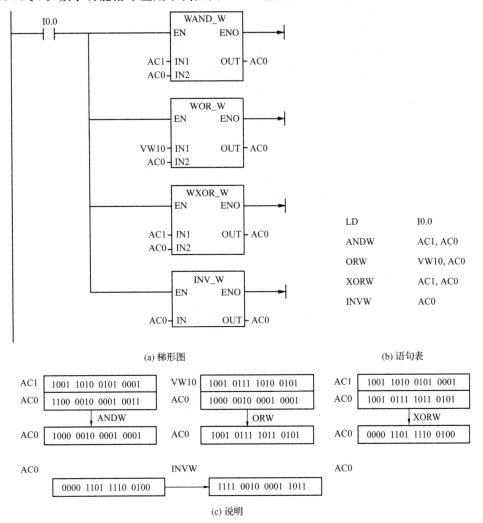

(a) 梯形图   (b) 语句表

(c) 说明

图 6-4-14 数学功能指令应用示例

任务实施

1. 根据控制要求确定 I/O 点数,进行 I/O 分配,见表 6-4-2。

表 6-4-2   密码锁控制系统 I/O 分配

输 入			输 出		
符号	地址	功能	符号	地址	功能
SB1	I0.0	开锁按钮	KM	Q0.0	开锁
SB2	I0.1	可按压按钮	HA	Q0.1	报警
SB3	I0.2	可按压按钮			
SB4	I0.3	复位按钮			
SB5	I0.4	报警按钮			

2.画出 PLC 外部接线图,如图 6-4-15 所示。

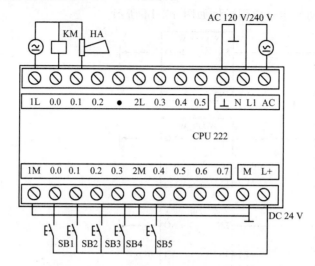

图 6-4-15　密码锁控制系统 PLC 外部接线图

3.程序设计:按照系统控制要求编写程序,如图 6-4-16 所示。

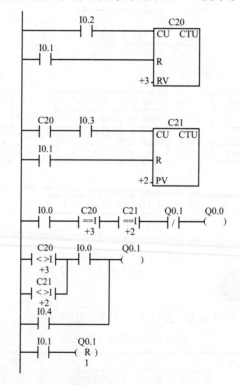

图 6-4-16　密码锁控制系统 PLC 控制程序

4.安装配线:按照工艺要求正确安装、接线。

5.运行调试:

(1)接线完成,检查正确,上电。

(2)输入程序。双击 STEP7-Micro/WIN 软件图标,启动该软件。系统自动创建一个名称为"项目×"的新工程,可以重命名。

（3）建立 PLC 与上位机的通信联系,将程序下载到 PLC。

（4）运行程序。

（5）操作控制按钮,观察运行结果。

（6）分析程序运行结果,编写相关技术文件。

 计划总结

（参考前面任务样式）

 拓展练习

饮料生产线管理控制

一自动饮料生产线生产瓶装饮料,每 24 瓶饮料装 1 箱,达到 10 箱以黄灯通知搬运工装车,如未及时装车量达到 15 箱,则以红灯通知暂停生产,试编写程序统计生产的总箱数和装车的箱数,并对饮料生产线进行控制。

任务 5　PLC 设计（交通信号灯控制）

任务目标

● 十字路口交通灯布置如图 6-5-1 所示,控制要求为:开关合上后,东西绿灯亮 25 s 后闪烁 3 s 熄灭,然后黄灯亮 2 s 后熄灭,紧接着红灯亮 30 s 再熄灭,再绿灯……循环往复。对应东西绿灯亮时,南北红灯亮 30 s,接着绿灯亮 25 s 后闪烁 3 s 熄灭,黄灯亮 2 s 后,红灯又亮……循环往复。

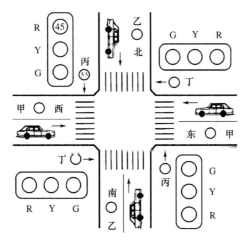

图 6-5-1　十字路口交通灯布置

预备知识

6.5.1　计数、定时指令

（详见任务 2）

6.5.2　高速计数指令的应用

普通计数器要受 CPU 扫描速度的影响，对高速脉冲信号的计数会发生脉冲丢失的现象。高速计数器脱离主机的扫描周期而独立计数，它可对脉宽小于主机扫描周期的高速脉冲准确计数。

1. 高速计数器指令

高速计数器指令包括定义高速计数器（HDEF）指令和高速计数器（HSC）指令，高速计数器的时钟输入速率可达 $10 \sim 30 \text{ kHz}$，如图 6-5-2 所示。

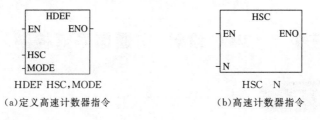

(a)定义高速计数器指令　　(b)高速计数器指令

图 6-5-2　高速计数器指令的分类

定义高速计数器（HDEF）指令为指定的高速计数器（HsC×）选定一种工作模式（有 12 种不同的工作模式）。使用 HDEF 指令可建立起高速计数器（HSC×）和工作模式之间的联系。操作数 HSC 是高速计数器编号（0~5），MODE 是工作模式（0~11）。在使用高速计数器之前必须使用 HDEF 指令来选定一种工作模式。对每一个高速计数器只能使用一次 IIDEF 指令。

高速计数器（HSC）指令根据有关特殊标志位来组态和控制高速计数器的工作。操作数 N 指定了高速计数器号（0~5）。

高速计数器装入预置值后，当当前计数值小于预置值时，计数器处于工作状态；当当前值等于预置值或外部复位信号有效时，可使计数器产生中断；除模式 0~2 外，计数方向的改变可也产生中断。可利用这些中断事件完成预定的操作。每当中断事件出现时，采用中断的方法在中断程序中装入一个新的预置值，从而使高速计数器进入新一轮的工作。

由于中断事件产生的速率远低于高速计数器的计数速率，所以用高速计数器可以实现精确的高速控制，而不会延长 PLC 的扫描周期。

2. 高速计数器的工作模式

高速计数器有 12 种不同的工作模式（0~11），可分为以下大类：

（1）内部方向控制的单向增/减计数器　它没有外部控制方向的输入信号，由内部控制计数方向，只能进行单向增或减计数，有一个计数输入端。

（2）外部方向控制的单向增/减计数器　它由外部输入信号控制计数方向，只能进行单向增或减计数，有一个计数输入端。

（3）有增和减计数脉冲输入的双向计数器　它有两个计数输入端：增计数输入端和减计数输入端。

（4）A/B 相正交计数器　它有两个计数脉冲输入端：A 相计数脉冲输入端和 B 相计数脉冲输入端。A、B 相计数脉冲的相位差互为 90°。当 A 相计数脉冲超前 B 相计数脉冲时，计数器进行增计数；反之，进行减计数。高速计数器的硬件定义和工作模式见表 6-5-1。

表 6-5-1　　　　　　　　高速计数器的硬件定义和工作模式

模式	描述	输入点			
	SHC0	I0.0	I0.1	I0.2	
	SHC1	I0.6	I0.7	I1.0	I1.1
	SHC2	I1.2	I1.3	I1.4	I1.5
	SHC3	I0.1			
	SHC4	I0.3	I0.4	I0.5	
	SHC5	I0.4			
0	带有内部方向控制的单相计数器	计数脉冲			
1		计数脉冲		复位	
2		计数脉冲		复位	启动
3	带有外部方向控制的单相计数器	计数脉冲	方向		
4		计数脉冲	方向	复位	
5		计数脉冲	方向	复位	启动
6	带有增/减计数脉冲的双相计数器	增计数脉冲	减计数脉冲		
7		增计数脉冲	减计数脉冲	复位	
8		增计数脉冲	减计数脉冲	复位	启动
9	A/B 相正交计数器	计数脉冲 A	计数脉冲 B		
10		计数脉冲 A	计数脉冲 B	复位	
11		计数脉冲 A	计数脉冲 B	复位	启动

3. 特殊标志位存储器（SM）与高速计数器

特殊标志位存储器（SM）是用户程序与系统程序之间的界面，它为用户提供一些特殊的控制功能和系统信息，用户的特殊要求也可通过它通知系统。在使用高速计数器指令过程中，利用相关的特殊存储器位可对高速计数器实施状态监视、组态动态参数、设置预置值和当前值等操作。

（1）高速计数器的状态字节

每个高速计数器都有一个状态字节，其中某些位指出了当前计数方向，当前值是否等于预置值，当前值是否大于预置值。高速计数器的状态字节见表 6-5-2。

表 6-5-2 高速计数器的状态字节

状态位	功能描述
SM××6.0~SM××6.4	不用
SM××6.5	当前计数方向状态位:0=减计数;1=增计数
SM××6.6	当前值等于预置值状态位:0=不等;1=等于
SM××6.7	当前值等于或大于预置值状态位:0=小于、等于;1=大于

只有执行高速计数器的中断程序时,状态位才有效。监视高速计数器状态的目的是使外部事件可产生中断,以完成重要的操作。

(2)高速计数器的控制字节

只有定义了计数器和计数器模式,才能对计数器的动态参数进行编程。每个高速计数器都有一个控制字节(表 6-5-3)。

表 6-5-3 高速计数器的控制字节

HSC0	HSC1	HSC2	HSC3	HSC4	HSC5	功能描述
SM37.0	SM47.0	SM57.0		SM147.0		复位有效电平控制位: 0=复位高电平有效;1=复位低电平有效
—	SM47.1	SM57.1		—		启动电平有效控制位: 0=高电平有效;1=低电平有效
SM37.2	SM47.2	SM57.2		SM147.2		正交计数器计数速率选择: 0=4×计数率;1=1×计数率
SM37.3	SM47.3	SM57.3	SM137.3	SM147.3	SM157.3	计数方向控制位: 0=减计数;1=增计数
SM37.4	SM47.4	SM57.4	SM137.4	SM147.4	SM157.4	向 HSC 中写入计数方向: 0=不更新;1=更新计数方向
SM37.5	SM47.5	SM57.5	SM137.5	SM147.5	SM157.5	向 HSC 中写入预置值: 0=不更新;1=更新预置值
SM37.6	SM47.6	SM57.6	SM137.6	SM147.6	SM157.6	向 HSC 中写入新的初始值: 0=不更新;1=更新初始值
SM37.7	SM47.7	SM57.7	SM137.7	SM147.7	SM157.7	HSC 允许: 0=禁止 HSC;1=允许 HSC

(3)预置值和当前值的设置

每个计数器都有一个预置值和一个当前值。预置值和当前值都是有符号的双字整数。

为了向高速计数器存入新的预置值和当前值,必须先设置控制字节,并把预置值和当前值存入特殊存储器中(表 6-5-4),然后执行 HSC 指令,才能将新的值传送给高速计数器。用双字直接寻址可访问读出高速计数器的当前值,而写操作只能用 HSC 指令来实现。

表 6-5-4 HSC 的当前值和预置值

要存入的值	HSC0	HSC1	HSC2	HSC3	HSC4	HSC5
新当前值	SMD38	SMD48	SMD58	SMD138	SMD148	SMD158
新预置值	SMD42	SMD52	SMD62	SMD142	SMD152	SMD162

高速计数器编程示例如图 6-5-3 所示,图中子程序(SBR_0)是 HSC1(模式 11)的初始化子程序。

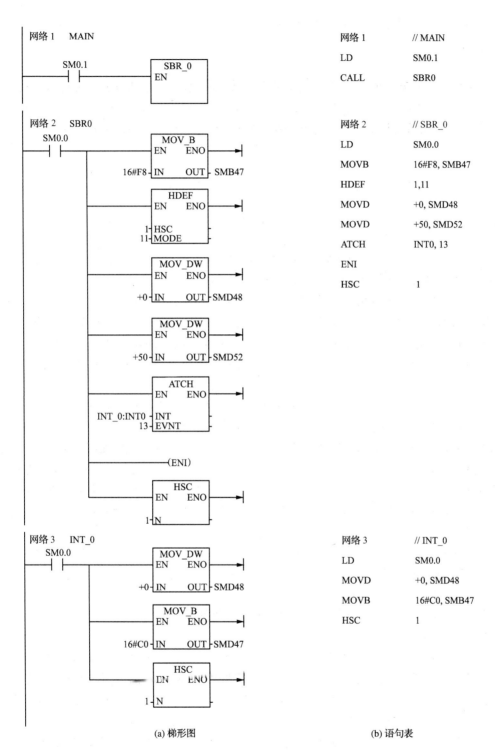

网络 1   MAIN   网络 1   // MAIN
                                      LD   SM0.1
  SM0.1   ┌─SBR_0─┐   CALL   SBR0
──┤ ├──────────┤EN   │
             └───────┘

网络 2   SBR0   网络 2   // SBR_0
  SM0.0   ┌─MOV_B─┐   LD   SM0.0
──┤ ├───┬─────┤EN ENO├──   MOVB   16#F8, SMB47
        │   │   │   HDEF   1,11
        │ 16#F8┤IN OUT├ SMB47   MOVD   +0, SMD48
        │   └───────┘   MOVD   +50, SMD52
        │   ┌─HDEF──┐   ATCH   INT0, 13
        ├─────┤EN ENO├──   ENI
        │   │   │   HSC   1
        │   1─┤HSC   │
        │ 11─┤MODE   │
        │   └───────┘
        │   ┌─MOV_DW┐
        ├─────┤EN ENO├──
        │   │   │
        │ +0─┤IN OUT├ SMD48
        │   └───────┘
        │   ┌─MOV_DW┐
        ├─────┤EN ENO├──
        │   │   │
        │ +50─┤IN OUT├ SMD52
        │   └───────┘
        │   ┌─ATCH──┐
        ├─────┤EN ENO├──
        │   │   │
        │INT_0:INT0┤INT │
        │   13─┤EVNT │
        │   └───────┘
        ├────────(ENI)
        │   ┌─HSC───┐
        └─────┤EN ENO├──
              │   │
            1─┤N   │
              └───────┘

网络 3   INT_0   网络 3   // INT_0
  SM0.0   ┌─MOV_DW┐   LD   SM0.0
──┤ ├───┬─────┤EN ENO├──   MOVD   +0, SMD48
        │   │   │   MOVB   16#C0, SMB47
        │ +0─┤IN OUT├ SMD48   HSC   1
        │   └───────┘
        │   ┌─MOV_B─┐
        ├─────┤EN ENO├──
        │   │   │
        │16#C0┤IN OUT├ SMD47
        │   └───────┘
        │   ┌─HSC───┐
        └─────┤EN ENO├──
              │   │
            1─┤N   │
              └───────┘

        (a) 梯形图   (b) 语句表

图 6-5-3 高速计数器编程示例

6.5.3　高速脉冲输出指令的应用

1. 高速脉冲输出指令

高速脉冲输出指令使 PLC 某些输出端产生高速脉冲,用来驱动负载实现精确控制。

高速脉冲输出指令 PLS 如图 6-5-4 所示,检测为脉冲输出(Q0.0 或 Q0.1)设置的特殊存储器位,然后激活由特殊存储器定义的脉冲输出指令。指令操作数 Q 为 0 或 1。

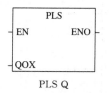

图 6-5-4　高速脉冲输出指令

S7-200 CPU 有两个 PTO/PWM 发生器,分别产生高速脉冲串和脉冲宽度可调的波形。PTO/PWM 发生器的编号分配在数字输出点 Q0.0 和 Q0.1。

PTO/PWM 发生器和输出映像寄存器共同使用 Q0.0 和 Q0.1。当 Q0.0 或 Q0.1 设置为 PTO 或 PWM 功能时,PTO/PWM 发生器控制输出,在输出点禁止使用数字量输出的通用功能。输出波形不受输出映像寄存器的状态、输出强制或立即输出指令的影响。当不使用 PTO/PWM 发生器功能时,输出点 Q0.0、Q0.1 使用通用功能,输出由输出映像寄存器控制。

建议在允许 PTO 或 PWM 操作前把 Q0.0 和 Q0.1 的输出映像寄存器设定为 0。

脉冲串(PTO)功能提供方波(50%占空比)输出,用户控制脉冲周期和脉冲数。脉冲宽度调制(PWM)功能提供连续、占空比可调的脉冲输出,用户控制脉冲周期和脉冲宽度。

PTO/PWM 发生器有一个控制字节寄存器(8 位)、一个无符号的周期值寄存器(16 位),PWM 有一个无符号的脉宽值寄存器(16 位),PTO 有一个无符号的脉冲计数值寄存器(32 位)。这些值全部存储在指定的特殊存储器(SM)中,特殊存储器的各位设置完毕后,即可执行脉冲(PLS)指令。PLS 指令使 CPU 读取特殊存储器中的位,并对相应的 PTO/PWM 发生器进行编程。修改特殊存储器(SM)区(包括控制字节)并执行 PLS 指令,可以改变 PTO 或 PWM 特性。若 PTO/PWM 控制字节的允许位(SM67.7 或 SM77.7)置为 0,则禁止 PTO 或 PWM 的功能。

所有控制字节、周期、脉冲宽度和脉冲数的默认值都是 0。

2. PTO/PWM 控制寄存器

PLS 指令从 PTO/PWM 控制寄存器中读取数据,使程序按控制寄存器中的值控制 PTO/PWM 发生器。因此执行 PLS 指令前,必须设置好控制寄存器。控制寄存器各位的功能见表 6-5-5。SMB67 控制 PTO/PWM Q0.0,SMB77 控制 PTO/PWM Q0.1;SMW68/SMW78、SMW70/SMW80、SMD72/SMD82 分别存放周期值、脉冲宽度值、脉冲数。在多段脉冲串操作中,执行 PLS 指令前应在 SMW166/SMW176 中填入管线的总段数、在 SMW168/SMW178 中装入包络表的起始偏移地址,并填好包络表的值。状态字节用于监视 PTO 发生器的工作。

表 6-5-5 PTO/PWM 控制寄存器

	Q0.0	Q0.1	描　述
状态字节	SM66.4	SM76.4	PTO 包络由于增量计算错误而终止:0=无错误;1=有错误
	SM66.5	SM76.5	PTO 包络由于用户命令而终止:0=不终止;1=终止
	SM66.6	SM76.6	PTO 管线溢出:0=无溢出;1=有溢出
	SM66.7	SM76.7	PTO 空闲:0=执行中;1=空闲
控制字节	SM67.0	SM77.0	PTO/PWM 更新周期值:0=不更新;1=更新周期值
	SM67.1	SM77.1	PWM 更新脉冲宽度值:0=不更新;1=更新脉冲宽度值
	SM67.2	SM77.2	PTO 更新脉冲数:0=不更新;1=更新脉冲数
	SM67.3	SM77.3	PTO/PWM 时间基准选择:0=1 μs;1=1 ms
	SM67.4	SM77.4	PWM 更新方法:0=异步更新;1=同步更新
	SM67.5	SM77.5	PTO 操作:0=单段操作;1=多段操作
	SM67.6	SM77.6	PTO/PWM 模式选择:0=选择 PTO;1=选择 PWM
	SM67.7	SM77.7	PTO/PWM:0=禁止 PTO/PWM;1=允许 PTO/PWM
其他寄存器	SMW68	SMW78	PTO/PWM 周期值:2~65 535
	SMW70	SMW80	PWM 脉冲宽度值:2~65 535
	SMW72	SMW82	PTO 脉冲计数值:1~4 294 967 295
	SMW166	SMW176	操作中的段数(仅用于多段 PTO 操作中)
	SMW168	SMW178	包络表的起始位置,用从 V0 开始的字节偏移量表示(仅用于多段 PTO 操作中)

3. PWM 操作

PWM 功能提供占空比可调的脉冲输出。周期和脉宽的增量单位为微秒(μs)或毫秒(ms)。周期变化范围分别为 50~65 535 μs 或 2~65 635 ms。脉宽变化范围分别为 0~65 535 μs 或 0~65 535 ms。当脉宽大于等于周期时,占空比为 100%,即输出连续接通。当脉宽为 0 时,占空比为 0%,即输出断开。如果周期小于最小值,则周期时间被默认为最小值。

有两种方法可改变 PWM 波形的特性:同步更新和异步更新。

(1)同步更新

PWM 的典型操作是当周期时间保持常数时变化脉冲宽度。因此,不需要改变时间基准就可以进行同步更新。同步更新时,波形特性的变化发生在周期边沿,可提供平滑过渡。

(2)异步更新

如果需要改变 PWM 发生器的时间基准,就要使用异步更新。异步更新会造成 PWM 功能被瞬时禁止,和 PWM 输出波形不同步,这会引起被控设备的振动。因此,建议选择一个适用于所有周期时间的时间基准来采用 PWM 同步更新。

控制字节中的 PWM 更新方法状态位(SM67.4 或 SM77.4)用来指定更新类型。执行 PLS 指令激活这些改变。

4. PTO 操作

PTO 功能提供指定脉冲数和周期的方波(50%占空比)脉冲串发生功能。周期以微秒或毫秒为单位。周期的范围是 50~65 535 μs,或 2~65 535 ms。如果设定的周期是奇数,会引起占空比失真。脉冲数的范围是 1～4 294 967 295。

如果周期时间小于最小值，就把周期默认为最小值。如果指定脉冲数为 0，就把脉冲数默认为 1 个脉冲。

状态字节中的 PTO 空闲位（SM66.7 或 SM176.7）为 1 时，则指示脉冲串输出完成。可根据脉冲串输出的完成调用中断程序。

若要输出多个脉冲串，PTO 功能允许脉冲串的排队，形成管线。当激活的脉冲串输出完成后，立即开始输出新的脉冲串，这保证了脉冲串顺序输出的连续性。

PTO 发生器有单段管线和多段管线两种模式。

（1）单段管线模式

单段管线中只能存放一个脉冲串的控制参数。一旦启动了 PTO 起始段，就必须立即为下一个脉冲串更新控制寄存器，并再次执行 PLS 指令。第 2 个脉冲串的属性在管线一直保持到第 1 个脉冲串发送完成。第 1 个脉冲串发送完成，紧接着就输出第二个脉冲串。重复上述过程可输出多个脉冲串。

（2）多段管线模式

多段管线中 CPU 在变量（V）存储区建立一个包络表。包络表中存储各个脉冲串的控制参数。多段管线用 PLS 指令启动。执行指令时，CPU 自动从包络表中按顺序读出每个脉冲串的控制参数，并实施脉冲串输出。当执行 PLS 指令时，包络表内容不可改变。

在包络表中周期增量可以选择微秒或毫秒，但在同一个包络表中的所有周期值必须使用同一个时间基准。包络表由包络段数和各段参数构成，包络表的格式见表 6-5-6。

表 6-5-6　　　　　　　　　多段 PTO 操作的包络表格式

从包络表开始的字节偏移	包络段数	描　述
0		段数（1～255）；数 0 产生一个非致命性错误，将不产生 PTO 输出
1		初始周期（2～65 535 时间基准单位）
3	段 1	每个脉冲的周期增量（有符号数）（－32 768～32 767 时间基准单位）
5		脉冲数（1～4 294 967 295）
9		初始周期（2～65 535 时间基准单位）
11	段 2	每个脉冲的周期增量（有符号数）（－32 768～32 767 时间基准单位）
13		脉冲数（1～4 294 967 295）
……	……	……

包络表每段的长度是 8 个字节，由周期值（16 位）、周期增量值（16 位）和脉冲计数值（32 位）组成。8 个字节的参数表征了脉冲串的特性，多段 PTO 操作的特点是按照每个脉冲的个数自动增/减周期。若周期增量区的值为正值，则增加周期；若为负值，则减少周期；若为 0 值，则周期不变。除周期增量为 0 外，每个输出脉冲的周期值都发生着变化。

如果在输出若干脉冲后指定的周期增量值导致非法周期值，会产生溢出错误，SM66.6 或 SM76.6 被置为 1，同时停止 PTO 功能，PLC 的输出变为通用功能。此外，状态字节中的增量计算错误位（SM66.4 或 SM76.4）被置为 1。

如果要人为地终止一个正进行中的 PTO 包络，只需要把状态字节中的用户终止位（SM66.5 或 SM76.5）置为 1。

5. 包络表参数的计算

PTO 发生器的多段管线功能在实际应用中非常有用。例如在步进电动机的控制时,电动机的转动受脉冲控制。

图 6-5-5 所示为步进电动机启动加速、恒速运行、减速停止过程中脉冲频率-时间曲线。下面按图 6-5-5 的频率-时间关系生成包络表参数。

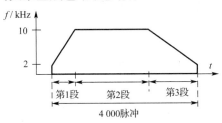

图 6-5-5　脉冲频率-时间曲线

步进电动机的运动控制分成 3 段(启动加速、恒速运行、减速停止)共需要 4 000 脉冲。启动和结束时的频率是 2 kHz,最大脉冲频率是 10 kHz。由于包络表中的值是用周期表示的,而不是用频率表示的,所以需要把给定的频率值转换成周期值。启动和结束时的周期是 500 μs,最大频率对应的周期是 100 μs。

要求启动加速段在 200 个脉冲内达到最大脉冲频率(10 kHz),减速停止段在 400 个脉冲内完成。

PTO 发生器用来调整给定段脉冲周期的周期增量,即

$$周期增量 = (T_{EC} - T_{IC})/Q$$

式中　T_{EC}——该段结束周期;

　　　T_{IC}——该段初始周期;

　　　Q——该段脉冲数。

计算得出:启动加速段(第 1 段)的周期增量是 −2。减速停止段(第 3 段)的周期增量是 1。第 2 段是恒速运行段,该段的周期增量是 0。

假定包络表存放在从 VB500 开始的 V 存储器区,相应的包络表参数见表 6-5-7。

表 6-5-7　　　　　　　　　　　　　　　　包络表参数

V 存储器地址	参数值
VB500	3(总段数)
VW501	500(第 1 段初始周期)
VW503	−2(第 1 段周期增量)
VD505	200(第 1 段脉冲数)
VW509	100(第 2 段初始周期)
VW511	0(第 2 段周期增量)
VD513	3400(第 2 段脉冲数)
VW517	100(第 3 段初始周期)
VW519	1(第 3 段周期增量)
VD521	400(第 3 段脉冲数)

6.5.4　实时时钟指令

读实时时钟(TODR)指令从实时时钟读取当前时间和日期,并存入以 T 为起始字节地址的 8 个字节缓冲区,依次存放年、月、日、时、分、秒、0 和星期。操作数 T 的数据类型为字节型。

设定实时时钟(TODW)指令把含有时间和日期的 8 个字节缓冲区(起始地址是 T)的内容存入时钟。实时时钟指令如图 6-5-6 所示。

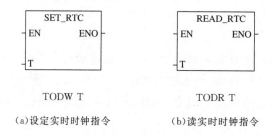

(a)设定实时时钟指令　　　　　(b)读实时时钟指令

图 6-5-6　实时时钟指令

年、月、日、时、分、秒、星期的数值范围分别是 00～99、01～12、01～31、00～23、00～59、00～59、01～07。必须用 BCD 码表示所有的日期和时间值。对于年份用最低两位数表示,例 2000 年用 00 年表示。

S7-200 PLC 不执行检查和核实日期是否准确。无效日期(如 2 月 30 日)可以被接受,因此,必须确保输入数据的准确性。

不要同时在主程序和中断程序中使用 TODR/TODW 指令;否则,会产生致命错误。

任务实施

1.根据控制要求确定 I/O 点数,进行 I/O 分配,见表 6-5-8。

表 6-5-8　　　　　十字路口交通灯控制 I/O 地址分配

外接元件符号	I/O 编号	注释
SB1	I0.0	启动按钮
EL1、EL2	Q0.0	东西绿灯
EL3、EL4	Q0.1	东西黄灯
EL5、EL6	Q0.2	东西红灯
EL7、EL8	Q0.3	南北绿灯
EL9、EL10	Q0.4	南北黄灯
EL11、EL12	Q0.5	南北红灯

2.画出 PLC 外部接线图:根据控制电路、I/O 分配及接口电路要求,绘制 PLC 硬件接线图,如图 6-5-7 所示。在项目实施过程中,应按照此接线图连接硬件。

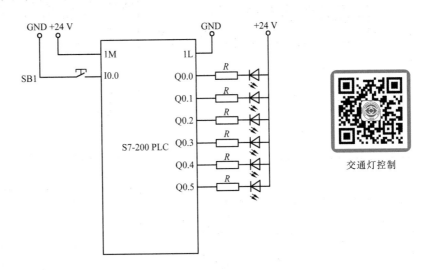

图 6-5-7　PLC 外部接线图

3.**程序设计**:根据任务目标分析,十字路口交通灯的动作时序图如图 6-5-8 所示。

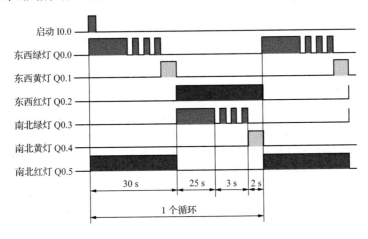

图 6-5-8　十字路口交通灯的动作时序图

观察可知十字路口交通灯的工作状态可分为两部分:东西红灯亮 30 s;南北红灯亮 30 s。每一阶段又分为 3 小段:反向绿灯亮—闪—黄灯亮。如在每个阶段中,用一个定时器控制启动总时间,分别完成 3 小段顺序启动,即在启动东西红灯的同时开启南北绿灯,当延时到 25 s 时,南北绿灯闪 3 s,之后南北绿灯灭,南北黄灯点亮 2 s 后开始第二阶段(与第一阶段过程相同)。

控制程序如图 6-5-9 所示。

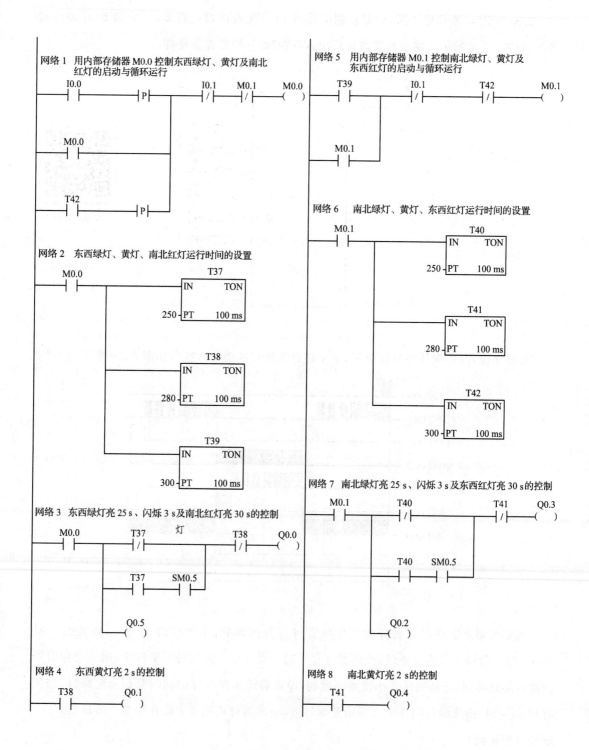

图 6-5-9　十字路口交通灯控制梯形图

4.安装配线:按照工艺要求正确安装、接线。

5.运行调试:

(1)接线完成,检查正确,上电。

(2)输入程序。双击 STEP7-Micro/WIN 软件图标,启动该软件。系统自动创建一个名称为"项目×"的新工程,可以重命名。

(3)建立 PLC 与上位机的通信联系,将程序下载到 PLC。

(4)运行程序。

(5)操作控制按钮,观察运行结果。

(6)分析程序运行结果,编写相关技术文件。

拓展练习

用高速输出端子 Q0.0 输出的 PWM 波形作为高速计数器的计数脉冲信号,产生如图 6-5-10 所示的输出 Q0.1 的波形图。

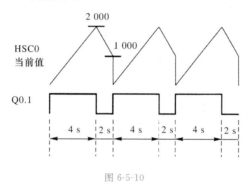

图 6-5-10

任务 6　PLC 设计(4 组抢答器控制)

任务目标

● 用 PLC 实现一个 4 组抢答台抢答控制系统:4 组抢答台上各设置抢答按钮一个,分别用 SB1~SB4 描述。要求 4 组抢答台使用 SB1~SB4 按钮抢答,抢答完毕,显示器显示最先按下按钮的台号(数字 1~4),并使蜂鸣器发出响声(持续 2 s 后停止),同时锁住抢答器,使其他组按钮无效,直至本次答题完毕,主持人按下复位按钮 SB0 后才能进行下一轮抢答

预备知识

6.6.1　转换指令的应用

转换指令用于对操作数的类型、码制及数据和码制之间进行相互转换,方便在不同类型的数据间进行处理或运算。

1. BCD 码与整数的转换

BCD_I 指令将输入的 BCD 码(IN)转换成整数,并将结果存入 OUT 指定的变量中。输入 IN 范围是 BCD 码 0~9 999。

I_BCD 指令将输入的整数(IN)转换为 BCD 码,并将结果存入 OUT 指定的变量中。IN 的范围是整数 0~9 999。

这些指令影响 SM1.6(非法 BCD)。BCD 码与整数的转换如图 6-6-1 所示。

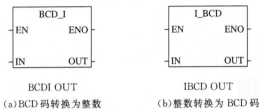

(a)BCD 码转换为整数　　　　　(b)整数转换为 BCD 码

图 6-6-1　BCD 码与整数的转换

BCD 码与整数的转换示例如图 6-6-2 所示。

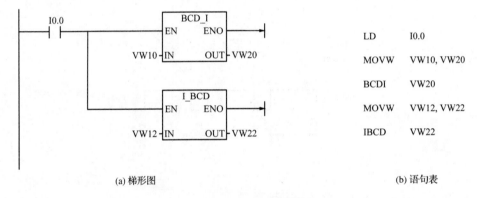

(a) 梯形图　　　　　　　　　　(b) 语句表

图 6-6-2　BCD 码与整数的转换示例

若 VW10=1234(应当作 BCD 码),则经过 BCD_I 转换后,VW20=1234(16♯04D2);若 VW12=1234;则经过 I_BCD 转换后,VW22=16♯1234。

2. 双整数与实数的转换

DTR(DI_R)指令将 32 位有符号整数(IN)转换成 32 位实数,并将结果存入 OUT 指定的变量中。

ROUND 指令将实数(IN)转换成双整数后存入 OUT 指定的变量中。如果小数部分大于等于 0.5,则整数部分加 1。如果要转换的数值过大,输出无法表示,则置溢出位 SM1.1 为 1。

TRUNC 指令将 32 位实数(IN)转换成 32 位带符号整数后存入 OUT 指定的变量中。只有实数的整数部分被转换,小数部分被舍去。双整数与实数的转换如图 6-6-3 所示。

(a)双整数转换成实数　　　　(b)实数转换成双整数　　　　(c)实数转换成带符号整数

图 6-6-3　双整数与实数的转换

3. 双整数与整数的转换

双整数转换为整数指令 DTI(DI_I)指令将双整数(IN)转换成整数后存入 OUT 指定的变量中。如果要转换的数值过大,输出无法表示,则置溢出位 SM1.1 为 1,输出不受影响。

整数转换为双整数指令 ITD(I_DI)将整数(IN)转换成双整数后送入 OUT 指定的变量中,符号被扩展。

这两条指令影响特殊存储器位 SM1.1(溢出)。双整数与整数的转换如图 6-6-4 所示。

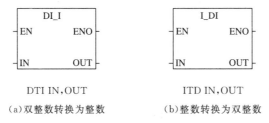

（a）双整数转换为整数　　　（b）整数转换为双整数

图 6-6-4　整数与双整数的转换

整数转换成实数和取整示例如图 6-6-5 所示。

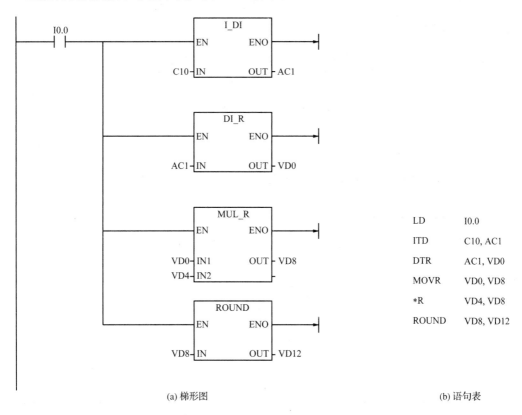

(a) 梯形图　　　　　　　　　　　　(b) 语句表

图 6-6-5　整数转换成实数和取整示例

4. 字节与整数的转换

字节转换为整数 BTI(B_I)指令将字节数(IN)转换成整数,并将结果存入 OUT 指定的变量中。因为字节是无符号的,所以没有扩展符号。

整数转换为字节 ITB(I_B)指令将整数(IN)转换成字节后存入 OUT 指定的变量中。

输入数为 0～255,其他数值将会产生溢出,但输出不受影响。字节与整数的转换如图 6-6-6 所示。

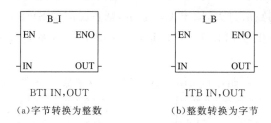

(a)字节转换为整数   (b)整数转换为字节

图 6-6-6　字节与整数的转换

5.译码指令

译码指令 DECO 根据输入字节(IN)的低 4 位表示位号,将输出字(OUT)相应的位置 1,输出字的其他位均为 0。译码指令如图 6-6-7 所示。

6.编码指令

编码 ENCO(Encode)指令,将输入字(IN)中值为 1 的最低有效位的位号编码成 4 位二进制数,写入输出字节(OUT)的最低 4 位。编码指令如图 6-6-8 所示。

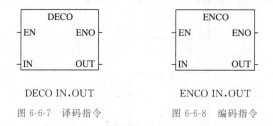

DECO IN,OUT   ENCO IN,OUT

图 6-6-7　译码指令   图 6-6-8　编码指令

编码和译码指令应用示例如图 6-6-9 所示。

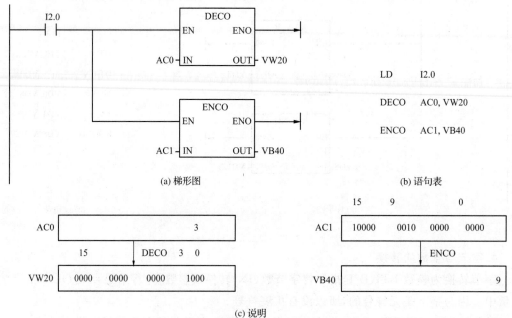

(a) 梯形图   (b) 语句表

(c) 说明

图 6-6-9　编码和译码指令应用示例

在 AC0 中存放错误码 3,译码指令使 VW20 的第 3 位置"1",AC1 存放错误位,编码指令把错误位转换成错误码存于 VB40。

7. 段码指令

段码指令 SEG 根据输入字节(IN)低位 4 位确定的十六进制数(16#0~F)产生点亮 7 段显示器各段的代码,并存入输出字节 OUT。七段编码见表 6-6-1。

表 6-6-1　　　　　　　　　　　　　　　七段码显示

段显示	gfedcba		段显示	gfedcba
0	00111111		8	01111111
1	00000110		9	01100111
2	01011011	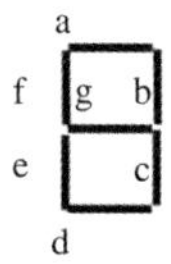	a	01110111
3	01001111		b	01111100
4	01100110		c	00111001
5	01101101		d	01011110
6	01111101		e	01111001
7	00000111		f	01110001

例如执行程序:SEG　VB20,QB0

若设 VB20=06,则执行上述指令后,在 Q0.0~Q0.7 上可以输出 01111101。

8. ASCII 码与十六进制数的转换

ATH 将长度为 LEN、从 IN 开始的 ASCII 字符串转换成从 OUT 开始的十六进制数。ASCII 字符串最大长度为 255 个字符,各变量的数据类型均为 BYTE。

HTA 指令将从 IN 开始、长度为 LEN 的十六制数转换成从 OUT 开始的 ASCII 字符串。最多可转换 255 个十六进制数,合法的 ASCII 字符的十六进制数值为 30~39 和 41~46,各变量的数据类型均为 BYTE。ASCII 码与十六进制的转换如图 6-6-10、图 6-6-11 所示。

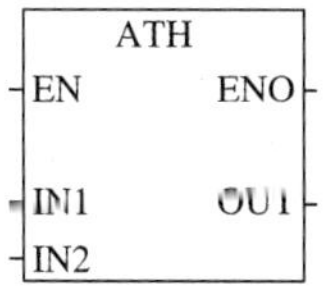

ATH IN,OUT,LEN

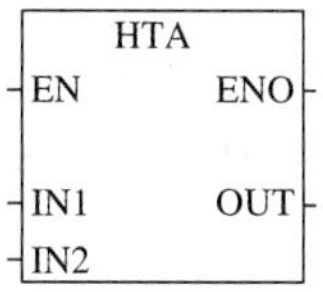

HTA IN,OUT,LEN

图 6-6-10　ASCII 码转换成十六进制数　　图 6-6-11　十六进制数转换成 ASCII 码

ASCII 码与十六进制数的转换应用示例如图 6-6-12 所示。

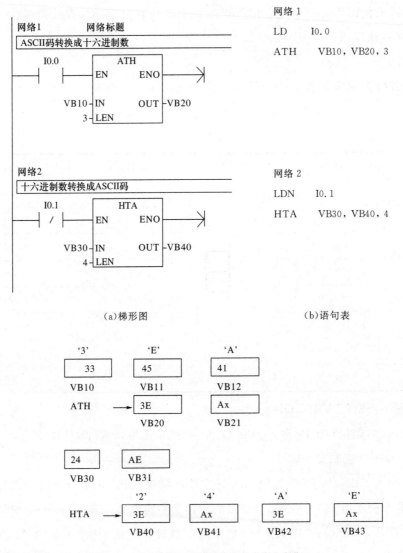

(a)梯形图   (b)语句表

(c)说明(x 表示半个字节未发生变化)

图 6-6-12　ASCII 码与十六进制数的转换应用示例

9. 整数转换为 ASCII 码

ITA 指令(图 6-6-13)将输入端整数(IN)转换成 ASCII 字符串,参数 FMT(Format,格式)指定小数部分的位数和小数点的表示方法。转换结果存入从 OUT 开始的 8 个连续字节的输出缓冲区中,ASCII 字符串始终是 8 个字符,FMT 和 OUT 均为字节变量。

ITA IN,OUT,FMT

图 6-6-13　整数转换为 ASCII 码

使 ENO＝0 的错误条件:0006(间接地址),SM4.3(运行时间),无输出(格式非法)。

输出缓冲区中小数点右侧的位数由 FMT 的 n 域指定,nnn＝0～5。如果 nnn＝0,则显示整数。当 nnn＞5 时,用 ASCII 空格填充整个输出缓冲区。位 c 指定用逗号(c＝1)或小数点(c＝0)作为整数和小数的部分的分隔符,FMT 的高 4 位必须为 0。图 6-6-14 中 FMT＝3,小数部分有 3 位,使用小数点分隔。

		MSB						LSB	
		7	6	5	4	3	2	1	0
FMT		0	0	0	0	c	n	n	n

	OUT	OUT +1	OUT +2	OUT +3	OUT +4	OUT +5	OUT +6	OUT +7
IN=12				0	.	0	1	2
IN=-123				0	.	1	2	3
IN=1234				1	.	2	3	4
IN=-12345		-	1	2	.	3	4	5

图 6-6-14　ITA 指令的 FMT 操作数及输出缓冲区

输出缓冲区按以下规则进行格式化:

(1)正数写入输出缓冲区时不带符号。

(2)负数写入输出缓冲区时带负号。

(3)小数点左边的无效零(与小数点相邻的位除外)被删除。

(4)输出缓冲区中的数字右对齐。

例如执行程序:ITA　VW10,VB20,16♯0B

16♯0B 表示用逗号作为小数点,保留 3 位小数。在本例给定的输入条件下,则经过 ITA 后,结果如下:

		‘ ’	‘ ’	‘1’	‘2’	‘,’	‘3’	‘4’	‘5’
12345	ITA→	20	20	31	32	2C	33	34	35
VW10		VB20							VB27

10. 双整数转换为 ASCII 码

DTA 指令(图 6-6-15)将双字整数(IN)转换为 ASCII 字符串,转换结果存入 OUT 开始的 12 个连续字节中。使 ENO＝0 的错误条件:0006(间接地址),SM4.3(运行时间),无输出(格式非法)。

输出缓冲区的大小始终为 12 字节,FMT 各位的意义和输出缓冲区格式化的规则同 ITA 指令,FMT 和 OUT 均为字节变量。

11. 实数转换为 ASCII 码

RTA 指令(图 6-6-16)将输入的实数(浮点数)转换成 ASCII 字符串,转换结果存入 OUT 开始的 3～15 个字节中。使 ENO＝0 的错误条件:0006(间接地址),SM4.3(运行时间),无输出(格式非法)。

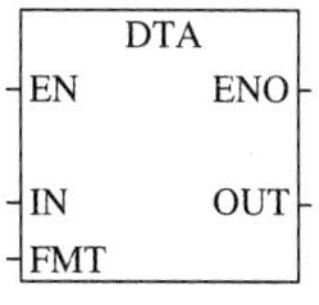

DTA IN,OUT,FMT

图 6-6-15　双整数转换为 ASCII 码

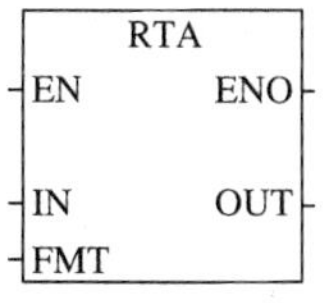

RTA IN,OUT,FMT

图 6-6-16　实数转换为 ASCII 码

格式操作数 FMT 的定义如图 6-6-17 所示,输缓冲区的大小由 ssss 区的值指定,ssss＝3～5。输出缓冲区中小数部分的位数由 nnn 指定,nnn＝0～5。如果 nnn＝0,则显示整数。当 nnn＞5 或输出缓冲区过小无法容纳数值时,用 ASCII 空格填充整个输出缓冲区。位 c 指定用逗号(c＝1)或小数点(c＝0)作为整数和小数部分的分隔符,FMT 和 OUT 均为字节变量。

除了 ITA 指令输出缓冲区格式化的 4 条规则外,还应遵守:

(1)小数部分的位数如果大于 nnn 指定的位数,用四舍五入的方式去掉多余的位。

(2)输出缓冲区应不小于 3 个字节,不应大于小数部分的位数。

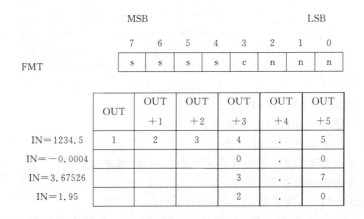

图 6-6-17 RTA 指令的 FMT 操作数及输出缓冲区

例如执行程序:RTA VD10,VB20,16♯A3

16♯A3 表示 OUT 的大小为 10 个字节,用小数点作为小数点,保留 3 位小数,在本例给定的输入条件下,经过 RTA 后,结果如下:

	' '	'1'	'2'	'3'	'4'	'4'	'.'	'9'	'9'	'9'
12345.0 RTA→	20	31	32	33	34	34	2E	39	39	39
VD10	VB20									VB29

6.6.2 表功能指令的应用

表功能指令是指定存储器区域中的数据管理指令。可建立一个不大于 100 字的数据表,依次向数据区填土或取出数据,并在数据区查找符合设置条件的数据,以对数据区内的数据进行统计、排序、比较等处理。表功能指令包括填表指令、查表指令、先进先出指令、后进先出指令及存储器填充指令。

1.填表指令

填表指令 ATT 向表(TBL)中增加一个字。表内的第 1 个数是表的最大长度(TL),第 2 个数是表内实际的项数(EC),新数据被存入表内上一次填入的数的后面。每向表内填入一个新的数据,EC 自动加 1。除了 TL 和 EC 外,表最多可以装入 100 个数据。TBL 为 WORD 型,DATA 为 INT 型。填表指令如图 6-6-18 所示。

该指令影响 SM1.4,当填入表的数据过多时,SM1.4 将被置 1。

ATT DATA,TBL

图 6-6-18 填表指令

填表指令应用示例如图 6-6-19 所示。

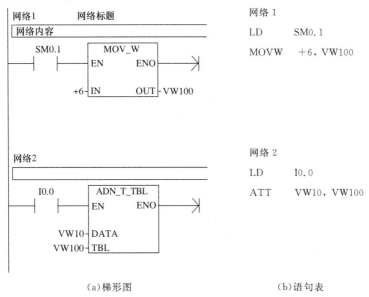

（a）梯形图　　　　　　　　　　　　　　（b）语句表

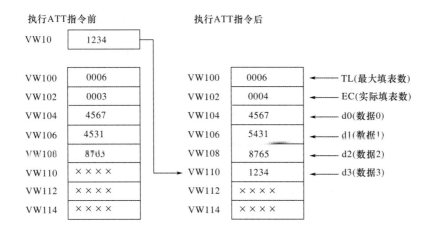

（c）说明

图 6-6-19 填表指令应用示例

2. 查表指令

查表指令 FND 从指针 INDX 所指的地址开始查表(TBL),搜索与数据 PTN 的关系满足 CMD 定义条件的数据。命令参数 CMD=1～4,分别代表"="">""<"">"。如果发现了一个符合条件的数据,则 INDX 指向该数据。要查找下一个符合条件的数据,再次启动查表指令之前应先将 INDX 加 1。如果没有找到,则 INDX 的数值等于 EC。一个表最多有 100 个填表数据,数据的编号为 0～99。

TBL 和 INDX 为 WORD 型,PTN 为 INT 型,CMD 为字节型。查表指令如图 6-6-20 所示。

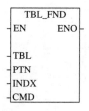

图 6-6-20 查表指令

查表指令应用示例如图 6-6-21 所示。

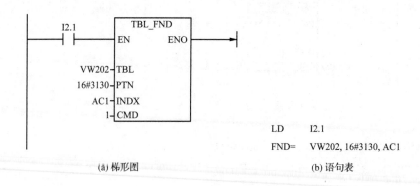

```
LD      I2.1
FND=    VW202, 16#3130, AC1
```

(a) 梯形图   (b) 语句表

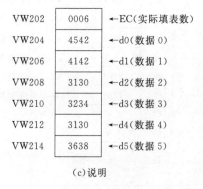

(c)说明

图 6-6-21 查表指令应用示例

用 FND 指令查找 ATT、LIFO 和 FIFO 指令生成的表时,实际填表数(EC)和输入的数据相对应。查表指令并不需要 ATT、LIFO 和 FIFO 指令中的最大填数 TL。因此,查表指令的 TBL 操作应比 ATT、LIFO、FIFO 指令的 TBL 操作数高 2 字节。图 6-6-21 中的 I2.1 接通时,从 EC 地址为 VW202 的表中查找等于(CMD=1)16#3030 的数。为了从头开始查找,AC1 的初值为 0。查表指令执行后,AC1=2,找到了满足条件的数据 2。查表中剩余的数据之前,AC1(INDX)应加 1。第二次执行后,AC1=4,找到了满足条件的数据 4,将 AC1 再次加 1。第 3 次执行后,AC1 等于表中填入的项数 6(EC),表示表已查完,没有找到符合条件的数据。再次查表之前,应将 INDX 清 0。

3. 先进先出指令

先进先出指令(FIFO)从表(TBL)中移走最先放进的第一个数据(数据 0)并将其存入 DATA 指定的地址,表中剩下的各项依次向上移动一个位置。每次执行此指令,表中的项数 EC 减 1。TABLE 为 INT 型,DATA 为 WORD 型。先进先出指令如图 6-6-22 所示。

FIFO TBL,DATA

图 6-6-22　先进先出指令

使 ENO=0 的错误条件:SM1.5(空表),SM4.3(运行时间),0006(间接地址),0091(操作数超出范围)。如果试图从空表中取走数据,特殊存储器位 SM1.5 将被置为 1。

4. 后进先出指令

进入先出指令(LIFO)从表(TBL)中移走最后放进的数据,并将其存入 DATA 指定的位置,剩下的各项依次向上移动一个位置。每次执行此指令,表中的项数 EC 减 1。TABLE 为 INT 型,DATA 为 WORD 型。后进先出指令如图 6-6-23 所示。

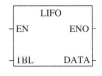

LIFO TBL,DATA

图 6-6-23　后进先出指令

该指令使 ENO=0 的错误条件和受影响的特殊存储器位同 FIFO。

FIFO、LIFO 指令应用示例如图 6-6-24 所示。

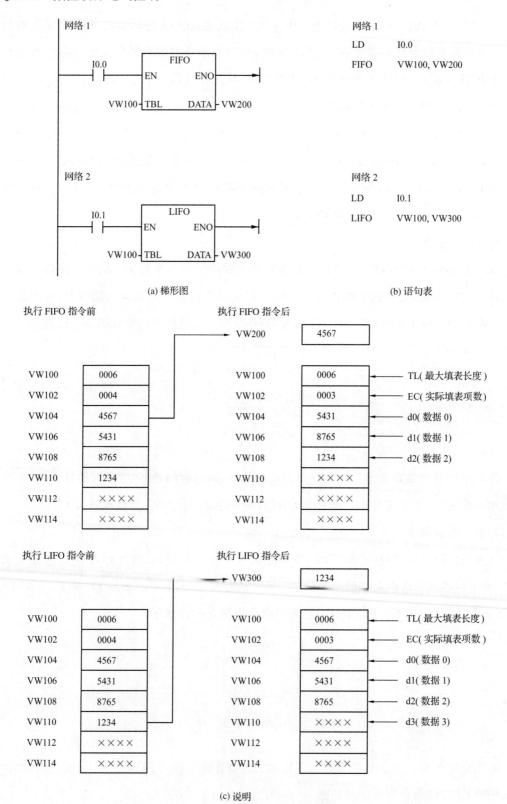

(a) 梯形图   (b) 语句表

(c) 说明

图 6-6-24　FIFO、LIFO 指令应用示例

5. 存储器填充指令

存储器填充指令 FILL 用输入值(IN)填充从输出 OUT 开始的 N 个字,字节型整数 N=1~255。IN 和 OUT 为 WORD 型。

使 ENO=0 错误条件:SM4.3(运行时间),0006(间接地址),0091(操作超出范围)。

如图 6-6-25 中的 FILL 指令将 0 填入 VW100~VW109。

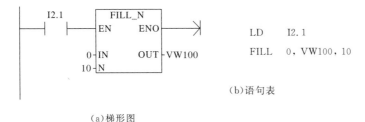

(a)梯形图　　　　　　　　　　(b)语句表

图 6-6-25　填充指令

6.6.3　程序控制类指令的应用

程序控制类指令用于对程序流转的控制,可以控制程序的结束、分支、循环、子程序或中断程序调用、步进指令等。合理使用程序控制类指令可以优化程序结构,增强程序的功能。

表 6-6-2 列出了程序控制指令,下面对各种程序控制指令分别加以说明。

表 6-6-2　　　　　　　　　　　　　程序控制指令

助记符	指令名称	指令表格式	功能
END	有条件结束指令	END	程序的有条件结束
MEND	无条件结束指令	MEND	程序的无条件结束
STOP	暂停指令	STOP	切换到 STOP 模式
WDR	看门狗指令	WDR	看门狗复位
JMP	跳转指令	JMP　N	跳到定义的标号
LBL	标号指令	LBL N	定义一个跳转的标号
FOR	循环开始指令	FOR INDX,INIT,FINAL	循环开始
NEXT	循环结束指令	NEXT	循环结束
CALL	子程序调用指令	CALL SBR_N	调用子程序
CRET	子程序结束指令	CRET	从子程序条件返回
ATCH	中断连接指令	ATCH INT,EVENT	中断源与中断程序建立连接
DTCH	中断分离指令	DTCH EVENT	断开中断源与中断程序的连接
ENI	中断允许指令	ENI	允许中断
DISI	中断禁止指令	DISI	禁止中断
LSCR	装载顺控继电器指令	LSCR n	顺控继电器段开始
SCRT	顺控继电器转换指令	SCRT n	顺控继电器段转换
SCRE	顺控继电器结束指令	SCRE	顺控继电器段结束

1. 结束指令

有条件结束指令 END 在执行条件成立时结束主程序，返回主程序起点。有条件结束指令用在无条件结束指令 MEND 之前。用户程序必须以无条件结束指令结束主程序。有条件结束指令不能在子程序或中断程序中使用。

END 指令如图 6-6-26 所示，当 I0.0 闭合时，主程序结束。

(a)梯形图　　　　　　　　　(b)语句表

图 6-6-26　END 指令

2. 暂停指令

暂停指令 STOP 能够引起 CPU 工作方式发生变化：从运行方式（RUN）进入停止方式（STOP），立即终止程序的执行。如果 STOP 指令在中断程序中执行，那么该中断程序立即终止，并且忽略所有挂起的中断，继续扫描主程序的剩余部分。在本次扫描的最后，完成 CPU 从 RUN 到 STOP 方式的转换。

STOP 指令如图 6-6-27 所示，I0.0 闭合时，STOP 指令运行，PLC 工作方式立即从运行转变为停止方式。I0.0 断开时，则程序正常运行。

(a)梯形图　　　　　　　　　(b)语句表

图 6-6-27　STOP 指令

3. 看门狗指令

为了保证系统可靠运行，PLC 内部设置了系统监视定时器 WDT，用于监视扫描周期是否超时。每当扫描到 WDT 定时器时，WDT 定时器将复位。WDT 定时器有一个设定值（100～300 ms），系统正常工作时，所需扫描时间小于 WDT 的设定值，WDT 定时器被及时复位。系统故障情况下，扫描时间大于 WDT 定时器设定值，该定时器不能及时复位，则报警并停止 CPU 运行，同时复位输入、输出。这种故障称为 WDT 故障，以防止因系统故障或程序进入死循环而引起的扫描周期过长。

WDR 指令如图 6-6-28 所示，I0.0 闭合时，WDR 指令运行，复位系统监视定时器 WDT。

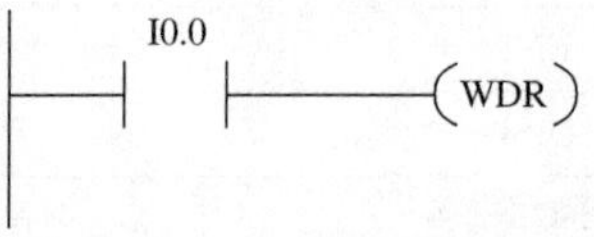

```
    I0.0                      LD    I0.0
├──┤  ├──────────( WDR )       WDR
```

(a)梯形图　　　　　　　　　(b)语句表

图 6-6-28　WDR 指令

4. 跳转与标号指令

跳转指令 JMP 可使程序流程转到同一程序中的具体标号(n)处,当这种跳转执行时,栈顶的值总是逻辑 1。标号指令(LBL)用于标记跳转目的地的位置(n)。指令操作数 n 为常数(0~255)。跳转指令和相应的标号指令必须用在同一个程序段中,如图 6-6-29 所示。

跳转与标号指令的用法如图 6-6-29 所示,I0.0 闭合时,Nerwork 3 中的跳转指令使程序流程跳过 Nerwork 4~Nerwork 9 跳转到标号 5 处继续运行。

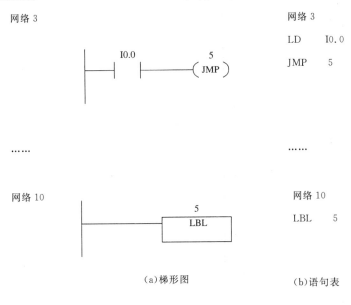

(a)梯形图　　　　(b)语句表

图 6-6-29　跳转与标号指令

5. 循环指令

循环开始指令 FOR 标记循环的开始;循环结束指令 NEXT 标记循环的结束,并置栈顶值为"1"。FOR 与 NEXT 之间的程序部分为循环体。必须为 FOR 指令设定当前循环次数的计数器(INDX)、初值(INIT)和终值(FINAL)。每执行一次循环体,当前计数值加 1,并将其值同终值比较,如果大于终值,那么终止循环。例如,给定初值(INIT)为 1,终值(FINAL)为 50,那么随着当前计数值(INDX)从 1 增加到 50,FOR 与 NEXT 之间的指令被执行 50 次。

允许输入端有效时,执行循环体直到循环结束。在 FOR/NEXT 循环执行的过程中可以修改终值。当允许输入端重新有效时,指令可自动将各参数复位(初值 INIT 和终值 FINAL,并将初值拷贝到计数器 INDX 中)。FOR 指令和 NEXT 指令必须成对使用。允许循环嵌套,嵌套深度可达 8 层。

循环指令的应用示例如图 6-6-30 所示。

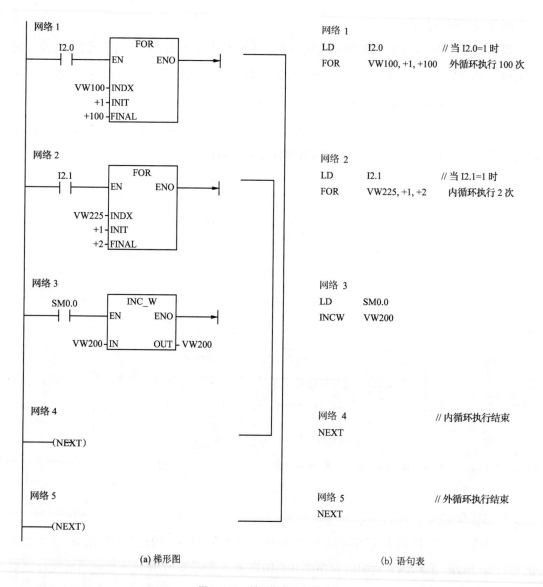

网络 1

LD	I2.0 // 当 I2.0=1 时
FOR	VW100, +1, +100 外循环执行 100 次

网络 2

LD	I2.1 // 当 I2.1=1 时
FOR	VW225, +1, +2 内循环执行 2 次

网络 3

LD	SM0.0
INCW	VW200

网络 4   // 内循环执行结束
NEXT

网络 5   // 外循环执行结束
NEXT

(a) 梯形图   (b) 语句表

图 6-6-30　循环指令的应用示例

任务实施

1. 根据控制要求确定 I/O 点数，进行 I/O 分配：4 组抢答台使用的 SB1～SB4 抢答按钮及复位按钮 SB0 作为 PLC 的输入信号，输出信号包括七段数码管和蜂鸣器。七段数码管的每一段应分配一个输出信号，因此总共需要 8 个输出点，本任务中七段数码管的驱动采用七段译码指令。为保证只有最先抢到的台号被显示，各抢答台之间应设置互锁。复位按钮 SB0 的作用有两个：一是复位抢答器，二是复位七段数码管，为下一次的抢答做准备。本系统 I/O 分配见表 6-6-3。

表 6-6-3		抢答器 I/O 分配	
输入量		输出量	
复位按钮 SB0	I0.0	A 段	Q0.0
第 1 抢答台 SB1	I0.1	B 段	Q0.1
第 2 抢答台 SB2	I0.2	C 段	Q0.2
第 3 抢答台 SB3	I0.3	D 段	Q0.3
第 4 抢答台 SB4	I0.4	E 段	Q0.4
		F 段	Q0.5
		G 段	Q0.6
		蜂鸣器	Q1.0

2.画出 PLC 外部接线图,如图 6-6-31 所示。

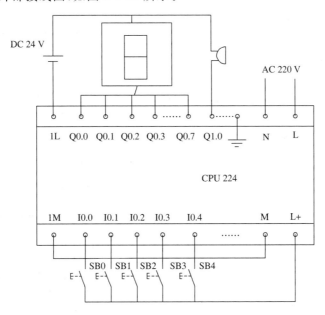

图 6-6-31 抢答器 PLC 外部接线图

3.程序设计:设计梯形图程序,如图 6-6-32 所示。

4.安装配线:按照工艺要求正确安装、接线。

5.运行调试:

(1)接线完成,检查正确,上电。

(2)输入程序。双击 STEP7-Micro/WIN 软件图标,启动该软件。系统自动创建一个名称为"项目×"的新工程,可以重命名。

(3)建立 PLC 与上位机的通信联系,将程序下载到 PLC。

(4)运行程序。

(5)操作控制按钮,观察运行结果。

(6)分析程序运行结果,编写相关技术文件。

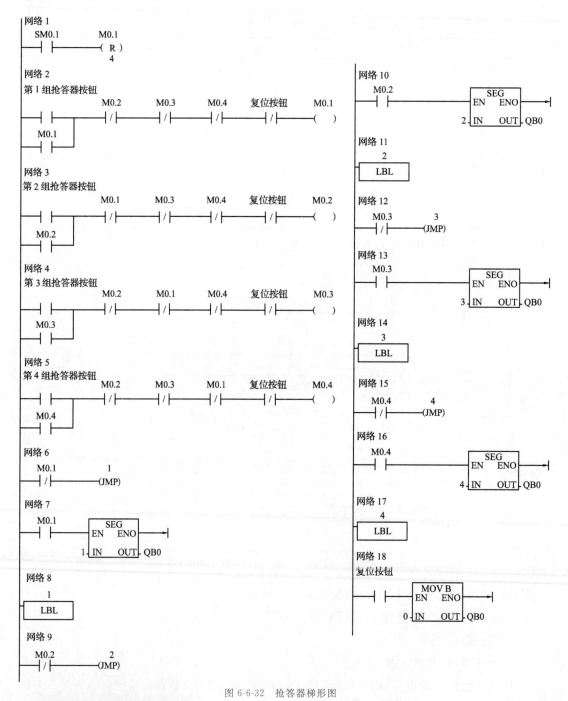

图 6-6-32 抢答器梯形图

拓展练习

轧钢机控制系统设计

某轧钢机控制系统如图 6-6-33 所示,要求如下:当启动按钮 SB 按下时,电动机 M1、M2 运行,传送钢板,检测传送带上有无钢板的传感器 S1 有信号(开关为 ON),表示有钢板,电动机 M3 正转(MZ 灯亮);S1 的信号消失(为 OFF),检测传送带上钢板到位后的传感器 S2

有信号(为 ON),表示钢板到位,电磁阀动作(YU1 灯亮),电动机 M3 反转(MF 灯亮)。Q0.1给一向下压下量,S2 信号消失,S1 有信号,电动机 M3 正转⋯⋯重复上述过程。Q0.1第 1 次接通,发光管 A 亮,表示有 1 个向下压下量;第 2 次接通时,A、B 亮,表示有 2 个向下压下量;第 3 次接通时,A、B、C 亮,表示有 3 个向下压下量。若此时 S2 有信号,则停机,须重新启动。

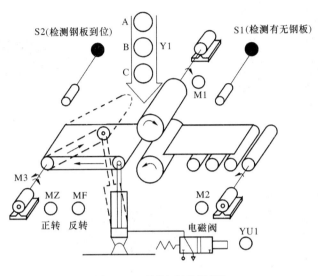

图 6-6-33　某轧钢机控制系统

任务 7　数控机床 PLC 系统设计及调试

任务目标

● 熟练应用 FANUC LADDER Ⅲ软件对 PMC 程序进行分析,巩固 FANUC I/O Link 的硬件连接,掌握 I/O 地址分配、能够完成梯形图的编译与反编译、掌握梯形图的编辑方法、掌握 PMC 常用的基本指令

预备知识

PMC 与 PLC 所需实现的功能是基本一样的。PLC 用于工厂一般通用设备的自动控制装置,而 PMC 专用于数控机床外围辅助电气部分的自动控制,称为可编程机床控制器,简称 PMC。

6.7.1　FANUC 系统常用的 I/O 装置

FANUC 系统常用的 I/O 装置如图 6-7-1 所示,其连接如图 6-7-2 所示。

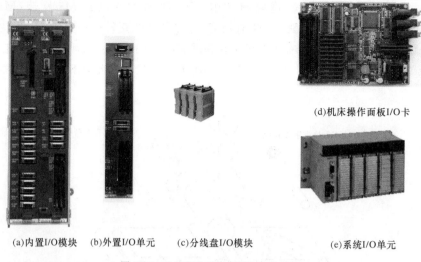

(a)内置I/O模块　(b)外置I/O单元　(c)分线盘I/O模块　　　　(d)机床操作面板I/O卡　　　(e)系统I/O单元

图 6-7-1　FANUC 系统常用的 I/O 装置

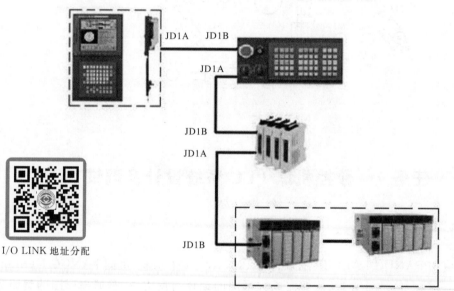

I/O LINK 地址分配

图 6-7-2　FANUC 系统常用 I/O 装置的连接

对于 FANUC 系统所连接的 I/O 单元,当其硬件连接后,其物理位置对于系统来说是通过组、基座、槽来确定的。

1. 组

系统和 I/O 单元之间通过 JD1A→JD1B 串行连接,离系统最近的单元称为第 0 组,依次类推。

2. 基座

使用 I/O UNIT-MODEL A 时,在同一组中可以连接扩展模块,因此在同一组中为区分其物理位置,定义主、副单元分别为 0 基座、1 基座。

3. 槽

在使用 I/O UNIT-MODEL A 时,在一个基座上可以安装 5~10 槽的 I/O 模块,从左至右依次定义其物理位置为 1 槽、2 槽……如图 6-7-3 所示。

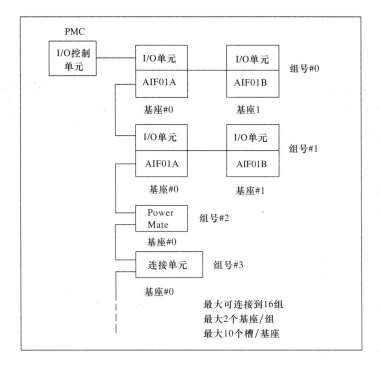

图 6-7-3　组、基座示意图

6.7.2　典型单元的连接

1. 机床操作面板的连接（图 6-7-4）

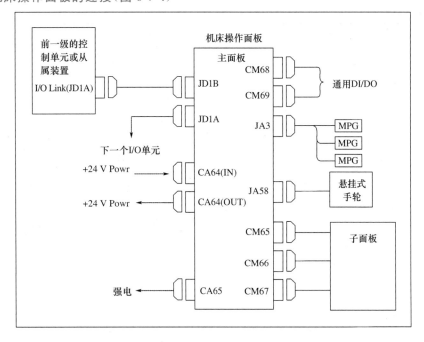

图 6-7-4　机床操作面板的连接

2. FANUC I/O 单元(UNIT)的连接(图 6-7-5)

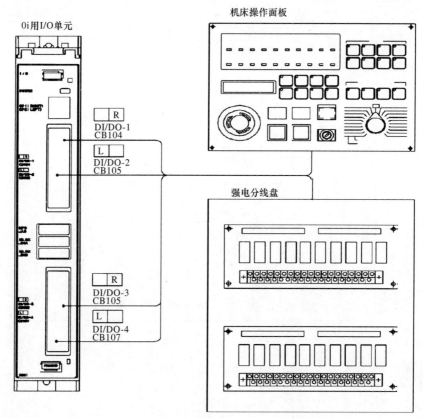

图 6-7-5 FANUC I/O 单元(UNIT)的连接

连接插头管脚定义如图 6-7-6 所示。

	CB104			CB105			CB106			CB107	
	HIROSE 50 PIN			HIROSE 50 PIN			HIROSE 50 PIN			HIROSE 50 PIN	
	A	B		A	B		A	B		A	B
01	0 V	+24 V	01	0 V	+24 V	01	0 V	+24 V	01	0 V	+24 V
02	Xm+0.0	Xm+0.1	02	Xm+3.0	Xm+3.1	02	Xm+4.0	Xm+4.1	02	Xm+7.0	Xm+7.1
03	Xm+0.2	Xm+0.3	03	Xm+3.2	Xm+3.3	03	Xm+4.2	Xm+4.3	03	Xm+7.2	Xm+7.3
04	Xm+0.4	Xm+0.5	04	Xm+3.4	Xm+3.5	04	Xm+4.4	Xm+4.5	04	Xm+7.4	Xm+7.5
05	Xm+0.6	Xm+0.7	05	Xm+3.6	Xm+3.7	05	Xm+4.6	Xm+4.7	05	Xm+7.6	Xm+7.7
06	Xm+1.0	Xm+1.1	06	Xm+8.0	Xm+8.1	06	Xm+5.0	Xm+5.1	06	Xm+10.0	Xm+10.1
07	Xm+1.2	Xm+1.3	07	Xm+8.2	Xm+8.3	07	Xm+5.2	Xm+5.3	07	Xm+10.2	Xm+10.3
08	Xm+1.4	Xm+1.5	08	Xm+8.4	Xm+8.5	08	Xm+5.4	Xm+5.5	08	Xm+10.4	Xm+10.5
09	Xm+1.6	Xm+1.7	09	Xm+8.6	Xm+8.7	09	Xm+5.6	Xm+5.7	09	Xm+10.6	Xm+10.7
10	Xm+2.0	Xm+2.1	10	Xm+9.0	Xm+9.1	10	Xm+6.0	Xm+6.1	10	Xm+11.0	Xm+11.1
11	Xm+2.2	Xm+2.3	11	Xm+9.2	Xm+9.3	11	Xm+6.2	Xm+6.3	11	Xm+11.2	Xm+11.3
12	Xm+2.4	Xm+2.5	12	Xm+9.4	Xm+9.5	12	Xm+6.4	Xm+6.5	12	Xm+11.4	Xm+11.5
13	Xm+2.6	Xm+2.7	13	Xm+9.6	Xm+9.7	13	Xm+6.6	Xm+6.7	13	Xm+11.6	Xm+11.7
14			14			14	COM4		14		
15			15			15			15		
16	Yn+0.0	Yn+0.1	16	Yn+2.0	Yn+2.1	16	Yn+4.0	Yn+4.1	16	Yn+6.0	Yn+6.1
17	Yn+0.2	Yn+0.3	17	Yn+2.2	Yn+2.3	17	Yn+4.2	Yn+4.3	17	Yn+6.2	Yn+6.3
18	Yn+0.4	Yn+0.5	18	Yn+2.4	Yn+2.5	18	Yn+4.4	Yn+4.5	18	Yn+6.4	Yn+6.5
19	Yn+0.6	Yn+0.7	19	Yn+2.6	Yn+2.7	19	Yn+4.6	Yn+4.7	19	Yn+6.6	Yn+6.7
20	Yn+1.0	Yn+1.1	20	Yn+3.0	Yn+3.1	20	Yn+5.0	Yn+5.1	20	Yn+7.0	Yn+7.1
21	Yn+1.2	Yn+1.3	21	Yn+3.2	Yn+3.3	21	Yn+5.2	Yn+5.3	21	Yn+7.2	Yn+7.3
22	Yn+1.4	Yn+1.5	22	Yn+3.4	Yn+3.5	22	Yn+5.4	Yn+5.5	22	Yn+7.4	Yn+7.5
23	Yn+1.6	Yn+1.7	23	Yn+3.6	Yn+3.7	23	Yn+5.6	Yn+5.7	23	Yn+7.6	Yn+7.7
24	DOCOM	DOCOM	24	DOCOM	DOCOM	24	DOCOM	DOCOM	24	DOCOM	DOCOM
25	DOCOM	DOCOM	25	DOCOM	DOCOM	25	DOCOM	DOCOM	25	DOCOM	DOCOM

图 6-7-6 连接插头管脚定义

连接 I/O 信号时需要注意:对于输入信号 X,使用连接器(CB104、CB105、CB106、CB107)引脚 B01 提供的 24 V 电源,不能将外部 24 V 电源接入;对于输出信号 Y,使用外部电源提供的 24 V 电源,接入公共端 DOCOM 引脚。

3. 分线盘 I/O 模块的连接(图 6-7-7)

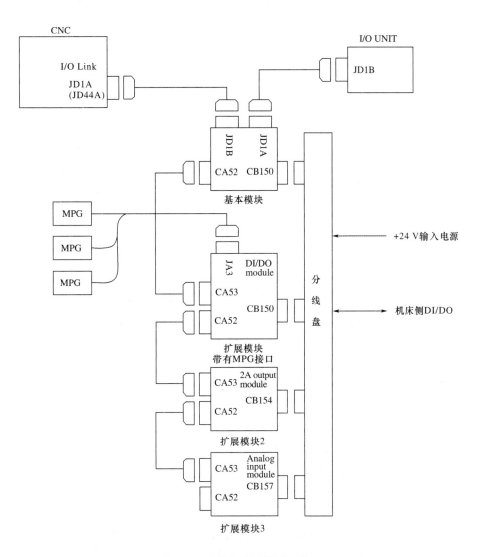

图 6-7-7 分线盘 I/O 模块的连接

4. FANUC I/O 模块(I/O UNIT MODEL)A 的连接(图 6-7-7)

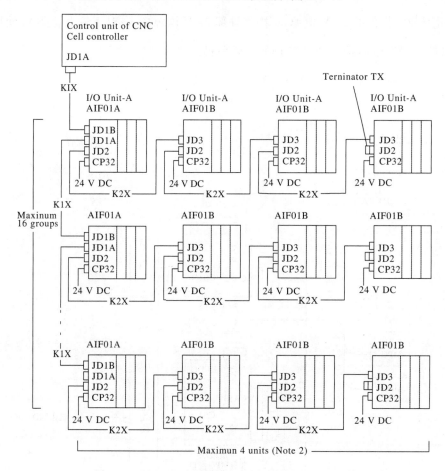

图 6-7-8　FANUC I/O 模块(I/O UNIT MODEL)A 的连接

5. FANUC I/O 模块(I/O UNIT MODEL)A 的规格(图 6-7-9)

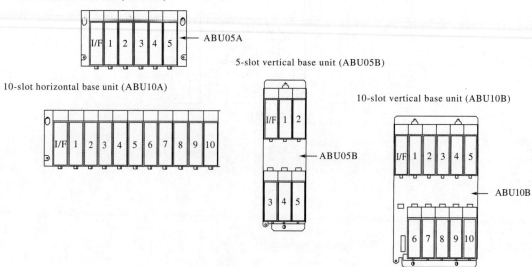

图 6-7-9　FANUC I/O 模块(I/O UNIT MODEL)A 的规格

6. 主单元 MASTER

0iC、16i/18i/21i、30i/31i/32i、POWER MATE 系列。

7. 从单元 SLAVER

I/O UNIT MODEL A、操作面板、I/O 单元，每个模块都有确定的输入和输出点数。

6.7.3 PMC 的基本操作

1. PMC 基本操作流程（图 6-7-10）

```
[PMC] ——— [PMCLAD]                          梯形图监控
         ├— [PMCDGN] ——— [TITLE]            标题数据
         │              ├— [STATUS]         信号状态
         │              ├— [ALARM]          报警
         │              ├— [TRACE]          信号追踪
         │              └— [IOCHK]          I/O Link连接检测
         ├— [PMCPRM] ——— [TIMER]            定时器
         │              ├— [COUNTR]         计数器
         │              ├— [KEEPRL]         保持型继电器
         │              ├— [DATA] ——— [G.DATA]  数据表
         │              └— [SETTING]        设定页面
         ├— [RUN]/[STOP]                     启动和停止顺序程序
         ├— [EDIT] ——— [TITLE]              标题数据编辑
         │            ├— [LADDER]           梯形图编辑
         │            ├— [SYMBOL]           符号数据编辑
         │            ├— [MESAGE]           信息数据编辑
         │            ├— [MODULE]           I/O单元地址设定
         │            ├— [CROSS]            交叉索引
         │            └— [CLEAR]            清除顺序程序
         ├— [I/O]                            输入/输出顺序程序和PMC参数
         ├— [SYSPRM]                         系统参数
         └— [MONIT] ——— [ONLINE]            在线设定
```

图 6-7-10　PMC 基本操作流程

2. 监控操作（图 6-7-11～图 6-7-13）

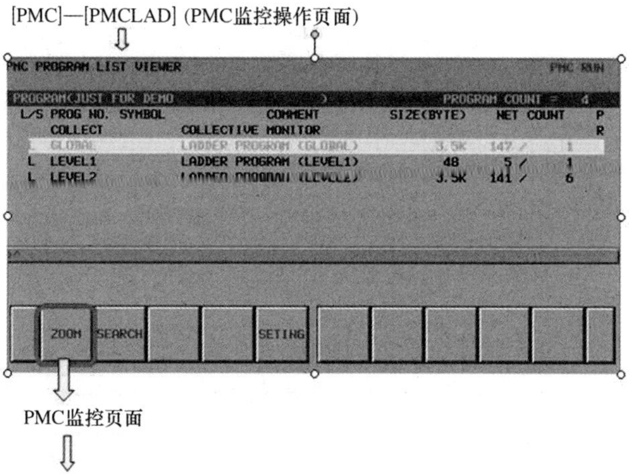

图 6-7-11　监控操作(1)

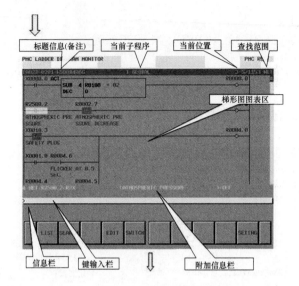

图 6-7-12　监控操作（2）

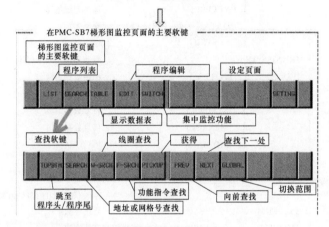

图 6-7-13　监控操作（3）

3. PMC 诊断操作（图 6-7-14）

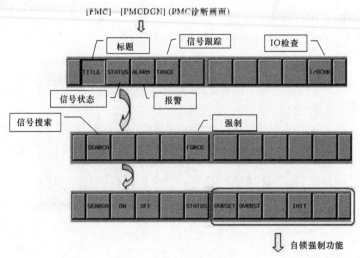

图 6-7-14　PMC 诊断操作

（1）自锁强制功能

信号的强制功能分为普通强制和自锁强制,普通强制对于自由信号（没有经过 PMC 采样和处理）有效,而对于机床所使用的输入/输出信号（X/Y）来说,只能使用自锁强制功能对其进行 ON/OFF 操作。系统输出信号 F 不可进行任何强制。参数设定如图 6-7-15 所示。

设定参数：[PMC]—[PMCPRM]—[SETTING]—[PREV]

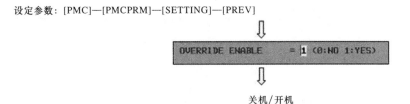

关机/开机

➢ [OVRSET]：自锁强制有效
➢ [OVRRST]：自锁强制解除
➢ [INI]：初始化自锁强制信号

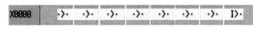

（>左边,信号本身状态;>右边,强制状态）

图 6-7-15　参数设定示意图

（2）信号跟踪功能

信号跟踪功能可以对 PMC 内部的所有信号位进行状态跟踪,当需要捕捉一些信号的瞬间变化或相互关系时,可以采用此功能。具体操作如图 6-7-16～图 6-7-19 所示。

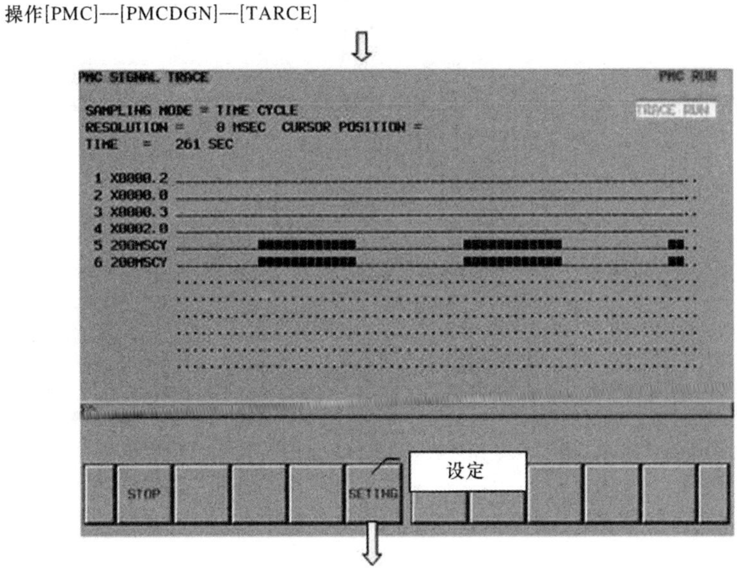

操作[PMC]—[PMCDGN]—[TARCE]

图 6-7-16　信号跟踪(1)

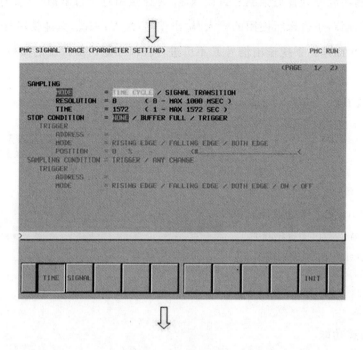

图 6-7-17 信号跟踪(2)

[PMC]—[PMCDGN]—[TARCE]—[PAGE DOWN]设定采样信号的地址

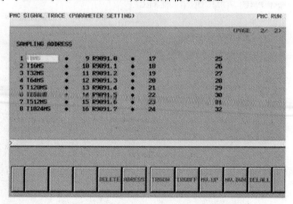

图 6-7-18 信号跟踪(3)

通过[START]—[STOP]来执行信号的跟踪或手动停止

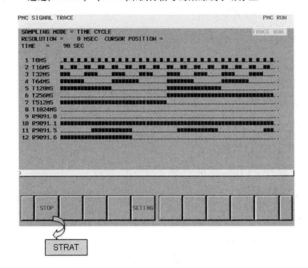

图 6-7-19　信号跟踪(4)

4. PMC 参数设定

(1)参数设定操作(图 6-7-20)

PMC参数设定

操作：[PMC]—[PMCPRM]

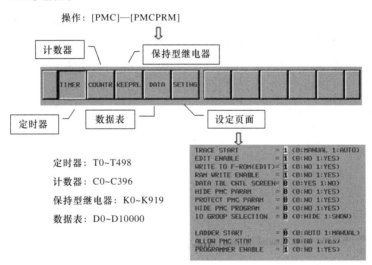

定时器：T0~T498

计数器：C0~C396

保持型继电器：K0~K919

数据表：D0~D10000

图 6-7-20　PMC 参数设定操作

(2)设定页面的具体意义

①TRACE START(K906.5)

MANUAL,手动执行跟踪;AUTO,开机自动执行跟踪。

②EDIT ENABLE(K901.6)

NO,不准许编辑 PMC;YES,准许编辑 PMC。

③WRITE TO F-ROM(EDIT)(K902.0)

NO,编辑完成不自动写入 F-ROM;YES,完成后自动写入 F-ROM。

④RAM WRITE ENABLE(K900.4)

NO,不准许强制功能;YES,准许强制功能。

⑤DATA TBL CNTL SCREEN(K900.7)

NO,不显示数据表页面;YES,显示数据表页面。

⑥HIDE PMC PARAM(K902.6)

NO,不隐藏 PMC 参数页面;YES,隐藏 PMC 参数页面。

⑦HIDE PMC PROGRAM(K900.0)

NO,准许显示 PMC 程序;YES,不准许显示 PMC 程序。

⑧LADDER START(K900.2)

AUTO,上电后自动执行 PMC 程序;MANUAL,上电后手动执行 PMC 程序。

⑨ALLOW PMC STOP(K902.2)

NO,不准许手动停 PMC;YES,准许手动停止 PMC。

⑩PROGRAMMER ENABLE(K900.1)——超级用户

NO,禁止内置编程功能;YES,准许内置编程功能。

注意:①超级用户的权限 PMC 监控页面、PMC 编辑页面、标题数据编辑页面、符号、注释编辑页面、信息编辑页面、I/O 单元地址设定页面、Cross 页面、清除梯形图页面、清除 PMC 参数、系统参数画面有效。

②PMC 的保护功能 为了防止操作人员的误操作修改 PMC 程序而影响机床的正常运行,可以采用在 PMC 程序中将相应的 PMC 写功能所对应的 K 参数置位。

③PMC 停止 PMC 停止的含义是 PMC 不执行扫描输出,输出信号维持停止之前的状态。

操作:[PMC] — [STOP]

　　　　　　「RUN」

为防止因 PMC 停止而产生的机床误动作,用户可以采取相应措施(图 6-7-21)来防止误动作的产生。

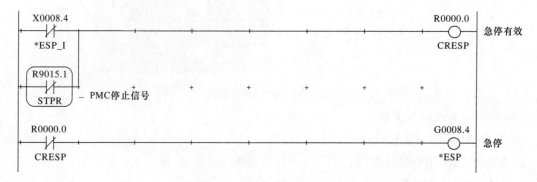

图 6-7-21 部分 PMC 停止程序

5. PMC 编辑功能操作(图 6-7-22)

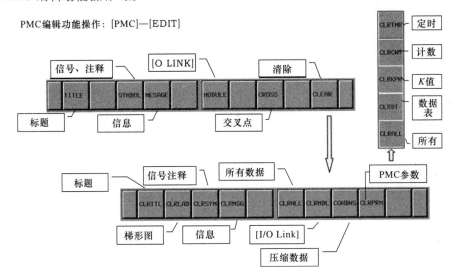

图 6-7-22　PMC 编辑功能操作

6.7.4　FANUC 系统 PMC 指令及编程

1. PMC 信号地址(表 6-7-1)

表 6-7-1　　　　　　　　　　　　　　PMC 信号地址

地址	信号类型	PMC 类型	
		16i/18i/21i-B 系列	
		PMC-SA1	PMC-SB7
X	从机床侧到 PMC 的输入信号 (MT→PMC)	X0~X127	X0~X127 X200~X327 X1000~X1127
Y	从 PMC 到机床的输出信号 (PMC→MT)	Y0~Y127	Y0~Y127 Y200~Y327 Y1000~Y1127
F	从 CNC 到 PMC 的输入信号 (CNC→PMC)	F0~F255	F0~F767 F1000~F1767 F2000~F2767 F3000~F3767
G	从 PMC 到 CNC 的输出信号 (PMC→CNC)	G0~G255	G0~G767 G1000~G1767 G2000~G2767 G3000~G3767
R	内部继电器	R0~R999 R9000~R9099	R0~R7999 R9000~R9499

地址	信号类型	PMC 类型	
		16i/18i/2li-B 系列	
		PMC-SA1	PMC-SB7
E	外部继电器	—	E0~E7999
A	信息显示请求	A0~A24	A0~A249
	信息显示状态	—	A9000~A9249
C	计数器	C0~C79	C0~C399 C5000~C5199
K	保持型继电器	K0~K19	K0~K99 K900~K919
T	可变定时器	T0~T79	T0~T499 T9000~T9499
D	数据表	D0~D1859	D0~D9999
L	标号数	—	L1~L9999
P	子程序号	—	P1~P2000

2. 地址固定的输入信号（表 6-7-2）

表 6-7-2　　　　　　　　　　　地址固定的输入信号

信号		符号	地址	
			当使用 I/O Link 时	当使用内装 I/O 卡时
车床系统	X 轴测量位置到达信号	XAE	X4.0	X1004.0
	Z 轴测量位置到达信号	ZAE	X4.1	X1004.1
	刀具补偿测量值直接输入功能 B，+ X 方向信号	+ MIT1	X4.2	X1004.2
	刀具补偿测量值直接输入功能 B，− X 方向信号	− MIT1	X4.3	X1004.3
	刀具补偿测量值直接输入功能 B，+ Z 方向信号	+ MIT2	X4.4	X1004.4
	刀具补偿测量值直接输入功能 B，− Z 方向信号	− MIT2	X4.5	X1004.5
加工中心系统	X 轴测量位置到达信号	XAE	X4.0	X1004.0
	Y 轴测量位置到达信号	YAE	X4.1	X1004.1
	Z 轴测量位置到达信号	ZAE	X4.2	X1004.2
公共	跳转（SKIP）信号	SKIP	X4.7	X1004.7
	急停信号	* ESP	X8.4	X1008.4
	第 1 轴参考点返回减速信号	* DEC1	X9.0	X1009.0
	第 2 轴参考点返回减速信号	* DEC2	X9.1	X1009.1
	第 3 轴参考点返回减速信号	* DEC3	X9.2	X1009.2
	第 4 轴参考点返回减速信号	* DEC4	X9.3	X1009.3
	第 5 轴参考点返回减速信号	* DEC5	X9.4	X1009.4
	第 6 轴参考点返回减速信号	* DEC6	X9.5	X1009.5
	第 7 轴参考点返回减速信号	* DEC7	X9.6	X1009.6
	第 8 轴参考点返回减速信号	* DEC8	X9.7	X1009.7

其中,在机床侧的输入地址中有一些专用信号直接被 CNC 所读取,因为不经过 PMC 的处理,所以称之为高速处理信号。例:急停 X8.4、原点信号 X9、测量信号 X4 等。

(1)在内部地址中,中间继电器 R9000～R9499 之间的地址被系统所占用,不要用于普通控制地址。部分系统占用中间继电器地址定义见表 6-7-3。

表 6-7-3　　　　　　　　　　部分系统占用中间继电器地址定义

地 址	定 义
R9000	数据比较位,输入值等于比较值
	数据比较位,输入值小于比较值
R9091	常 0/1 信号
	0.2 s 周期信号
R9091	1 s 周期信号
R9015 R901 R909	RUN STOP PMC-STOP- 1 0 PMC-RUN- 1 0 PMC-RUN 1 0

(2)在内部地址中,T0～T8 作为 48 ms 精度级定时器、T9～T499 作为 8 ms 精度级定时器在 PMC 页面上设定和使用。

(3)在内部地址中,C0～C399 作为计数器在 PMC 页面上设定和使用。

(4)在内部地址中,K0～K99 作为普通的保持型继电器在 PMC 页面上设定和使用,K900～K919 为系统占用区(有确定的地址含义)。

(5)在内部地址中,A0～A249 作为信息请求寄存器使用,用它可以产生外部的报警信号信息(图 6-7-23)。

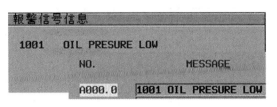

图 6-7-23　报警信号信息

(6)在内部地址中,D0～D9999 作为数据寄存器,可以在 PMC 进行数据交换。

3. PMC 顺序程序

PMC 即可编程机床控制器,它将符号化的梯形图程序在内部转化成某种格式(机器语言),CPU 即对其进行译码和运算,并将结果存储在 RAM 和 ROM 中,CPU 高速读出存储在存储器中的每条指令,通过运算来执行程序,如图 6-7-24 所示。

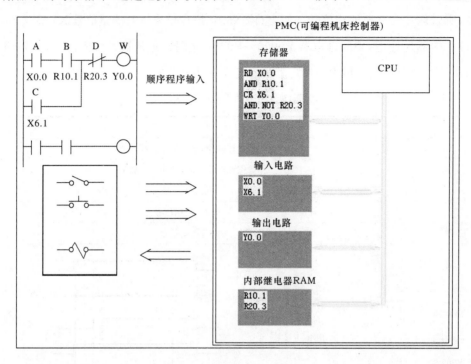

图 6-7-24　PMC 执行程序

PMC 程序由内部软件控制,因此和传统的继电器控制电路有根本的区别——顺序,(继电器控制电路是同时动作)如图 6-7-25 所示。

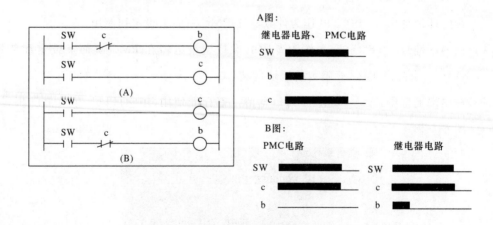

图 6-7-25　PMC 程序与继电器控制电路执行结果

因此,PMC 也称为顺序程序,其扫描顺序为从上到下、从左到右循环执行。图 6-7-26 所示为 PMC 程序示例。

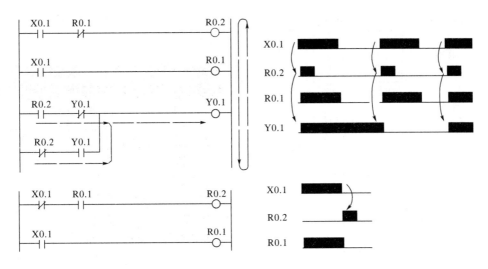

图 6-7-26　PMC 程序示例

4. FANUC PMC 程序的结构

FANUC PMC 程序分为一级程序和二级程序，其处理的优先级别不同。一级程序在每个 8 ms 扫描周期时都先扫描执行，然后在 8 ms 中 PMC 扫描的剩余时间再扫描二级程序，如果二级程序在一个 8 ms 中不能扫描完成，它会被分割成 n 段来执行，在每个 8 ms 执行中执行完一级程序的扫描后再顺序执行剩余的二级程序。

一级程序的长短决定了二级程序的分隔数，同时也决定了整个程序的循环处理周期。因此，一级程序编制尽量短，可以把一些需要快速响应的程序放在一级程序中。如图 6-7-26 所示。

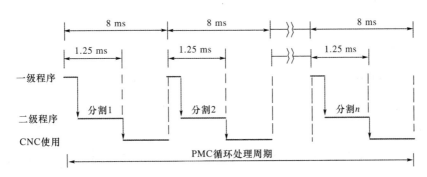

图 6-7-27　FANUC PMC 程序的结构

为了缩短 PMC 循环处理周期，建议在保证程序的逻辑正确性前提下，减少一级程序的同时，可以采用子程序的结构处理。这样既可以使程序结构模块化，便于调试和维修，也可以在某些功能的子程序不用时，缩短循环处理时间。如图 6-7-28 所示。

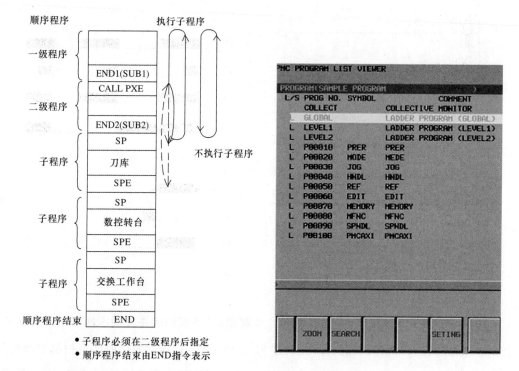

图 6-7-28　PMC 程序的结构

5.输入/输出信号的处理

来自 CNC 侧的输入信号(M、T 代码等)和机床侧的输入信号(机床面板、检测开关等)传送至 PMC,经过逻辑处理产生输出信号,可向 CNC 输出(模式、启动等)和向机床侧输出(继电器、指示灯等)。

(1)输入信号的处理

①CNC 侧输入存储器

来自 CNC 侧的输入信号存放在此,此信号每隔 8 ms 传送至 PMC,一级程序直接读取此存储器中的信号。

②机床侧输入信号存储器

来自 I/O 板卡的机床侧信号存放在此,此信号每隔 2 ms 读取和传送至 PMC,一级程序直接读取此存储器中的信号。

③二级程序同步输入信号存储器

此存储器中存储的输入信号(CNC、机床侧)专门传送至二级程序进行处理,只有在开始执行二级程序时,存储器中的信号才会被二级程序所读取。换句话说,在二级程序的执行过程中,此存储器中的信号不随外部输入信号的变化而变化。

（2）输出信号的处理

①CNC 侧输出信号存储器

输出至 CNC 侧的信号每个 8 ms 输出到此存储器中。

②机床侧输出信号存储器

此存储器上存储的机床侧的输出信号，每 2 ms 传送至机床侧。

　　一级程序对于输入信号的读取和相应的输入信号的状态是同步的，而输出是以 8 ms 为周期进行输出且不受二级程序长短的影响。而二级程序的输入信号因为同步输入存储器和 PMC 执行周期的影响，产生采样的滞后和缺失，而输出也相对于一级程序的扫描而延迟。因此一级程序可以称为高速区，它可以编制一些需要快速响应的信号（急停、限位等）。信号和 PMC 之间的关系如图 6-7-29、图 6-7-30 所示。

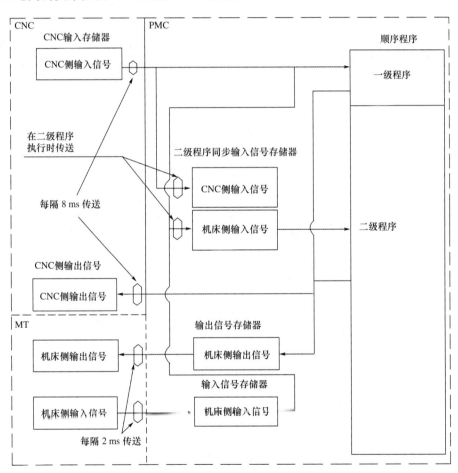

图 6-7-29　信号和 PMC 之间的关系(1)

一级程序中输入信号的实时性

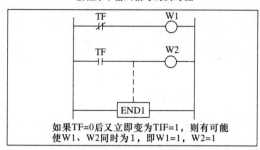

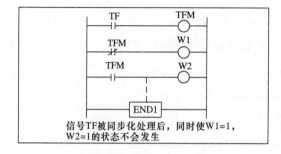

如果TF=0后又立即变为TIF=1，则有可能
使W1、W2同时为1，即W1=1，W2=1

信号TF被同步化处理后，同时使W1=1，
W2=1的状态不会发生

一、二级程序中输入信号的延迟性

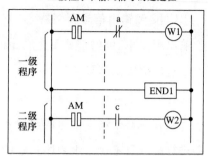

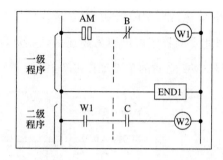

图 6-7-30　信号和 PMC 之间的关系(2)

6.定时器间歇打油润滑（图 6-7-31）

时序:每次开机自动打油 15 s;正常时打油 30 s;间歇 30 min;可手动打油（每次打油时为打 2.5 s,停 2.5 s。

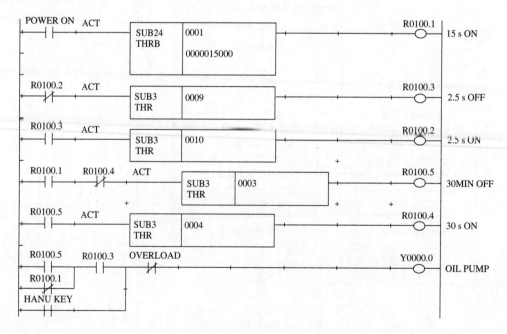

图 6-7-31　定时器间歇打油润滑

6.7.5　刀库控制

FANUC 系统在编写刀库控制时没有刀具登录页面,因此需要使用数据表页面作为刀具登录页面。具体操作如图 6-7-32 所示。

[SYSTEM]→[PMC]→[PMCPRM]→[DATA]

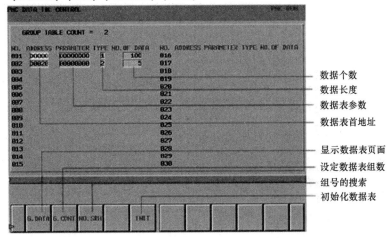

（a）操作

数据表参数

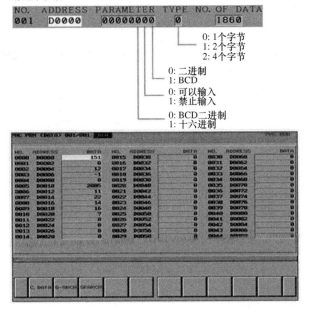

（b）数据表输入页面

图 6-7-32　数据表页面

1. 刀库的种类

（1）固定刀库

刀具号和刀座号之间的关系不会随着刀具的交换而改变，而一直保持一一对应。

（2）随机刀库

刀具号和刀座号之间的关系随着刀具的交换而改变，需要刀具表来记录刀具和刀座号的对应关系。

2. 换刀时序

对于固定刀库，因为刀具号和刀座号是一致的，所以程序中的目标刀具号指令可以直接和当前位的刀座号进行比较计算，计算出相应的旋转步数和旋转方向来驱动刀库电动机旋转。当当前位的刀座号和目标刀具号一致后停止刀库电动机，进行和主轴的刀具交换。

对于随机刀库，因为刀具号和刀座号之间是随机安装的，所以当程序的目标刀具号发出后，首先要根据数据表所记录的刀具号和刀座号的对应关系检索出对应的刀座号，再根据目标刀座号和当前位的刀座号计算出旋转步数和旋转方向驱动刀库电动机旋转，当当前位和目标位一致后停止刀库电动机，进行和主轴刀具交换，交换完成后更新刀具表上的主轴刀号和当前位的刀号，完成整个换刀时序。

3. 随机刀库时序

根据刀库的排刀情况（图 6-7-33）建立数据表（图 6-7-34）。

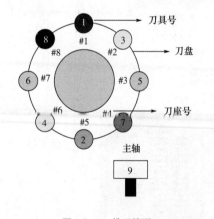

图 6-7-33 排刀情况

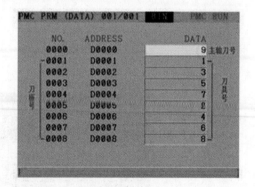

图 6-7-34 数据表

4. 换刀实现

（1）首先根据 T 指令检索目标刀具所在的刀座号，如图 6-7-35 所示。

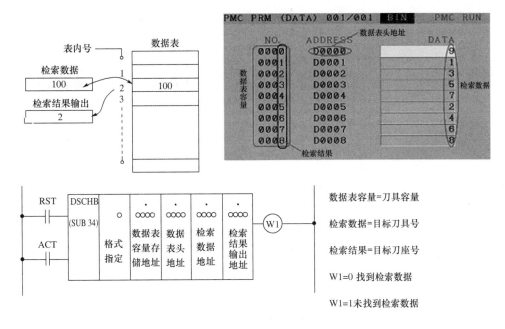

(a)刀库指令——二进制数据检索

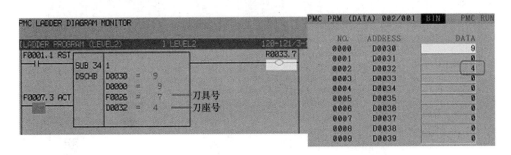

程序：
M10 T7 M6;
M20 M30;

(b)检索页面

图 6-7-35　检索刀座号

(2)根据当前位刀座号和目标刀座号计算出旋转方向和旋转步数,如图 6-7-36 所。

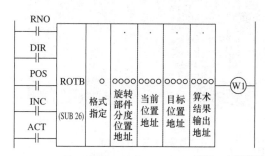

旋转部件分度位置地址: 存储刀盘刀具数的地址号

当前位置地址: 存储当前刀座号的地址号

目标位置地址: 存储DXCHB搜索出的目标刀座号的地址

计算结果输出地址: 存储目标位置号或旋转步数的地址

W1=0　正向旋转

W1=1　负向旋转

RNO　0: 转台位置号从0开始

　　　1: 转台位置号从1开始

DIR　0: 旋转方向不选择，正向

　　　1: 判断旋转方向

POS　0: 计算目标位置

　　　1: 计算目标前一个位置(需要提前减速控制时采用)

INC　0: 计算位置数

　　　1: 计算旋转步数

ACT　命令执行条件

(a)刀库指令——二进制旋转指令

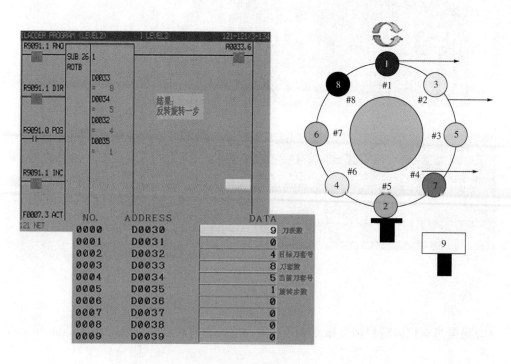

(b)旋转页面

图 6-7-36　计算旋转方向和旋转步数

（3）旋转到位后刀具交换完成，更新数据表，如图 6-7-37、图 6-7-38 所示。

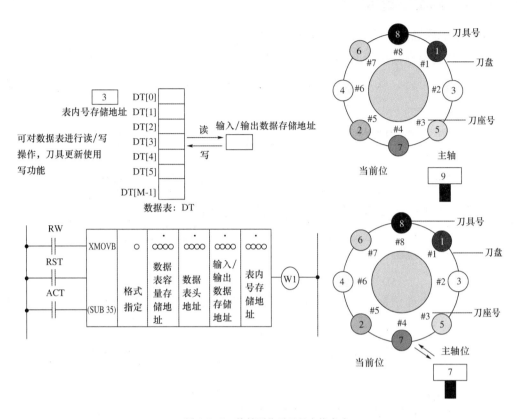

图 6-7-37　旋转到位后刀具交换完成

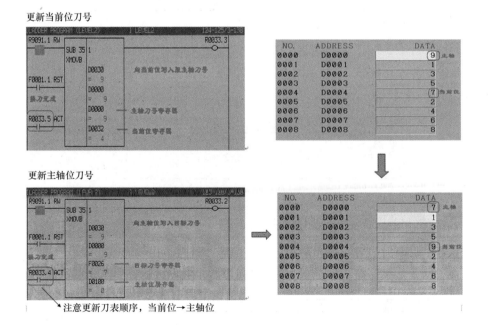

图 6-7-38　更新数据表

任务实施

1. 安装编程环境 FANUC LADDER Ⅲ软件。

2. 编程训练:编制常用的 PMC 基本指令程序。

(1)上升沿产生固定脉冲,X28.2 的输入上升沿使得 R300.0 产生固定宽度的输出脉冲。如图 6-7-39 所示。

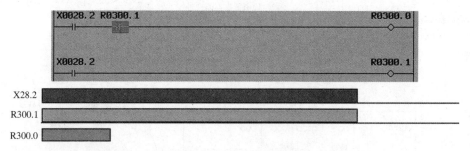

图 6-7-39 上升沿产生固定脉冲程序

(2)下降沿产生固定脉冲,X28.3 的输入下降沿使得 R301.0 产生固定宽度的输出脉冲。如图 6-7-40 所示。

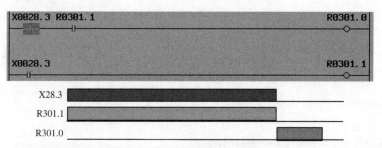

图 6-7-40 下降沿产生固定脉冲程序

(3)单键交替输出翻转,每有一次 X24.4 的输入,输出 G46.1 和 Y24.4 都会发生信号翻转。如图 6-7-41 所示。

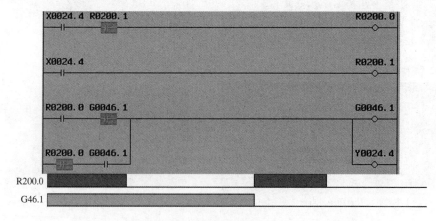

图 6-7-41 单键交替输出程序

（4）置位与复位指令。X28.0 的输入上升沿会使得 Y28.1 置位（输出为 1），而 X28.1 的输入上升沿则会使 Y28.0 复位（输出为 0），一般情况下复位和置位指令成对出现。如图 6-7-42 所示。

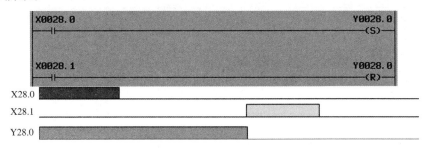

图 6-7-42　置位与复位指令应用

（5）辅助功能。对于图 6-7-43（b）所示的编法，因为 M、S、T 共用同样的结束信号 G4.3，当一个程序段中 M 代码指令、S 代码指令、T 代码指令中某两种指令同时存在时，有可能会出现某个辅助功能动作没结束但结束信号 G4.3 就已经发送给 CNC 的情况，这是比较危险的。

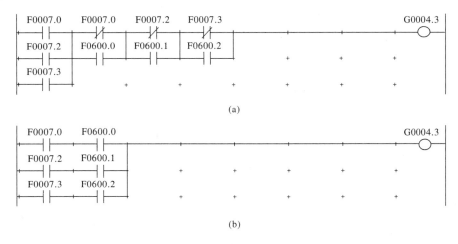

图 6-7-43　辅助功能编程

R600.0：M 码完成汇总；R600.1：S 功能完成；R600.2：T 功能完成

3. 数控机床方式选择的 PMC 控制：

（1）数控机床方式选择的地址。方式选择信号是由 MD1、MD2、MD4 组合而成的，可以实现程序编辑 EDIT、存储器运行 MEM、手动数据输入 MDI、手轮/增量进给 HANDLE/INC、手动连续进给 JOG、JOG 示教、手轮示教。此外，存储器运行与 DNC1 信号结合起来可选择 DNC 运行方式。手动连续进给方式与 ZRN 信号的组合可选择手动返回参考点方式。

方式选择的输入 MD1（G43.0）、MD2（G43.1）、MD4（G43.2）、DNC1（G43.5）、ZRN（G43.7）见表 6-7-4。对于方式选择的输出信号是 F3 和 F4.6，见表 6-7-5。

表 6-7-4   方式选择输入信号

序号	方式	信号状态				
		MD4	MD2	MD1	DNC1	ZRN
1	编辑(EDIT)	0	1	1	0	0
2	存储器运行(MEM)	0	0	1	0	0
3	手动数据输入(MDI)	0	0	0	0	0
4	手轮/增量进给(HANDLE/INC)	1	0	0	0	0
5	手动连续进给(JOG)	1	0	1	0	0
6	手轮示教(TEACH IN HANDLE)(THND)	1	1	1	0	0
7	手动连续示教(TEACH IN JOG)(TJOG)	1	1	0	0	0
8	DNC 运行(RMT)	0	0	1	1	0
9	手动返回参考点(REF)	1	0	1	0	1

表 6-7-5   方式选择检查输出信号

方式		输入信号					输出信号
		MD4	MD2	MD1	DNC1	ZRN	
自动运行	手动数据输入 (MDI 运行)(MDI)	0	0	0	0	0	MMDI<F003♯3>
	存储器运行 (MEM)	0	0	1	0	0	MMEM<F003♯5>
	DNC 运行(RMT)	0	0	1	1	0	MRMT<F003♯6>
编辑(EDIT)		0	1	1	0	0	MEDT<F003♯6>
手动操作	手轮进给/增量进给 (HANDLE/INC)	1	0	0	0	0	MH<F003♯1>
	手动连续进给 (JOG)	1	0	1	0	0	MJ<F003♯2>
	手动返回参考点 (REF)	1	0	1	0	1	MREF<F004♯5>
	手轮示教 TEACH IN JOG(TJOG)	1	1	0	0	0	MTCHIN<F003♯7> MJ<F003♯2>
	手动连续示教 TEACH IN HANDLE (THND)	1	1	1	0	0	MTCHIN<F003♯7> MH<F003♯1>

对于数控机床的常见硬件结构,常规的可以分为按键切换与回转式触点切换(也称为波段开关方式)。图 6-7-44 所示为按键式切换的面板,图 6-7-45 所示为波段开关式切换的面板。

图 6-7-44　按键式切换

图 6-7-45　波段开关式切换

（2）两种方式的 PMC 程序。

①波段开关式切换 PMC 程序如图 6-7-46、图 6-7-47 所示。

图中的 PMC 程序是最常用的方式选择程序，通过波段开关信号触发 R100，再把 R100 作为二进制译码指令的输入，译码指令的输出 R101，进行组合触发相关的 G43 地址，从而完成相关的方式选择。

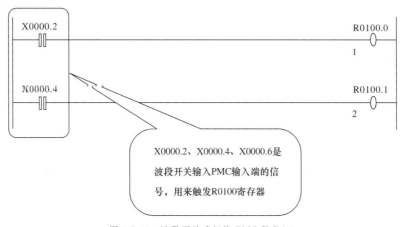

图 6-7-46　波段开关式切换 PMC 程序（1）

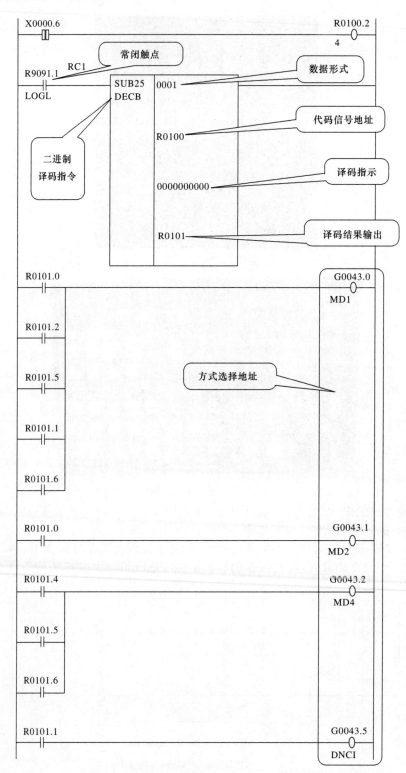

图 6-7-47　波段开关式切换 PMC 程序(2)

②按键式切换 PMC 程序如图 6-7-48、图 6-7-49 所示。

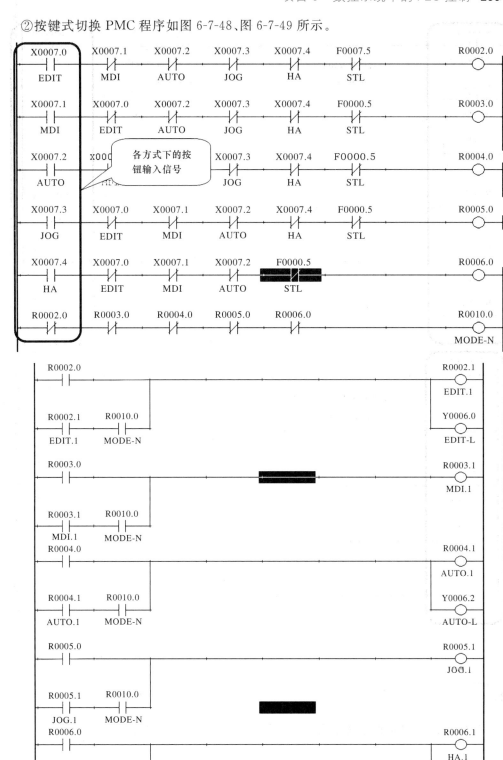

图 6-7-48 按键式切换 PMC 程序（1）

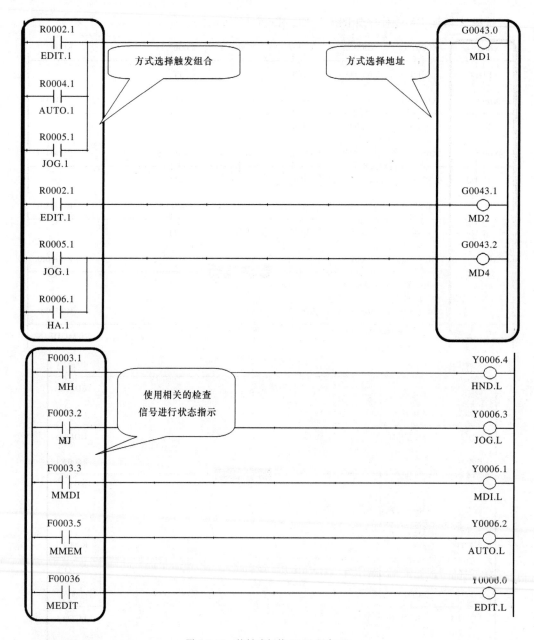

图 6-7-49 按键式切换 PMC 程序(2)

拓展练习

参考西门子 802d 数控系统手册、PLC 手册,分析其换刀、润滑等控制程序。

项目 7

FANUC 0i mate-TD数控车床系统综合分析

项目简介

本项目主要完成对 FANUC 0i mate-TD 数控车床系统的分析，以达到对系统连接、参数设定、PMC 程序控制和电气控制实现的综合应用。

教学目标

1.能力目标

● 能分析数控车床电气原理图

● 能进行 PMC 相关程序的分析调试

● 能设置参数

● 能进行 FANUC 0i mate-TD 数控车床系统的综合调试

2.知识目标

● 巩固电气原理图分析方法

● 掌握 PMC 程序设计与分析方法

● 掌握参数的作用与设置方法

● 掌握电气故障分析与检修方法

3.素质目标

● 培养团队协作能力、交流沟通能力；

● 培养实训室 5S 操作素养；

● 培养综合工作能力；

● 培养查阅文献、资料能力。

任务进阶

任务 1.分析 FANUC 0i mate-TD 数控车床系统

任务 2.调试 FANUC 0i mate-TD 数控车床系统

任务 1 分析 FANUC 0i mate-TD 数控车床系统

任务目标
- 能对 FANUC 0i mate-TD 数控车床系统进行综合分析，并掌握分析方法和过程

预备知识

数控机床的电气图册由数控机床厂提供，其电气原理图一般包括主电路、控制电路、进给伺服驱动电路、主轴驱动电路、CNC 接口电路和 PLC 输入/输出电路。此外，还提供电气元件安装位置图等，以便于维修。机床厂在设计电气图册时一般考虑多种不同情况，如不同的主轴变频器、全闭环或半闭环系统等，因此电气图上会用虚线框标示出来一些选件，这些选件在实际机床电气配置中不一定都有，因此在利用电气图进行分析和维修时首先应清楚机床实际的电气配置。

7.1.1 主电路

数控机床的主电路主要包括电源的进线，总开关，冷却、润滑、排屑、散热风扇等辅助功能的电动机连接，如果伺服动力电不是 380 V，还需要动力变压器和控制变压器的变压电路。

由图 7-1-1～图 7-1-3 可以看到，该机床采用三相五线制供电，电网为三相 380 V。U、V、W 经插头和总开关输入至电气柜，给各支路供电。图 7-1-4 为主轴电动机变频调速接线原理图。

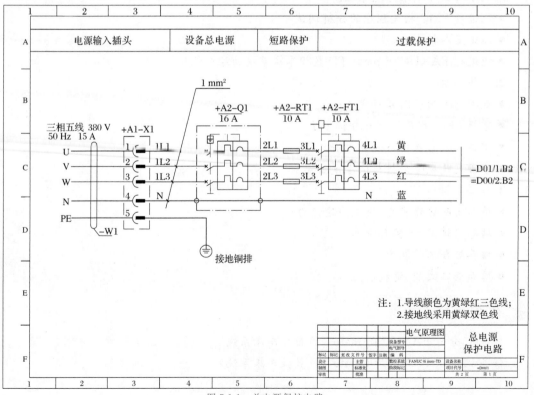

图 7-1-1 总电源保护电路

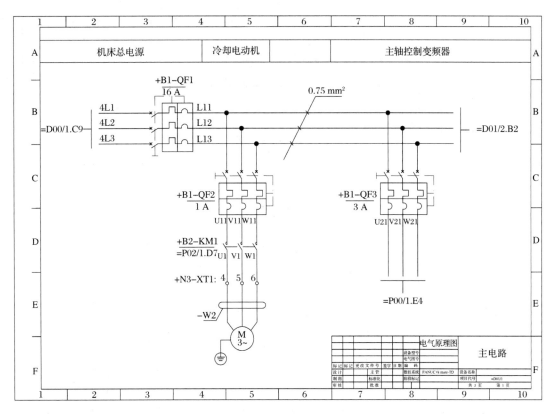

图 7-1-2　主电路

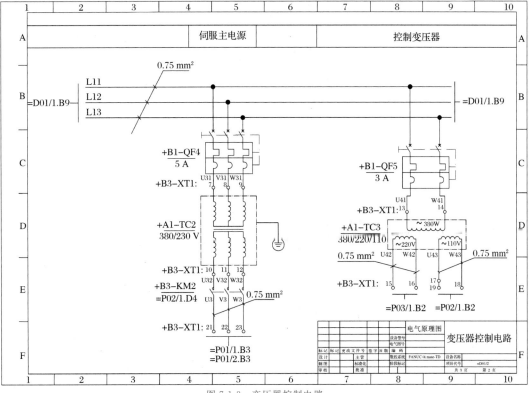

图 7-1-3　变压器控制电路

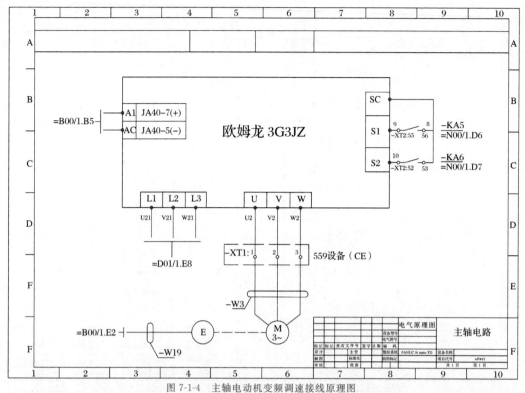

图 7-1-4　主轴电动机变频调速接线原理图

由图 7-1-5 可以看出，刀架电动机由接触器 KM3、KM4 控制进行正/反转，从而实现换刀运动和反向锁紧，具体对接触器 KM3、KM4 的动作控制则在控制电气图中显示逻辑关系（图 7-1-8），注意它与传统继电接触控制的区别与联系。

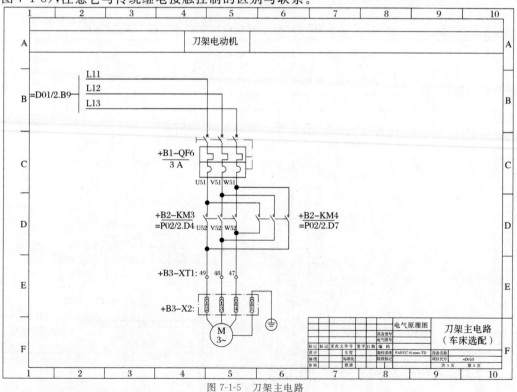

图 7-1-5　刀架主电路

7.1.2　控制电气图

数控机床控制电气图主要完成数控系统上、下电的控制，主电路接触器和电磁阀控制以及三色灯的控制等。如图 7-1-6～图 7-1-9 所示。

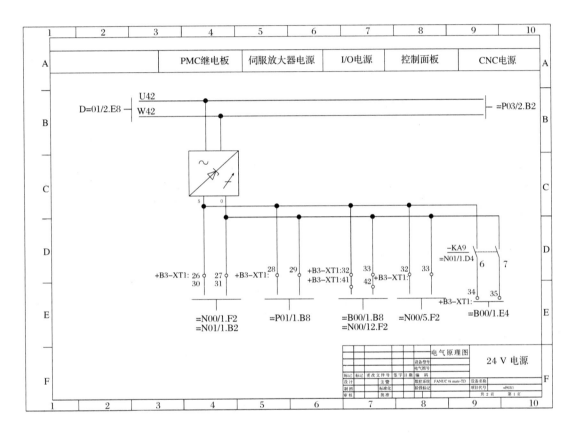

图 7-1-6　24 V 电源

该电源主要为 PMC 继电板、伺服放大器、控制面板和 CNC 提供 24 V 电源。

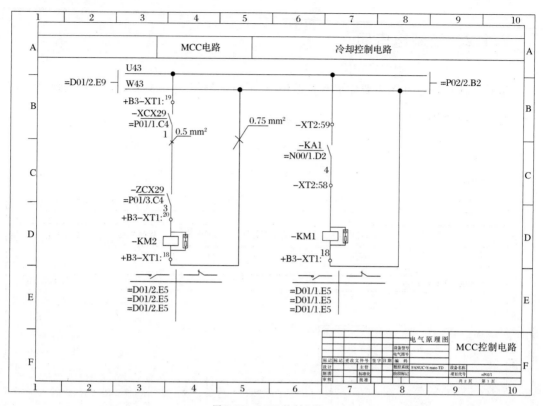

图 7-1-7　MCC 控制电路

该电路主要实现伺服系统上电(结合图 7-1-3)和冷却泵控制(结合图 7-1-2)。

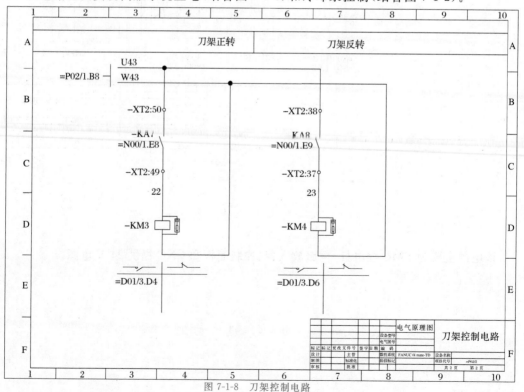

图 7-1-8　刀架控制电路

PMC 程序运行和外部信号决定 KA7(KA8)的动作,KA7(KA8)的常开触点可以使 KM3 线圈得电(结合图 7-1-5),实现刀架电动机的运行。

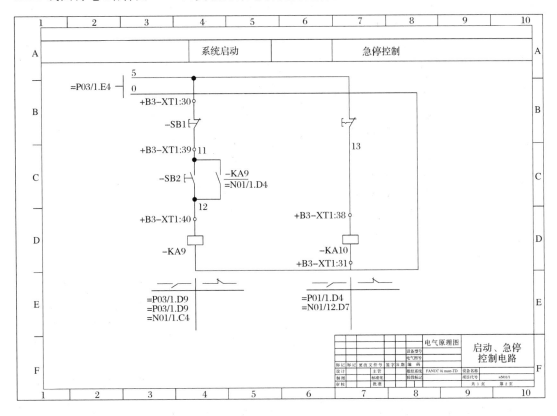

图 7-1-9　启动、急停控制电路

分析图 7-1-9 可知,按下启动按钮 SB2,KA9 得电,CNC 系统上电(图 7-1-6 中 KA9 触点闭合),实现启动;按下急停按钮,KA10 失电,图 7-1-14 PMC 输出电路中 KA10(16−17)断开,PMC 接收信号变化,进入 ESP 处理程序,实现急停。

7.1.3　PMC 输入/输出电气原理图

PMC 输入/输出电气原理图与在项目 6 中介绍的有关 I/O 分配是一个概念,只不过数控机床 PMC 中的 I/O 已经由厂家定义好。如图 7-1-10 所示,只要确保系统连线正确,控制程序执行正常即可。图 7-1-11 所示 PMC 输出电路与图 7-1-12~图 7-1-14 所示 PMC 输出电路为手轮、循环、返回参考点、主轴转向等功能指示电路,比较简单。图 7-1-15~图 7-1-18 所示 PMC 输入电路为刀位号、急停、主轴正/反转控制和润滑等信号输入 PMC 的电路,程序在满足逻辑的条件下通过输出执行相应功能。

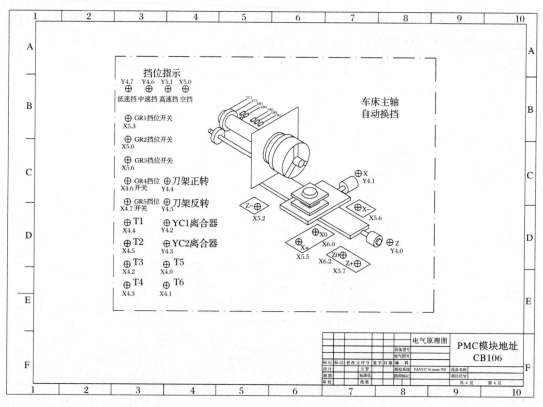

图 7-1-10 PMC 地址分配

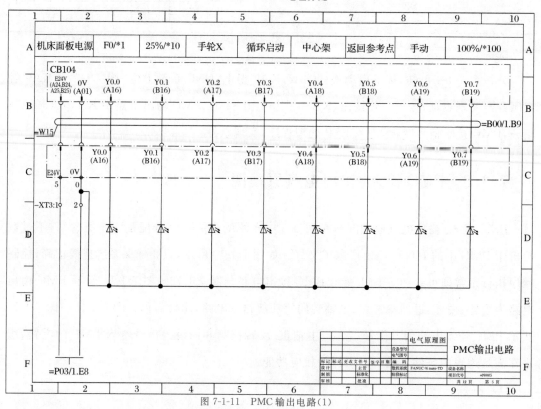

图 7-1-11 PMC 输出电路(1)

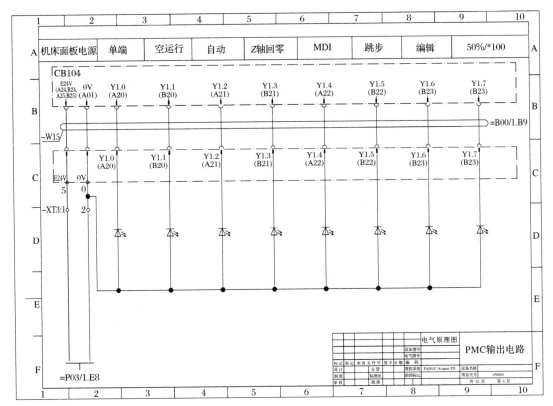

图 7-1-12　PMC 输出电路(2)

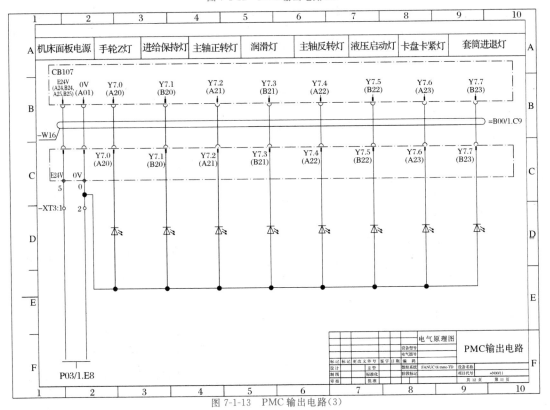

图 7-1-13　PMC 输出电路(3)

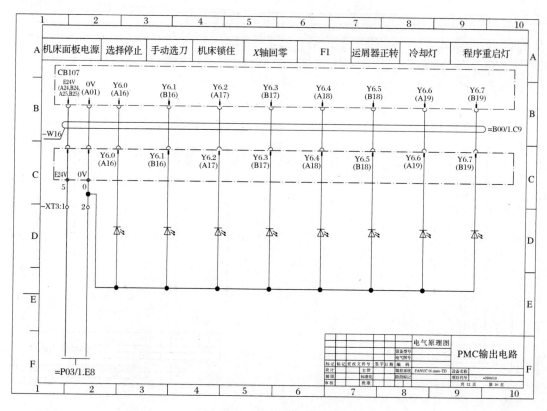

图 7-1-14　PMC 输出电路(4)

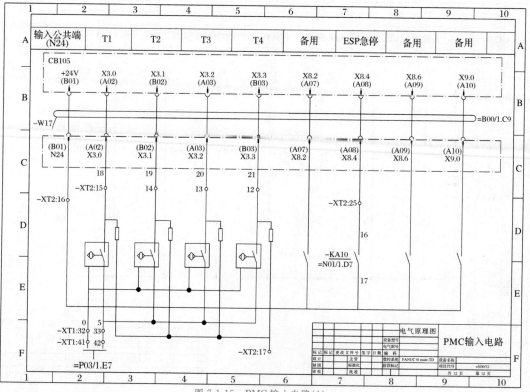

图 7-1-15　PMC 输入电路(1)

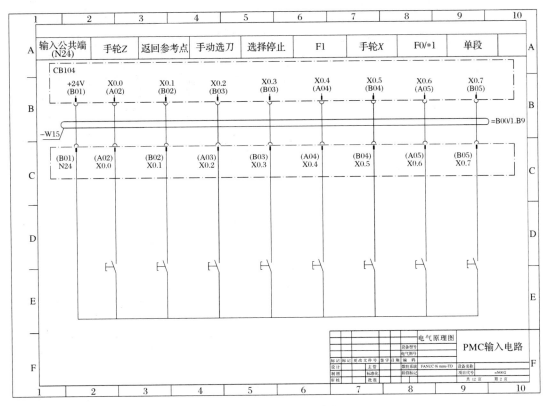

图 7-1-16　PMC 输入电路(2)

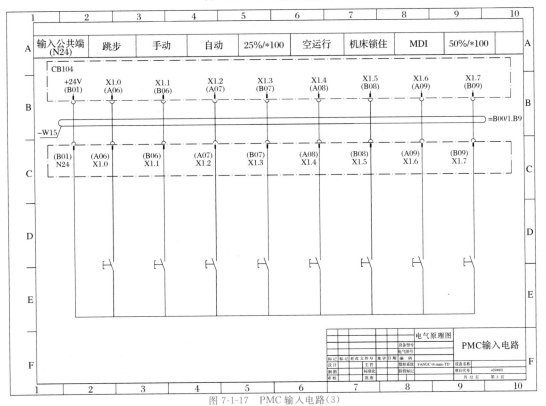

图 7-1-17　PMC 输入电路(3)

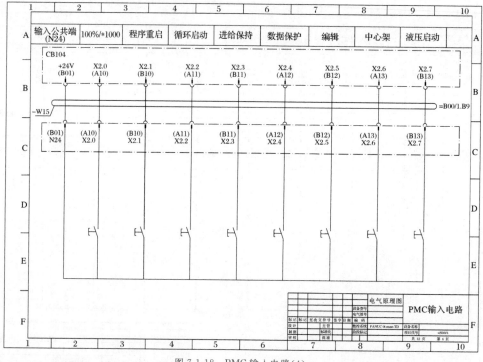

图 7-1-18 PMC 输入电路(4)

7.1.4 伺服电气原理图

伺服电气原理图主要是 X 轴(图 7-1-19)和 Z 轴(图 7-1-20)两个伺服电动机和各自驱动器的具体连接,项目 2 中有相关练习和训练,这里为了分析方便单独列出,不再一一重复。

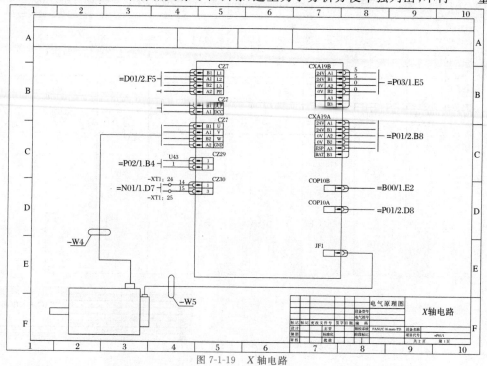

图 7-1-19 X 轴电路

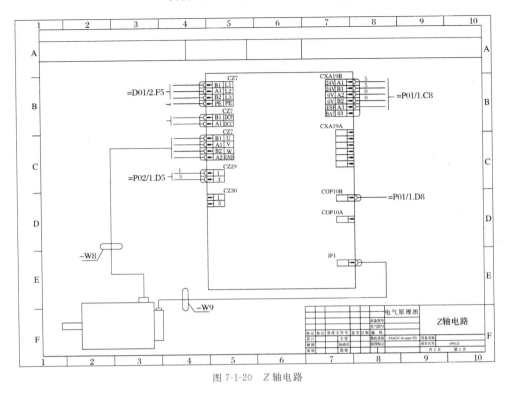

图 7-1-20　Z 轴电路

7.1.5　系统电气原理图

系统电气原理图(图 7-1-21)标明了系统各接口的连接关系,包括系统与伺服的连接,系统与主轴的连接,系统与 PLC 输入/输出模块的连接以及与 MDI 键盘的连接关系,前面项目中已有详细介绍,此处不再赘述。

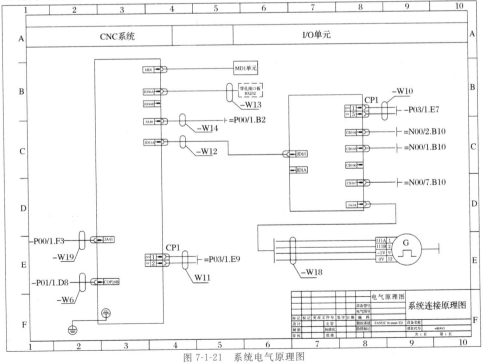

图 7-1-21　系统电气原理图

7.1.6 机床元件安装位置图（略，详细可参考机床电气手册）

因为机床有导轨防护罩等各种保护措施，所以在机床电气故障维修时需要根据此图找到在机床床身或其他部件上安装的行程开关、传感器等实际安装位置，而不用将所有护罩都拆下来。

例如，在上述 PLC 输入/输出电气图中输入的各行程开关 SQ、电磁阀 YV 等都需要在该图上来实际定位。

此外，在图中还标明了线缆通道中的连接线缆、带有线号的接线位置、电动机的实际安装位置、冷却排屑等辅助功能部件的安装位置等。

任务实施

1. 教师现场讲解，并进行功能操作示范。
2. 根据学生人数和设备台套数情况分组。
3. 对照设备和 PMC 程序，逐项分析、验证各控制功能实现。
4. 教师现场指导，并对学生实训情况进行评价、记录。

计划总结

1.工作计划表（表 7-1-1）

表 7-1-1　　　　　　　　　　　工作计划表（1）

序号	工作内容	计划完成时间	实际完成情况自评	教师评价

2.材料领用清单（表 7-1-2）

表 7-1-2　　　　　　　　　　　材料领用清单（1）

序号	元器件名称	数量	设备故障记录	负责人签字

3.项目实施记录与改善意见

_____

_____

_____

拓展练习

结合其他系统（华中、西门子等）的数控车床电气手册进行系统功能分析。

任务 2　调试 FANUC 0i mate-TD 数控车床系统

任务目标

● 能对 FANUC 0i mate-TD 数控车床系统进行系统调试，并掌握调试方法

任务实施

1.教师现场讲解，并进行功能操作示范。

2.根据学生人数和设备台套数情况分组。

3.参考项目 2 进行连接：0i D/0i mate-D 的系统与各外部设备（输入电源、放大器、I/O 等）之间的总体连接，放大器（α_i 系列电源模块、主轴模块、伺服模块、β_{is} 系列放大器、β_{iSVPM}）之间的连接以及和电源、电动机等的连接，和 RS-232C 设备的连接以及 I/O Link 轴的连接。

4.系统参数设定：参数初始化，基本参数的设定，查阅各种型号伺服电动机及主轴电动机的代码表，有关模拟主轴及串行主轴的注意事项，主轴常用的参数设定。

5.伺服参数优化调整，全闭环控制的参数设定及调整，振动抑制的调整。

6.教师现场指导，上电试运行并对学生实训情况进行评价、记录。

计划总结

1.工作计划表（表 7-2-1）

表 7-2-1　　　　　　　　　　　　　工作计划表（2）

序号	工作内容	计划完成时间	实际完成情况自评	教师评价

2.材料领用清单（表 7-2-2）

表 7-2-2　　　　　　　　　　　　　材料领用清单（2）

序号	元器件名称	数量	设备故障记录	负责人签字

3.项目实施记录与改善意见

_____

_____

_____

拓展练习

结合电气手册进行华中、西门子等系统数控车床的调试。

参 考 文 献

[1] 郑建红,任黎明. 机床电气控制技术. 北京:中国铁道出版社,2013.

[2] 王志平. 机床数控技术应用. 北京:高等教育出版社,2010.

[3] 李宏胜. 机床数控技术及应用. 北京:高等教育出版社,2012.

[4] 韩鸿鸾. 数控机床的结构与维修. 北京:机械工业出版社,2012.

[5] SINUMERIK 802S/C 简明安装调试手册. 北京:西门子(中国)有限公司.

[6] SINUMERIK PLC 技术手册. 北京:西门子(中国)有限公司.

[7] SIEMENS SIMATIC S7-200 可编程控制器. 北京:西门子(中国)有限公司自动化部.

[8] 杨克冲,陈吉红,郑小年. 数控机床电气控制. 2 版. 湖北:华中科技大学出版社,2013.

[9] 张永飞. 电工技能实训教程. 西安:西安电子科技大学出版社,2005.

[10] 王振臣,齐占庆. 机床电气控制技术. 5 版. 北京:机械工业出版社,2013.

[11] 文怀兴,夏田. 数控机床系统设计. 2 版. 北京:化学工业出版社,2011.

[12] 董玉红. 数控技术. 2 版. 北京:高等教育出版社,2012.

[13] 郑堤,唐可洪. 机电一体化设计基础. 北京:机械工业出版社,2011.

[14] 中国机械工业教育协会. 数控技术. 北京:机械工业出版社,2003.

[15] 王永章. 机床的数字控制技术. 哈尔滨:哈尔滨工业大学出版社,2009.

[16] 吴文龙,王猛. 数控系统. 2 版. 北京:高等教育出版社,2009.

[17] 王贵成. 数控机床故障诊断技术. 2 版. 北京:化学工业出版社,2010.

[18] 张永飞. 可编程控制器应用技术. 北京:中国电力出版社,2004.